U0169235

穿 行　诗 与 思 的 边 界

# The Whole Truth

## A Cosmologist's Reflections on the Search for Objective Reality

# 全部的真相

## 一位宇宙学家对客观实在的探索与思考

[美] P. J. E. 皮布尔斯 (P. J. E. Peebles) 著

武 星 译

中信出版集团 | 北京

图书在版编目（CIP）数据

全部的真相：一位宇宙学家对客观实在的探索与思考 /（美）P.J.E. 皮布尔斯著；武星译 . -- 北京：中信出版社，2024.3

书名原文：The Whole Truth: A Cosmologist's Reflections on the Search for Objective Reality

ISBN 978-7-5217-6251-8

I. ①全 … II. ① P … ②武 … III. ①物理学－普及读物 IV. ① O4-49

中国国家版本馆 CIP 数据核字（2023）第 241810 号

全部的真相：一位宇宙学家对客观实在的探索与思考

著者： ［美］P. J. E. 皮布尔斯
译者： 武 星
出版发行：中信出版集团股份有限公司
（北京市朝阳区东三环北路 27 号嘉铭中心 邮编 100020）

承印者： 北京通州皇家印刷厂

开本：880mm×1230mm 1/32 印张：10.25 字数：280 千字
版次：2024 年 3 月第 1 版 印次：2024 年 3 月第 1 次印刷
京权图字：01-2024-0113 书号：ISBN 978-7-5217-6251-8
定价：88.00 元

# 致中国读者

　　我很高兴《全部的真相》中文版的出版。这将有助于传播在好奇心驱使下对宇宙大尺度结构研究得出的那些令人着迷的结果，以及这种研究揭示出的物理实在的基本特性。随着下一代科学家在好奇心的引领下继续研究，解决我们当前思考中的疑惑，并为物理实在的本质给出更好、更准确的理解，我在本书中提出的这些观点一定会得到改进。

J. Peebles

2023 年 12 月 5 日

# 目　录

# 前　言

　　我们所从事的自然科学研究，其核心是什么？我说我们是在寻求实在的本质，但这又是什么意思？你不会从一线科学家那里找到现成的答案，因为他们更愿意解决手头研究工作中出现的问题。然而，哲学、社会学以及科学史中的一些思路，可以很好地描述我所看到的科学活动的核心。通过宇宙学中的种种示例，我想要解释这样一种描述宇宙从炽热、致密的状态膨胀而来的理论。

　　半个世纪前，我开始从事宇宙学研究。那时，这个学科中满是一些凭空猜测，而相关证据寥寥无几。如今，我已亲眼看到它发展成为物理科学[1]中一门完善的分支学科。这样的经历不仅促使我反思在遇到一些大致可以合理定义的问题时该如何去解决，更促使我反思自己与同行们一直以来从事的事业以及我们的收获。本书正是这种反思的结果。

　　对于那些不熟悉物理学行话但又有兴趣了解科学家的工作与

---

1　作者用"物理科学"一词指涉的内容比"物理学"要广泛，下文会对这些术语的含义进行解释。（本书脚注均为译者注）

动机的读者，我希望本书可以让他们读得懂。科学界的同行看到我在此讨论一些社会学和哲学方面的问题，还讨论自然科学中支持客观物理实在（reality）的证据，或许会感到惊讶。这些并非我的同行所熟悉的话题。但我觉得，为了更全面地理解我们正从自然科学研究中学到的东西，这些内容是至关重要的。我并不试图评价科学哲学与科学社会学中关于实在的思想，但我希望这些领域的专家会有兴趣看到，他们学科中的一些观点是如何在自然科学实践中寻得共鸣的。

科学家对自身的学科也有不同的思考方式。在众多种类当中，我站在经验主义者一边。我喜欢看到争论通过测量得到解决。尽管我的经验主义倾向使我只关注实验或观测对物理学理论进行检验的情况，仅此而已，但我也认识到，好奇心驱使的科学研究提供了很好的证据来支持这样一个抽象概念：客观实在（objective reality）。这一概念用在科学中时，是可以通过科学方法的失败来证伪的。但它永远无法被证实，因为经验据的准确性总是有限的。本书的主题如下：在物理宇宙学这一有解示例（worked example）中展现出的那些自然科学的经验结果汇聚成一个令人信服的理由，它可以支持不依赖于观测者的实在。在科学中我们最多只能做到这样。[1]

自然科学是如何发展到今天的地步，而我们又是如何找到支持客观实在的理由的呢？我对此问题的看法发生重要转变，源于我认识到物理学中一种司空见惯的经历：当你产生一个有趣的想法后，很有可能别人已经谈论过它；或者，如果消息传播得不够快，那么别人也将独立地想到它。例如，查尔斯·达尔文（Charles

---

1    即人们在科学中只能积累更多证据，但永远无法完全证实某个科学理论。

Darwin）和阿尔弗雷德·华莱士（Alfred Wallace）各自独立地提出了自然选择下的进化这一概念。这是另一个科学分支里的例子，但就连我也早已知道了。我在研究生时期就已经注意到物理科学中的另外一些例子，但直到最近才开始思考它们。我不觉得我的经历在这一问题上有什么特殊。其实我也从未听到物理学家谈论我们能从多重发现（multiple discoveries）这一现象中学到什么。但我逐渐认识到，达尔文和华莱士能同时萌生自然选择这一想法，这件事本身就进一步支持了该想法的合理性。毕竟，他们两人都通过扎实的工作，各自独立地注意到了相关证据。同样，在对宇宙大尺度性质（large-scale nature）及其演化的探索中，数量相当可观的多重发现本身就意味着：这些证据为我们的思考将我们引向的那些方向给出了合理的动机。

　　我想知道是什么人认识到，这些多重发现是评价自然科学时需要考虑的一种现象。这样的疑问将我引向了社会学家。他们认识到了这一现象，而且我发现自己需要从社会学的书中学习一些关于物理科学实践的东西。这些书又将我引向一些哲学书，在此之前我从未想过要参考这类书。

　　经过这番学习我才认识到，社会学家的社会建构与经验建构等概念可以解释我视如珍宝的一本书中一个令我不解之处。这本书就是列夫·朗道和叶甫盖尼·栗弗席兹（Lev Landau and Evgeny Lifshitz）合著的《经典场论》（*The Classical Theory of Fields*，1951；我这本是 1948 年俄文版的英译本）[1]。这本书的前 2/3 是对

---

1　中文版参见朗道、栗弗席兹：《场论》，鲁欣、任朗、袁炳南译，北京，高等教育出版社，2012 年。

经典电磁学理论基础的细致研究，该理论经过了充分检验，且有着广泛的应用。书的后 1/3 是讲爱因斯坦的广义相对论。从我 1958年作为一名研究生加入鲍勃·迪克（Bob Dicke）的引力研究组开始，我就知道这一理论缺乏经验支持，而这一点与电磁学截然不同。既然如此，为什么在《经典场论》中，广义相对论与电磁学所占篇幅几乎相当？在第 2.2 节中介绍的关于建构的社会学帮助我理解了这个问题。这是本书的主题之一。

　　现在，我对社会学和哲学仍然比较外行，但我知道这些学科中的一些内容与科学实践息息相关。对于我们这些既不是哲学家又不是社会学家的人来说，最好的学习方法是把这些内容应用到特定的物理科学研究经历中。我视之为一种有解示例，就像我们给学生设计的那些带有解题步骤的例题。关于物理科学研究的一个有解示例就是物理宇宙学，即关于宇宙大尺度性质的研究。这一学科的现代形式，始于一个世纪前的一套相当清晰的初始想法。追寻这些想法的过程包含了一系列关于困惑与发现的有趣经历，而它们最终带来了令人满意的结论。对该理论的检验数量充分，可靠性也经过了充分检查，这些都足以构成一个令人信服地确立起来的理由，表明我们能够很好地近似描述宇宙在膨胀与冷却过程中实际发生过的现象。大多数思考过这一领域的物理科学家都赞同这一点。

　　我应当提醒读者注意的是，如果将这个已被接受的标准理论外推到遥远的未来，或是外推到过去密度任意大的时刻，那么它将变得不再可靠。有些有趣的观点是关于未来的命运：你会听到人们谈及大挤压、大冻结以及大撕裂等有趣的观点。也有些有趣的观点是探讨大爆炸之前曾经发生过什么，无论它意味着什么。但这些猜想都超出了本书的讨论范围。我们希望以物理科学中的某个理论为例，通过研究它是如何被人们广泛接受来获得一些启示。为了达到本书的目的，我们只需讨论这样一种理论就足够了：这种理论所描述的对象遗留的那些残余已能被我们识别和解释。

对于我们这些感兴趣的人来说，整个自然科学都是令人着迷的。量子物理学中各式各样得到充分检验的预言，进一步充实了支持客观实在的理由。我推荐斯蒂芬·温伯格（Steven Weinberg）在《终极理论之梦：探索自然的基本规律》（*Dreams of a Final Theory: The Search for the Fundamental Laws of Nature*，1992）[1] 一书中所做的讨论。然而，通过研究相对论物理学以及描述宇宙演化的相对论性理论（relativistic theory）的建立过程，我们从中学到的东西也可以用来论证这一点，即我们是在寻求一些操作起来有用的近似方法去描述客观实在这一抽象概念。我们之所以不以量子力学中的话题为例进行讨论，仅仅是因为宇宙学的历史和物理都更简单一些。

生命物质产物的性质对我们目前的讨论也有一定作用，它们可以作为例子来展示复杂物理系统研究中存在的那些问题。对一些更简单的系统进行检验所得到的证据揭示出，相对论和量子物理学是客观实在的有用近似。然而，通常的假定认为，生命系统体现了同一个客观实在的运行。但我们也必须接受这样的事实，即目前的分析方法还不能清晰地证明这一点。

在科学的不同分支中，工作条件大不相同，而工作条件决定

---

1　中文版参见斯蒂芬·温伯格：《终极理论之梦》，李泳译，长沙，湖南科学技术出版社，2018年。

了所能开展的工作，因此不可能有一份通向科学本质的通用指南。但我们可以从一个具体的有解示例中，也就是本书的物理宇宙学中得到有用的启示。一个有利因素是，它是自然科学中较为简单的分支学科。另一个有利因素是，我很了解这个学科：在过去的半个世纪里，我一直在研究它，并且见证了它的发展。

本书介绍物理宇宙学的发展历程（从第 3 章到第 7 章），目的是说明以下三点。第一，它作为一个例子展示了物理科学的工作方式。第二，它帮助我们理解社会学家和哲学家审视科学时一直在谈论的一些问题，而这些问题在科学家看来也是密切相关的。当然，这些学科中的其他一些问题看起来就不是这么直接相关。第三，它展示了自然科学实践揭示客观物理实在这一论证的本质。

我首先回顾人们对物理科学的本质进行思考的思想史。这段历史追溯到 20 世纪初，当时爱因斯坦正专注思考的是，一个理论可能具有何种性质才能对引力以及一个合乎逻辑的宇宙做出令人满意的描述。从更早期的科学史中还可以学到更多，但是只关注一些不那么久远的、更直接相关的发展历程有助于保持本书的条理性。即便这样一段有限的历史也是丰富多样的，我只讨论其中能够说明特定观点的一些例子，而这些观点在我看来影响了我们今天在科学与社会领域中看待物理学理论的方式。基于这些例子以及我个人的经历，我大胆地将物理学的工作假设简单地表述为：构成我们在该学科中工作之基本依据的那些观点。

这些工作假设由第 1 章引入。我将它们列在该章结尾处，并对其进行讨论。它们围绕着这样一个中心观点，同时也是一种假设，即我们那些更好的理论是对客观实在的有用近似。对一些人来说，客观实在这一概念是显而易见的，而另一些人则对此存疑。

我将从描述宇宙大尺度性质的相对论性理论的发展历程中举一些例子来支持前一种观点。正如我之前说过的，尽管量子物理学中还有更多支持它的例子，但相对论中的例子就足够了。

物理科学的社会本质是科学家文化的一个重要部分。历史学家、哲学家和社会学家对此比物理科学家有着更为清晰的认识，而这种情况是应该得到纠正的。我将回顾爱因斯坦广义相对论的发展及其引起的反响，它通过严格检验而得到最终确立，以及关于如何将它应用于宇宙大尺度性质理论的思想历程。以这段历史为例，我们将看到物理科学的社会学，以及在该学科的研究中我们那些隐含的工作假设是如何在这些过程中逐渐展现出来的。出于这样的目的，初始阶段的研究往往会提供最有用的信息。一旦某种研究方式被视为大有希望而得到广泛使用，之后它的发展就往往是更加顺理成章而更少具有启发性，除非这种方法最后失败了。仅仅对于一些到目前为止被证明是成功的想法，我才会简要总结一下相关研究的收尾阶段。

一些术语解释是必要的。有时候我会写到"物理学"（physics）、"物理科学"（physical science）、"自然科学"（natural science），或者"科学"（science）。我用第一个词来表示对一些现象的探索，这些现象足够简单，可以用来检验物理学理论，而这些理论应该是对我们假设的某种遵循理性运行的客观实在的有用近似。一门像化学这样的"物理科学"则包含了物理学之外的一些规律和理论，它们描述的现象更为复杂，因而无法从物理学声称发现的那种对客观实在的近似中轻易推导出来。我假设化学现象背后的实在正是物理学所描述的，但要验证这一点并不容易。"自然科学"包含了化学、地质学、植物学和生物学，乃至生命的本质以及人类意识的机制。它们的复杂程度依次递增。我要强调的是，这一顺序并不涉及价值或有趣程度的大小，它们都是对我们周遭世界的考察，既富有意义又令人着迷。如上所述，我之所以用宇宙学作为一个有解示例来展示自然科学的运作机制，是因为这一学科相对简单，而且其理论与观测之间的相互影响也相对容易判断。

自然科学研究的对象通常叫作"自然"（nature，或 Nature）。我用"实在"一词，以便可以用"实在的本质"（the nature of reality）这样的写法。[1] 这样的用法也会根据上下文的要求而有一些例外。我常用到"客观实在"，虽然语义重复但起到了强调作用。我们早就具有关于自然或实在的观念；它就是我们在自己周围看到的样子，它就在你的面前。我相信我现在正坐着的椅子是真实的，因为如果我认为自己正在做梦的话似乎就有些愚蠢。自然科学的运作也是隐含地基于同样的假设，即世界的本质不依赖于我们对它的看法。社会影响我们的思想，但是我们认为经验证据可以帮助我们改正误导性的想法。

我不用"信仰"（belief）一词，因为它含有宗教意味。我也不用一系列表示"证明"的词（proof, demonstration 和 verification），因为将它们用于自然科学就显得过于自信了。我用"事实"（fact）一词，因为它出现在我们将要回顾的一些有趣讨论中，而我用它的时候是这样理解的：在自然科学中，事实是一种近似，而近似的好坏只取决于支持它的那些数据的好坏。"真实的"（true）一词也是在这个意义上使用的，只不过由于它用起来非常方便，因而

---

1    这样可以避免 the nature of nature 这样的写法，其中第一个 nature 为"本质"，而第二个 nature 表示"自然"，其含义与"实在"（reality）相当。

在这样的话题中出现得过于频繁了。我愿意用"迹象"（indication）一词表示对观测所做的一种合理解释。"令人信服地确立起来的"（persuasively established）以及"令人信服的理由"（a persuasive case）这两个虽然拗口但我觉得准确的说法，我愿意把它们用于这样的理论：它通过了充分预言检验而足以说服学界接受这一理论，时刻准备迎接新证据的发现，而这些证据可能会迫使人们去寻找更好的理论。当然，理论给出的成功预言越多，支持其成立的理由就越有说服力。我用"学界评价"（community assessment）这一短语来表示一些已被学界主流视为合理的想法。"作为标准且得到认可的"（standard and accepted）则用来表示那些在我们头脑中如此根深蒂固以至于得到公认的学界观点。"公认的"（canonical）一词暗示着一种永久确立的理由，当然在科学中并非必然如此。

"模型"（model）往往带有示意性和猜测性，而"理论"（theory）通常被认为要比模型具有更完备的体系并经受更全面的检验。然而，宇宙学中的一些想法往往介于二者之间。我遵循通常的做法，不再区分"理论"和"模型"这两个词，除非语境表明某些极具示意性的想法最好还是被称为"模型"。我用"物理宇宙学"（physical cosmology）表示描述宇宙大尺度性质的那种理论和观测。其中，用"物理"一词作为修饰，是因为还有许多其他类型的宇宙学。

宇宙空间充满了一种几乎均匀分布的微波辐射。它已被可靠地证明为一种源自早期宇宙的遗迹、一种残余。它的标准名称为宇宙微波背景（cosmic microwave background，CMB）。我对这种叫法不太满意，因为这种辐射的波长在过去比现在要短得多，而且它尽管对于地球上的我们来说是一种从天而降的辐射背景，更合适的叫法却是"一片几乎均匀充斥在宇宙空间的海洋"。我称之为"残余辐射之海"。

星系离我们远去的运动，导致其光谱向红端移动。这种运动曾经被称为星系的普遍退行（general recession）。另一个星系的观测者会看到同样的普遍退行。在标准宇宙学里，空间中没有特殊的位置。除了由引力的局部变化引起的星系间的相对运动之外，平均来说，通过标准尺和标准钟测出的两星系间距总是在增加，其增加的速率与二者间距成正比。这便是哈勃定律，其中的比例常数即为哈勃常数 $H_0$。（也就是说，距离为 $r$ 处的星系的退行速度 $v = H_0 r$。）国际天文联合会已决定将这一关系称为哈勃-勒梅特定律，因为在埃德温·哈勃（Edwin Hubble）找到这一关系的天文学证据之前，赫尔曼·外尔（Hermann Weyl）就预见了它，而乔治·勒梅特（Georges Lemaître）发现了一个直接的预言。但为了简洁，我仍沿用旧的叫法。

有时人们会说空间在膨胀，但这种说法会令人困惑。除了那些通常的生物学效应[1]，你我并没有在膨胀，而除了吸积带来质量增加以及星系风导致质量损失之外，平均来说，星系也没有膨胀。我们最好还是将其理解为星系之间的空间在增大即可。也即，平均来说，星系在相互远离。

牛顿引力理论是爱因斯坦广义相对论的非相对论极限。在一些看上去适当的地方，我把"爱因斯坦"一词置于他的理论之前，但更多时候我还是用"广义相对论"这一更简短的叫法。

关于宇宙膨胀的相对论性理论，其名称是大家熟知的"大爆

---

1    比如长胖。

炸"。西蒙·米顿（Simon Mitton，2005）将"大爆炸"一词归功
于弗雷德·霍伊尔（Fred Hoyle）。这个名称并不恰当，因为"爆
炸"一词暗示着一个发生在特定空间和时间的事件。这一充分检
验过的宇宙学理论描述的是一个几乎均匀的宇宙，既没有可见的
边缘，也没有一个特别的地点或特殊的中心，因而与"爆炸"的
含义相去甚远。而且，宇宙学也并非在描述一个事件：它描述的
是宇宙的演化，即从一个极其致密、（我们现在所谓）炽热且迅速
膨胀的早期状态开始，一直演化到目前的状态。然而，鉴于"大
爆炸"一词在人们印象中已根深蒂固，我还是继续使用它。

最后，在结束这样一番细致入微的术语解释之前，让我再来
解释一下精确（precise）与准确（accurate）的区别。这一点对于讨
论当前标准宇宙学的检验（包括第 6.10 节回顾的内容）是非常重
要的。假设我对一个物体的长度进行多次测量，得到其平均值为
$L = 1.11 \pm 0.01$ 厘米。通过对多次测量取平均值，可以减少每次测
量中的不确定度。在这个例子中，经过平均之后的不确定度大约
就是 $\pm 0.01$ 厘米。然而，测量结果会不可避免地受到系统误差的
影响。也许测量工具被我摔了一下之后有些变形，也许它的刻度
本身就有些不准。假设我对系统误差效应做了最佳估计之后得到
的结果是 $L = 1.2 \pm 0.1$ 厘米。那么，第一个结果 $L = 1.11 \pm 0.01$ 厘
米要更精确，而第二个结果 $L = 1.2 \pm 0.1$ 厘米则更准确。每当见到
一些有成就的理论家不懂这个差别，总让我感到不安。这个差别
是很重要的。

还有一点也是很重要的，那就是要尽可能准确地描述这一学
科中人们一直以来在思考的问题以及所做的工作。我引述了不少
其他作者的原话，他们讲得比我好。从研究生期间开始，我接受

的训练就是要重视数据。然而，对我来说，引文也是一种数据。有些引文可能会有误导性，而其他形式的数据也可能会有误导性，但平均来说，数据包含有用的信息，值得认真对待。因此，在对德语或法语的引文提供翻译时，我总是小心谨慎。只要能找得到，我都用已公开发表的译本。否则，我就在谷歌的帮助下凭借我对这些语言的零星记忆来亲自翻译它们。翻译中会丢失一些东西，但我想这是我们不得不接受的。

书中引用了一些学术文献，为的是这样一些读者，他们可能想去检查一下那些支持我的论断的证据，也可能只是想确信证据的存在。我在注释中标出了所引用《爱因斯坦文集》（*The Collected Papers of Albert Einstein*，Stachel，Klein，Shulman et al.，1987）的卷号和文档号，可通过下述网站查阅：https://einsteinpapers.press.princeton.edu。

谢丽尔·米萨克（Cheryl Misak）的《剑桥实用主义：从珀斯[1]和詹姆斯到拉姆塞和维特根斯坦》（*Cambridge Pragmatism: From Peirce and James to Ramsey and Wittgenstein*，2016），以及卡尔·西格蒙德（Karl Sigmund）的《疯狂时代的精确思考：维也纳学派及对科学基础的伟大探索》（*Exact Thinking in Demented Times: The Vienna Circle and the Epic Quest for the Foundations of Science*，2017），这两本书让我了解到一个世纪之前关于物理学的种种思考。从布鲁诺·拉图尔和史蒂夫·伍尔加（Bruno Latour and Steve

---

1 珀斯（Peirce），旧译"皮尔士"或"皮尔斯"，按发音当为"珀斯"。参照江怡：《论珀斯与分析哲学之关系》，载《学术月刊》，第 47 卷，13 页，2015 年。

Woolgar）的《实验室生活：科学事实的社会建构》（*Laboratory Life: The Social Construction of Scientific Facts*，1979；1986）[1]一书中，我学到了社会学家对自然科学研究的社会性方面所做的讨论。恩斯特·马赫（Ernst Mach）的《力学的科学：从批判与历史的角度评述其发展》（*The Science of Mechanics: A Critical and Historical Account of Its Development*，1902，以及后来的英译本）[2]一书中，对我们现在所谓的经典力学有着极为详尽的讨论。它们在今天仍然值得一读。马赫对他所谓"物理学之不协调的形式发展"所做的批评，带给我们一个极为有趣的问题：马赫指的是什么？我也从许多其他专家那里收获良多，包括参考文献中列出的那些。

　　科学哲学方面的写作对我来说是一个陌生的领域，总让我感到如履薄冰。我要特别感谢保罗·霍伊宁根－许纳（Paul Hoyningen-Huene）、戴维·凯泽（David Kaiser）、克里斯蒂娜·科臣斯基（Krystyna Koczanski）、皮特·科臣斯基（Peter Koczanski）以及谢丽尔·米萨克帮助我认识到我是能够从事这种写作的。当然，书中的错误都应该算我的。皮特·萨尔森（Peter Saulson）是一位物理学家，也是 LIGO 科学合作组织的成员（该组织发现了天体并合产生的引力波）。皮特曾观察到一位社会学家哈里·柯林斯（Harry Collins）正在观察该组织中的物理学家。皮特从这一经历中得出的忠告以及他对社会学的思考，对我是很重要的。科学

1　中文版参见布鲁诺·拉图尔、史蒂夫·伍尔加：《实验室生活：科学事实的建构过程》，刁小英、张伯霖译，北京，东方出版社，2004 年。译者对有些书名的译法有不同理解，故未采用已有中文版的译法。后同。
2　中文版参见恩斯特·马赫：《力学及其发展的批判历史概论》，李醒民译，北京，商务印书馆，2014 年。

社会学是一门很微妙的学问，我很感谢柯安哲（Angela Creager）、瑞吉娜·肯南（Regina Kennan）、珍妮特·沃特西（Janet Vertesi）以及哈莉特·祖克曼（Harriet Zuckerman）就他们在这方面的经验和我进行发人深省的讨论。米歇尔·杨森（Michel Janssen）、于尔根·雷恩（Jürgen Renn）以及克里福德·威尔（Clifford Will）在爱因斯坦广义相对论的起源这一问题上给了我权威性的意见。我感谢查尔斯·罗伯特·奥戴尔（Charles Robert O'Dell）帮我回忆了在宇宙学发展的一个关键时期关于氦丰度的天文学研究，感谢弗吉尼亚·特林布（Virginia Trimble）帮我回忆了对广义相对论早期检验十分重要的白矮星引力红移测量，感谢斯坦尼斯拉斯·莱布勒（Stanislas Leibler）和我讨论了生物物理学的分子在这段经历中的奇特作用，感谢弗洛里安·博伊特勒（Florian Beutler）为我制作了第209页图中下方那张关键的子图。普林斯顿大学出版社科学板块的出版人英格丽德·格纳利希（Ingrid Gnerlich）在提高本书的可读性方面提供了卓有成效的建议。她还为我提供了两篇由能干的读者撰写的书评。他们的评论改进了本书，特别是让我认识到有必要对我原先试图解释的内容做出更为充实可靠的解释。艾莉森·皮布尔斯（Alison Peebles）和莱斯莉·皮布尔斯（Lesley Peebles）为促成这篇阐述本书宗旨的前言提供了重要的帮助。本书写作过程中的一大快乐，就是仔细思考来自上述各位以及在我漫长职业生涯中遇到的其他人的种种观点。他们都以不同的方式向我清晰地解释了一些想法，从而让我能够理解它们。

　　我非常幸运能够最终任职于一所大学——普林斯顿大学。在这里我可以向满怀兴趣的学生讲授物理学，还可以和常常让我深受启发的同事一起工作。对我来说（对其他许多人也一样），最重要的是这里有物理学教授罗伯特·亨利·迪克（Robert Henry Dicke）。认识他的人都叫他鲍勃。1958年，我从曼尼托巴大学毕业后作为物理学研究生新生来到普林斯顿，本打算从事粒子物理学研究。非常幸运的是，我在曼尼托巴的同学鲍勃·摩尔（Bob Moore）邀请我一起参加迪克的研究组会，探讨如何改进引力物理学和相对论的经验基础。好多诺贝尔物理学奖，包括我获得的在内，都源于迪克的课题组。这些都印证了迪克的远见卓识。

我在这样一个根本不可能产生什么经济效益的研究领域中投入如此多的时间和精力，而普林斯顿大学的领导层从未对此表示过任何顾虑。在我看来，这正体现了社会对这类研究的重视。这是一种在好奇心驱使下，对我们周遭的宏观和微观世界所做的探索。

一线的科学家或许可以考虑花几个晚上来读一下这本书，了解一下在我看来他们一直从事的事业的核心是什么，并且和他们自己的看法对比一下。我想他们应该已经形成了这种看法，即便他们对此无暇思考。有些人对物理科学中发生的事情感兴趣，但并未接受过该学科中数学语言的训练。他们也完全可以比我们这些一线工作者花更多时间来了解一下我们所做的事情。我已努力让书中的论述对这一阵营的读者来说具有可读性和知识性。正文中的公式很少，更多的公式被放在了括号里和注释中。同时，我会用注释来解释极少数难以避免的专业术语。专业的科学哲学家和科学社会学家对于我从他们学科的众多思想中学到的内容，应该不会感到陌生，但我希望他们也会有兴趣了解一下我是如何将所学内容运用到我们这些一线科学家的实际经历中的。

# 第 1 章

# 关于科学与实在

从好奇心驱使的研究发展而来的物理科学，已为我们带来了包罗万象的技术，涵盖从电力到手机（手机的益处尚存争议）的方方面面，广泛地影响着我们的日常生活。但是，一方面，那些促成所有这些技术的理论应当被视为一些方便的总结、一些记住有用实验结果的手段吗？另一方面，我们这些从事自然科学研究的人大都理所当然地假设，我们那些经过充分检验的理论是对某种实在的良好近似，而这种实在是客观的，不依赖于我们试图对其进行的考察。那么，我们可以接受这样的假设吗？

实在的意义是什么？说起来很简单，实在就是我睡醒之后所经历到的。但我可能依然在梦中。或者也可能如哲学家吉尔伯特·哈曼（Gilbert Harman，1973，第 5 页）所言："一位顽皮的脑外科医生正在以一种特殊的方式刺激［我的］大脑皮层，进而给［我］带来这些体验。"这样的想法虽然顽皮，但它反映的观点是严肃的：自然科学家无法证明他们是在发现客观实在的性质。我在本书中论述的观点是，对于物理科学家[1]认为他们关于实在这一假设所获得的认识，他们是能够给出令人信服的理由的。

你不会经常听到科学家给出支持实在性的理由，他们更愿意在一些规则的指引下继续开展研究，无论这些规则是从别人的研究中学到的，还是他们发现对自己有用的。这种不在意已经助长了一些误解。科学家们揭示出理论展现的力量，即能够在各种各样的现象中发现规律，并成功地预言更多的现象（例如最终导致手机的发明）。哲学家和社会学家则可以指出，我们那些最好的科学理论是不完备的，而它们基于的证据也都不可避免地受到测量不确定度的限制。那么，科学家们何以声称是在发现绝对真理呢？当科学家们这样说的时候，他们不应该也不能够真这样想。这是因为，如果客观物理实在的确是按照一些规律运行，而我们也的确是在发现这些规律的有用近似，那么科学就理应具有我们身边所有技术展现出的那种预言能力。

我们应该停下来，稍微仔细地考虑一下关于理论预言能力的一些想法。假设我们为了拟合一组给定的观测结果而构造了一个理论。如果这个理论对我们假定的那种观测背后的实在是一种良好的近似，那么我们就会期待将该理论运用到其他不同情况时，它也能对这些新情况下的观测结果做出成功的预言。做出的成功预言种类越多，或者说，预言能力越强，就越能说明该理论对实在是一种良好的近似。这不能构成一种证明。科学家永远不能宣称，他们的理论具有的这种预言能力可以证明这些理论就是实在本身

---

1    按照作者的用词，物理科学包含物理学和化学等学科，那么物理科学家也包括物理学家和化学家等科学家。

的精确呈现。我们只能肯定地说，物理科学的这种出色成就，即我们的理论具有的这种广泛预言能力，构成了一个难以忽视的理由，说明我们的科学是对实在的良好近似。

你可能会说这些成功的预言很容易被忽视。你尽管去忽视好了。但如果你要这么做，我强烈建议你先考虑一下你身边见到的那些正发挥作用的技术。科学家和工程师通过操纵电磁场来控制电子、晶体以及液晶，从而让手机中的电子听从他们的摆布。这看起来像是我们文化中特有的某种神话在起作用吗？我要说的是，你身边见到的正发挥作用的这类技术还有很多，这么多例子就构成了一个难以忽视的理由，说明物理学是与文化无关的。

如果承认自然科学的结果是对客观事实的有用近似，那么，我们的物理学理论仅仅就是记录这些事实的一些方法而已吗？在自然科学中，人们的观点是，充分检验过的理论具有的这种预言能力说明这些理论远非如此，它们是对实在运行方式的有用近似。这一点最好通过一个例子来解释。以下几章即将考虑的这样一个例子就是物理宇宙学，即对可观测宇宙大尺度性质的研究。

关于自然科学的效力与局限性，关于经验事实及其统一与理论预言等问题，人们的思考由来已久。一个世纪前，美国哲学家和科学家查尔斯·桑德斯·珀斯（Charles Sanders Peirce）就强调过当时物理学理论出色的预言能力。那些理论就是我们现在所谓的电磁学、力学和引力理论。但当时也有人对此表示怀疑。另一位杰出的物理学家，奥地利人恩斯特·马赫就曾提出疑问，怀疑那些关于力学、电磁学以及光和热的理论是否过于烦琐，或许还有点儿装腔作势。他更愿意将理论视为记录事实的手段。同时代的英籍德裔哲学家费迪南德·坎宁·斯科特·席勒（Ferdinand Canning

Scott Schiller）走得更远，他质疑这些事实也不过是我们身处的特定社会中出现的一些偶然可能性所特有的建构产物。如今，我们的理论具有更加强大的预言能力，但有些事情并未改变。我们仍然会听到这类质疑。其原因至少有一部分是，科学家通常不承认他们工作所用的构想更多地源自社会而非经验证据，更不用说那些不太可靠的猜想。物理学家偶尔会过于认真地对待这些猜想，但只需冷静思考一下就会明白这么做是不值得的。我会讨论一些例子，而且会论证如下观点：考虑到自然科学这一看起来肯定是实在的良好近似的学科中实践与理论的应用所得到的众多结果，同时不要忘记从社会学家与哲学家对科学家工作的观察结果中可得出的那些对科学家有益的启示，那么我们是可以达成共识的。

在所有这些讨论中，我都以物理宇宙学的发展历程作为我的有解示例。这门学问研究的是宇宙在我们可观测的最大尺度上的性质。我从一个世纪前开始谈起。当时爱因斯坦正在思考这个问题，而他和其他人也在考虑关于物理科学的本质这一更加宽泛的问题：它是怎样进行的？得出的结果又意味着什么？我的讲述从第3章对爱因斯坦引力理论（即广义相对论）的一些思考开始。我们现有的证据表明这一理论很好地描述了我们的宇宙膨胀。人们在20世纪30年代就曾讨论这个想法，但在60年代以前，宇宙膨胀的证据匮乏，该想法基本上是一种猜测。我们可以用社会学的术语称之为一种社会建构。这个问题以及从社会学的角度对科学所做的其他评价构成了第2章的主题。本章接下来将回顾一个世纪以来人们对科学本质的思考。开篇这两章是为了介绍一些思想，它们将通过从第3章开始给出的一些广义相对论和宇宙学中的例子得到阐述。

# 1.1　一个世纪前的思考

一个世纪前，爱因斯坦正在思考一个令人满意的引力理论应当具有何种性质，而这又促使他进一步想要知道，如何才能构造一个哲学上合理的宇宙。当时的其他人又是如何思考物理科学的呢？从发表在《大众科学月刊》(*The Popular Science Monthly*) [1] 上的一篇由美国哲学家、科学家查尔斯·桑德斯·珀斯[2] 所写的短评中，我们可以看到一种思路。珀斯（1878a，第 299～300 页）写道：

> 所有追寻科学的人都完全相信，只要足够努力，他们所探索的每一个问题都会随着探索过程的开展而得到某种解答。第一个人可以通过研究金星凌日和恒星光行差来探究光速，第二个人可用火星冲日和木卫掩食，第三个人可用菲索（Fizeau）的方法，第四个人可用傅科（Foucault）的方法，第五个人可用利萨茹（Lissajoux）曲线的运动，第六、第七、第八、第九个人可用不同的方法对静电和动电的测量结果进行比较。他们一开始可能会得到不同的结果，但是，随着每个人不断完善他的方法和过程，这些测量结果终将稳步趋向某个中心值。所有的科学研究都是如此。不同的人可能刚开始的观点都是针锋相对的，但随着研究过程的开展，一种外在于他们的力量会将他们带向同一个结论。这样一种思维活动引领着我们，把我们带向的地方并非随我们所愿，而是某个预先注定的目标，如同某种宿命的体现。无论是调整现有立场，还是选择另外一些事实来研究，抑或凭借什么智力上的天赋

异禀，都无法让人逃离这样一个注定的观点。这一重大定律体现在真理与实在的概念中。那注定最终将被所有研究者一致认可的观点，便是我们所谓的真理，而该观点描绘的对象，便是实在。这就是我对实在的解释。[3]

珀斯在倒数第二句的脚注[1]中解释道：

"命运"一词仅仅意味着那些必定实现的、丝毫无法避免的事情。认为某类事情是命中注定的，那是一种迷信。然而，认为命运一词永远无法摆脱其迷信色彩，那就是另一种迷信。我们都是注定要死的。

我们看到珀斯从实用主义的角度支持客观事实这一观念。它与日常经验一致：敲打一个酒杯，它会破碎。在自然科学的日常实践中，人们对待事实这一观念是认真的，尽管通常是以一种隐含的方式。在自然科学中通常还隐含着这样一种断言（或称之为公设更好一些），它被珀斯明确地表述为：存在"最终将被所有研究者一致认可"的"真理与实在"。

在这篇短评的其他版本（我记得是后来出现的）中，第一句话是"所有追寻科学的人被一种令人振奋的希望所激励……"，而倒数第三句开头为"这一重大希望体现在……"[4]米萨克（2013，第50～52页）表明，珀斯对待"希望"一词是认真的。比如，珀

---

1　即对引文中"注定"一词的脚注。此处 fated 译为"注定"，而 fate 一词译为"命运"。

斯评论道:

> 他能做出理性的行动，基于的唯一假设就是对成功的希望……它总是一种不违背事实的假想（hypothesis），而其合理性就在于它在使任何行动符合理性时的不可或缺性。[5]

这种方式很好地刻画出对于物理科学以及人类对实在的探索所做的实用主义研究。我们假设实在的运行遵循着一些规则，于是我们可以期待去发现它们。目前为止这种做法是行之有效的。

珀斯指出，通过截然不同的方法进行观测，并利用不同的理论来归算观测得出的数据，最终得出的光速值在合理的测量不确定度内都是一致的。也就是说，知道了某种方法给出的结果，你就可以成功地预言其他方法将给出什么结果。这种对成功预言的展示在物理科学研究结果的意义中居于核心地位。鉴于其重要性，我们应当专门回顾一下珀斯提到的那些实验与观测。

金星凌日时，人们观测到一个小黑点沿着日面上的一条弦（Chord）¹穿过。在地球上不同纬度的观测者看到凌日经过的弦长不同，这说明他们看到的金星进入和离开日面的时间是不同的。勘测员已经测量过地球的半径，因此不同纬度观测者之间的距离是已知的。牛顿的行星运动理论也给出了地球到金星与地球到太阳的距离之比。利用这些数据，三角学可以给出日地距离以及地球公转速度。[6] 前者在术语中被称为太阳视差：在太阳看来地球的张角大小。后者可以通过地球绕日旋转一周所花的时间（一年）来验

---

1　即圆上两点间的线段。

证，只要给定太阳视差即可。最后，金星穿行日面所经历的时间就给出地球相对于太阳的速度。地球速度相对于光速之比给出一个角度，或者叫光行差，即地球公转导致位置变化时看到恒星视位置偏移的角度。（垂直于恒星方向速度为 $v$ 的运动导致恒星的角位置在运动方向上偏移 $v/c$ 弧度，其中 $c$ 是光速。）由于我们绕太阳运动的速度可测，该比值就给出了光速的一种度量。

珀斯提到了太阳视差的第二种度量，利用的是所谓火星冲日。此时，火星、地球和太阳几乎排成一条直线，且在地球看来，火星位于和太阳相反的一侧。[1] 此时火星离我们最近，因而正是测量火星距离的大好时机。我们可以从地球上的不同地点测量火星相对于遥远星体的角位置。或者在同一地点的早晨和傍晚，当火星和它附近的星体刚刚在天空出现时对其进行测量。然后结合地球半径并利用三角学，就可以将这些角度转换为火星到地球的距离。牛顿物理学可以给出太阳系中行星距离的比值，因而火星到地球的距离可以给出太阳视差的另一种度量，由此可以进一步利用光行差得到光速。利用观测金星凌日和火星冲日测得的光速值是一致的。这一点验证了牛顿引力物理学对行星距离比例的估计是大致正确的。它也核查了这些微妙的测量中始终可能存在的系统误差。

珀斯还提到了对木卫掩食（木星的卫星从背后穿过木星）的观测。由于光的传播需要时间，观测到的卫星掩食时间依赖于木星与地球的距离。利用太阳视差和牛顿物理学得到木星和地球的距离后，通过分别测量木星接近和远离地球时木卫穿越木星所需时

---

1 英文的"冲"或"冲日"（opposition）一词，就是"相反""对立"的意思。

间的差别就可以得到光速。

菲索、傅科以及利萨茹等人在实验室所做的测量也得到了光传播已知距离所需的时间，只不过用的是地球上的实验。其思路与对木卫轨道计时是一样的，只是所测距离大不相同，因此我将它算作一种独立的方法。

珀斯提到了"静电和动电"。描述静电荷分布产生电场的理论与描述稳恒电流产生磁场的理论是类似的，只相差一个相乘因子。人们当时就知道这一因子与光速是一致的。詹姆斯·克拉克·麦克斯韦（James Clerk Maxwell）发现，他的理论预言电磁波就是以这种光速在传播。珀斯写这篇短评的时候，物理学家海因里希·鲁道夫·赫兹（Heinrich Rudolf Hertz）正在通过实验确认这些波的存在。珀斯也或多或少提到了这一点。[7]

后来珀斯补充道：

> 例如，所有的天文学家都会同意地球距离太阳 92 000 000 或 93 000 000 英里（约合 148 059 648 或 149 668 992 千米）。然而，为得出这一结论，有人是基于对金星穿过日面的观测，有人是基于对火星的观测，还有人是基于对光所做的实验并结合木卫的观测。[8]

我们从这里以及之前珀斯的引文中可以看出以下两点，它们对于理解物理科学研究的本质是极其重要的。

第一点，珀斯说，在可重复的条件下所做的重复测量得出相同的结果，尽管它们可由不同的人来做。这看上去是显然的，它也是我们的共同经验，但它并不是理所当然的，因而从经验中获得的关于可重复性（repeatability）的证据就是至关重要的。复杂之处在于，实验和观测方面的科学家，以及像我这样完全依赖其结果而工作的科学家，都习惯性地担心微妙测量中的系统误差。我们密切关注的是，用珀斯的话讲，"随着每个人不断完善他的方法和过程"，会出现什么情况。珀斯相信，"这些测量结果终将稳步趋向某个中心值"。或许他指的是通过降低系统误差来减少结果中的错误。这些系统误差总会存在，但在有些情况下可以降低到非常小。或许他也指的是测量结果在一定的不确定度内与进行测量的人无关。假定实在按照一定法则有规律地运行，那么这两种情况都将是理所应当的。

珀斯提出的第二点是，通过不同类型的观测并利用不同的理论归算得到的测量结果会给出一致的结论。我数了一下，珀斯提到了4种独立的方法来测量光速：（1）金星凌日和火星冲日；（2）木卫轨道上的时间延迟；（3）实验室中对光传播时间的测量（与木卫实验等效，但却是在非常不同的尺度上进行的，因而足以算作一种独立的方法）；（4）用电场和磁场在实验室中开展的实验。假如我们只有这些测量方法中的一种，那我们可能会说光速不过是为了编造一套与证据相符的说辞而设计出的花招。然而，通过其中任意一种方法测定的光速都能成功地预言其他三种方法给出的结果。珀斯还指出，从其中一种方法测得的太阳视差可以成功地预言另一种方法测得的太阳视差。这是一些类型明显不同的成功预言，是通过将不同的物理学理论运用于不同的观测得到的。在测量不确定度内，这些测量结果之间的一致性支持了如下事实，即光速和太阳视差是有意义的物理概念。如果客观实在的运行遵循我们发现的规律，而物理学理论是一种有用的、可行的近似来描述这样一种客观实在的行为，那么上述一致性就是理所应当的。

珀斯是这样说的：

> 这便是科学的方法。它的基本假设用更熟悉的话说就是：存在真实的事物，其性质完全独立于我们对它们的看法。……对这种方法的体验从未使我对其产生过怀疑，相反，在统一意见方面，科学研究已经取得了极为出色的成功。[9]

我也有同感。

杰拉尔德·霍尔顿（Gerald Holton）于一个世纪后在《科学思想的主题起源》（*Thematic Origins of Scientific Thought*，1988）一书中给出了同样的论证：

> 对于我们"相信电子的实在性"这样一个陈述，其背后的含义是："电子"这一概念目前在很多时候、很多方面是不可或缺的——不仅仅是用来解释阴极射线这一引发此概念最初构想的现象，也是为了理解热电和光电现象、固体和液体中的电流、放射性、光的发射、化学键，等等。

科学的进展使这些种类更加多样的成功预言得以出现，而霍尔顿其实还可以选择更多其他的例子。

有可能存在另外一种可以同样好地符合这些观测的理论吗？我们无法证明它不存在，但是对于珀斯和霍尔顿提到的那些例子，它似乎是非常不可能存在的，以至于无人对此问题感兴趣。赫伯特·丁格尔（Herbert Dingle，1931）有一个简洁的表述："自然看起来是可理解的。"

重申一下重点：如果客观物理实在遵循着一些我们可以发现的规律而运行，并且那些用来解释这些测量结果的理论是对这些规律的足够好的近似，进而还可以成功地预言新现象，那么在珀斯和霍尔顿所给的那些例子中，在多种测量和观测结果中显示出的那种一致性正是人们理应看到的。从第 3 章开始我们将讨论一些从相对论和物理宇宙学研究中选出的例子，但我们现在还是先考虑一下与珀斯同时代其他一些人的思想。

珀斯（1907）回忆道：

> 正是在（19 世纪）70 年代早期，我们一群在"老剑桥"（Old Cambridge）的年轻人常聚在一起，半讽刺半挑衅地自称"形而上学俱乐部"——因为当时不可知论甚嚣尘上，并强烈反对一切形而上学。

米萨克表明，珀斯对昌西·赖特（Chauncey Wright）为形而上学俱乐部的讨论所做的贡献颇为欣赏。关于赖特的思想，米萨克（2013，第 17 页）给出了一个例子：

> 然而，不管这些科学理论的来源是什么，是对经验事实进行认真归纳的系统性考察，还是大脑的天生倾向，即所谓"理性直觉"（intuitions of reason）（无须确切调查我们的经验就知道什么是可能的），无论源于现实还是源于理念，这些理论的价值只能这样检验：……由它们推演出一些结论，而这些结论是我们能通过无可置疑的感官见证来证实的。

对于赖特所谓自然科学中的"验证"（verification）的重要性，这些评论与最新的思想是一致的。我们只需要补充一点：这种"感官见证"（testimony of the senses）现在可以由非常精密的探测器获得。但我尚未发现有证据表明赖特认识到了珀斯更深层的含义，即电磁学以及牛顿力学与引力等物理学理论所具有的那种出色预言能力的重要意义。

威廉·詹姆斯（William James）是形而上学俱乐部的另一位成员，也是珀斯多年的亲密伙伴。他对物理科学提出了不同的看法。詹姆斯（1907）写道：

> 随着科学业已取得很大发展，越来越多的人认识到这样一种观点，即我们的大多数（或许是全部）定律只是一些近似。而且，这些定律本身已经多得不计其数。同时，在所有的科学分支中都有很多相互竞争的构想被提出来，以至于研究者已经习惯了这样的观念，即没有哪种理论是实在的绝对摹本，而任何一种理论从某种角度来看都是有用的。它们的重要用途就是总结旧事实并导向新事实。它们只是我们用来记录自然的一种人为语言，也有人称之为一种"概念简记法"，而众所周知，语言容许选择多种表达方式与多种方言。……实用主义者大体上就是通过这种方式解释"一致"（agreement）一词的。他完全是从实践的意义上来理解它。他让该词涵盖了从某个现有观点到某个未来目标之间的任何传导过程，只要该过程进行得顺利即可。只有这样，动辄超越常识的"科学"观点才能说是与它们的实在一致。正如我说过的，实在看起来好像是由以太、原子或电子构成的，但我们一定不能

真这么认为。"能量"一词甚至根本不代表任何"客观"的东西。它只是衡量现象表面的一种方法,以便将它们的各种变化统一到一个简单的公式中。……克拉克·麦克斯韦曾在某处说,对于证据同样充分的两种概念,若选择更复杂的那个,则意味着"糟糕的科学品味",而你们都会同意他的。科学中的真理就是能带给我们尽量多满意(包括品味在内)的那种东西,但它与之前的真理以及新奇事实之间的一致性总是最为迫切的要求。

或许上述引文的最后一句以及詹姆斯之前所说的"[理论的]重要用途就是总结旧事实并导向新事实",都表明他认识到了珀斯的要点,即对预言的检验可以构成一种有说服力的理由来支持某个物理学理论。然而,这段评论的其余部分并不鼓励这种想法。这一点也可从詹姆斯(1907,第153页)的这番话中看出:

简而言之,所谓"真理",不过是我们思想上的一种便捷手段,正如所谓"正确",不过是我们行为上的一种便捷手段。

在米萨克(2013)的评述中,珀斯反对詹姆斯用"实用主义"一词来描述对物理科学所做的这种"便捷"解读。珀斯的"实用主义"代表的是寻找一些描述事物行为方式的有用近似,就像电磁学和牛顿物理学那样。

詹姆斯在他的《心理学原理》(*The Principles of Psychology*,

1890，第 454 页）[1] 中写道：

> 对于实在的全部感受，我们自主的生命中全部的痛与兴奋，都依赖于我们的这种感觉，即其中的事物其实是时时刻刻由我们决定的，而且它并非一根无数年前制成的链条发出的沉闷咯咯声。这样的形象或许不是一种幻觉，它使得生命和历史强烈地感受到这样一种悲怆的热情。由于我们向机械论的拥护者承认它可能就是幻觉，因而他一定会向我们承认它可能不是。结果就是两种可能的概念针锋相对，没有什么已知的事实能足够明确地在二者之间做出裁决。

这个指令链条的比喻令人赏心悦目，而珀斯（1892）对它的表述也同样精彩：

> 我们正讨论的观点 [2] 是……给定宇宙处于原始星云时的状态，并给定力学定律，一个足够强大的大脑可以从这些数据中推演出我现在写出的每个字母每个笔画的精确样式。

大概不难料到，珀斯（1892）是愿意在自由意志和机械论之间做出选择的：

---

1　中文版参见威廉·詹姆斯：《心理学原理》，方双虎等译，北京，北京师范大学出版社，2019 年。

2　即机械论。

科学的结论不会自诩是必然发生的。一个很可能发生的推论最多只是假设某些事情在绝大多数时候或近似地为真，而绝不是说整个宇宙中的任何事情都是毫无例外地严格为真。考虑到这一点，我们就能看出这一观点［机械论］实际上与其所声称的主张相去甚远。

我们必须记住的是，相较于基本物理学，詹姆斯更感兴趣的是人的行为方式。珀斯则更关注另一面，即通过不断近似来接近的客观实在。这一点我们可以通过比较他们两人关于自由意志的思考看出。

尽管存在过度诠释珀斯思想的风险，我还是认为珀斯的评论是向着下面这一认识迈出的重要一步，即经典物理系统会丢失对初始条件的记忆。这当然也会包括对指引我下一步行为的任何程序化指令的记忆。詹姆斯所谓生命"悲怆的热情"仍然让人感到困惑，但我不再对它进行更多讨论，而是只关注下面这个更为简单的问题，即我们在可控条件下从基本物理学的检验中能学到什么，就像珀斯对光速测量所做的讨论那样。

对于珀斯的立场，哲学家 F.C.S. 席勒的反应比詹姆斯还要淡漠。席勒（1910，第 89 页）写道：

当我们分析其多种含义时，真理要求的那种"独立性"就变得毫无意义。如果"独立的"意味着"完全不受影响的"，那么按理说真理就不能独立于我们。两个完全独立的东西不可能共存于同一个宇宙。从"不相关"这一层意义来理解，真理也不能是"独立的"；因为果然如此的话，我们怎么可能认识它呢？真理意味着这样一种双重关系：真理与人的关系，即真理在此人看来是真的；真理与物的关系，即关于此物的真理是真的。如若不然，它就是无意义的。若忽略此关系中的任何一重，则任何"独立性"都是不可能的；若不忽略的话，则任何"独立性"都毫无独立性可言。

这是合乎逻辑的，而且这个问题目前又有了新的表现。当我观察一个处于纯量子态的系统时，我可能会使它变成另一个态。这如何影响宇宙的态矢量呢（如果有这么一个态矢量的话）？这样一个带有自由意志意味的问题超出了本书的范围。

对于席勒所言，珀斯（1903）的回应如下：

席勒先生不相信存在任何确凿的事实，其真实性独立于我们对它们的认识。他承认，要使所有的事实都符合我们的想象是需要颇费一番工夫的，但他认为，事实随着经历中的每一阶段而变化，并且没有任何事实是"始终"按照历史所决定的那样存在的。他设想的这一信条契合了詹姆斯教授"信仰的意志"之意。他确信它本应如此。

在这些观点的交锋中，问题似乎在于没能认识到物理学理论的两个方面。威廉·詹姆斯写道，理论"只是一些近似"。珀斯同意这一点，我们在他关于自由意志的论述中也看得出来。珀斯和詹姆斯是对的，我们的理论无论当时还是现在都是一些近似。但是，其中最好的那些理论都是一些极为出色的近似，有着强大的预言能力。珀斯举出了物理学在这方面的一些例子，都是一些难以忽视的例子。然而，我们必须考虑另一方面，即过去和现在都存在着我们最好的理论失效或至少是不完备的情况。也许席勒指的是理论的不完备性这类问题。然而，对詹姆斯的这句话——"就好像实在是由以太、原子或电子构成的一样，但我们一定不能真这么认为"，也许我们可以用类似方式让它显得更有道理。也许席勒和詹姆斯根本就没有抓住珀斯的要义，即我们那些更好的理论表现出了不起的预言能力，即便它们并不是严格准确的。

赖特、珀斯和詹姆斯被认为是实用主义哲学的奠基人。[10] 珀斯（1878a，第 293 页）是这样说的：我们应该考虑的是——

> 设想我们的观念对应的客体具有何种效应，而这些效应自然应当具有实践的意义。那么，我们对于这些效应的观念就是我们对于该客体的观念之全部。

威廉·詹姆斯（1907，第 45 页）问道：

> 这个世界是唯一的还是有很多个？是注定的还是自由的？是物质的还是精神的？此处这些概念中，任何一个都既可能适用于这个世界，也可能不适用，而围绕这些概念的争论也从未停息。在这些问题中，实用主义的方法就是试图通过追溯每一个概念在实践上的后果来逐个解释它们。如果此概念而非彼概念为真，那么这对于任何人来说在实践上会造成什么不同？如果追溯不到任何实践上的区别，那么这些对立的概念在实践上都意味着相同的东西，因而所有的争论都

是无意义的。对于任何严肃的争论，我们应该能从其中一方
或另一方为真而得出某些实践上的区别。

梅南（Menand）在他的《形而上学俱乐部》（*The Metaphysical Club*，2001，351 页）中写道：

> 实用主义是对人们思考方式的一种描述——人们如何产
> 生想法，如何形成信念，又如何做出决定。面临多种选择时，
> 是什么让我们决定去做一件事而非另一件？这样的问题似乎
> 无法回答，因为生活为我们提供了太多的选择。……思考是
> 一种形式自由而无拘无束的活动，我们可以由它得到那些我
> 们有理由称之为真的或正义的或道德的结果。

米萨克在她的《美国实用主义者》（*The American Pragmatists*，2013）一书中是这样说的：

> 实用主义者是经验主义者，因为他们要求信念要与经验
> 相联系。他们要求他们的解释和本体论都是实际的（自然的，
> 而非超自然的），而且他们要求哲学理论应该源于我们的实
> 践。……信念和经验之间的必要联系，其本质对实用主义者
> 来说是个复杂的问题。……［原因之一是］我们需要假设一
> 些东西才能不断进行我们的实践。

这些对实用主义者来说很复杂的问题，体现了珀斯和詹姆斯
的区别。前者表达了我们可以找到客观事实的良好近似这一愿望，

而后者似乎对此不太有信心。

我的总体印象是，实用主义哲学相当于按我们观测到的样子从实用的角度来理解这个世界。按照这个定义，我发现自己一直是个实用主义者。[11]

从 19 世纪下半叶一直到整个 20 世纪，物理学的种种进步对各种关于实在的思想做出了贡献。有人觉得它们令人激动，但同时期的另一些人则感到困惑，这也是很自然的。麦克斯韦用电磁场取代了以太这种力学图像，这样的做法明显地偏离了人们熟知的力学定律。玻尔兹曼（Boltzmann）对热力学第二定律（即熵的增加）的解释，就是在当时可能被视为一种抽象的、基于统计方法的力学中应用了一些熟知的力学概念，只不过将它们用于一种假想的粒子，即原子。汤姆逊（Thomson）通过演示电子被电场和磁场偏转给出证据，表明人们应该用一种未知的粒子来取代电流体[1]，而且这一实验测出了电子电荷与质量之比。不久后，密立根（Millikan）于 1909 年的实验证明了电子所带电量的大小。还可以想到，马克斯·普朗克（Max Planck，1900）引入了量子物理学。

在实用主义阵营中，珀斯这一方会认为所有这些进展是令人振奋的，但也许它们加剧了另一方的詹姆斯对以太、原子和电子所表现出的那种不安情绪。詹姆斯可能一直怀疑这些物理学家对于他们宣称的东西是否有可靠的根据。

---

1  电流体（electric fluid），或电的流体理论（fluid theory of electricity），是在发现电子（即文中所谓当时"未知的粒子"）之前，物理学家对带电现象的一种理论解释。它后来被带电粒子的运动以及电磁场等理论解释取代。

尽管物理科学在过去的一个世纪已经发展得相当成熟，有些东西仍然没有变。在《美国实用主义者》（2013）的最后一章，米萨克就当前的实用主义思想评论道：

> 出现了两类实用主义。一类试图为客观性以及我们对正确认识事物的渴望保留一席之地，而另一类则不太热衷于此。

一个世纪前的珀斯符合当前的第一类阵营，詹姆斯符合第二类。

奥地利物理学家、哲学家恩斯特·马赫在众多经验主义者中占有特殊的地位，因为他对物理科学具有清晰的认识，而且对近声速和超声速流的研究做出过重要贡献。但是，对于珀斯愿意思考的那些更具猜测性的理论，马赫（1902，第 505 页）并不愿意参与其中那种"物理学之不协调的形式发展"。

马赫在他的《力学的科学》一书中表达了这方面的想法。（我指的是 1902 年的版本，即 1883 年德文原版修订并扩充后的英译本。）这本书为我们现在所谓经典力学给出了清晰而富有启发性的讨论。在给大学本科生上物理学导论课时，我给他们展示了一些有用的模型，以此演示一些物理效应。多年来，我手头积攒了不少这类演示，但我还是从马赫的讲述（我手头那本 1960 年的英译本第六版）中借鉴了一些很好的演示。我最喜欢的是画在该书第 302 页（Mach，1902；1960，第 391 页）上的角动量守恒演示图。

尽管马赫很清楚地了解当时的物理学，但对于那些抽象的方面，那些可能被视为近乎他所谓无聊遐想的形而上学方面，他则缺乏耐心。对马赫来说，"运动具有绝对意义"这样的想法属于形而上学的晦涩问题，速度和加速度当然只是相对于其他物质才是有意义的。这一想法被称为"马赫原理"。它启发了爱因斯坦的宇宙学原理，即假设除了一些局域的不均匀性，比如恒星、行星以及人类之外，宇宙是处处相同的。至于马赫的观点是如何启发了爱因斯坦的想法，而这些想法又是如何通过了一系列证据的检验，这些故事将是第4章的主题。

马赫（1902，第493页）愿意考虑一些猜测性的想法，他写道：

> 假设一个会思考的生物生活在一个球面上，没有其他类型的空间去进行比较。在他看来，他的空间结构处处类似。他也可以视其为无限的，而只有经验才会使他确信他所在的空间并非无限。从球面某个大圆上的任意两点出发，沿着与之垂直的另外两个大圆前进，他可能不会预料到这两个大圆会相交。因此，对于我们所处的空间来说，也只有经验才能确定它是否有限，空间中的平行线是否相交，或者类似问题。阐明这一点意义重大，怎么强调都不为过。与黎曼为科学带来的上述启发类似的是，在对地球表面的认识过程中，第一批环球旅行者的发现为整个人类的智慧带来了启发。

马赫（1902，第79页）也非常明白那些可能需要更新事实的研究是重要的，他写到一个观测者时，说他——

> 有机会在眼前的事实上注意到一些新的方面，一些前人未曾留意过的方面。通过观测一些事实而得到的规律，不可能适用于有着无穷数量和无尽种类的全部事实。相反，它只

能为事实给出一个大致的轮廓，侧重于那种对心目中给定的技术（或科学）目标来说重要的特征。于是，事实中的哪些方面会被注意到就将取决于环境，甚至是观测者自身难料的状态。因此，总有机会发现事实的一些新的方面，而这会导致一些新规律的建立，它们和旧的一样有效，或者更好。

这就是经验主义者的口头禅：观点的好坏取决于证据的好坏。马赫（1902，第 481 页）懂得理论的威力，但认为它们的作用是有限的，他写道：

> 科学的目的就是通过在思维中对事实进行再现和预测，从而取代或省去经验。记忆要比经验更好用，而且常常可以实现同样的目的。科学的这种经济功能一望可知，它贯串科学的整个发展历程；随着这一点得到完全认识，科学中所有的神秘主义都消失了。

因此，当玻尔兹曼等人都在大量使用原子的概念时，马赫（1902，第 492 页）写道：

> 原子理论在物理学中起到的作用和某些辅助性的概念在数学中的作用类似；它是一种数学模型，以便实现事实在思想中的复制。尽管我们用谐振公式来表示振动，用指数来表示冷却现象，用时间的平方表示下落过程，等等，但没有人会认为振动本身和圆函数有什么关系，或者落体的运动和平方函数有什么关系。人们只不过是观察到所研究的这些物理量之间的关系

类似某些遍布于熟知的数学函数之间的关系，而这些更为我们所熟知的观念则被用作一种方便的手段来对经验进行补充。

马赫指的是这样一种观测：自由落体从静止开始在时间 $t$ 内下落的距离 $d$ 正比于时间的平方（即 $d = gt^2/2$，其中 $g$ 是当地的引力加速度）。"圆函数"［正弦和余弦函数，例如 $\cos(\omega t)$］描述简单振子的位移作为时间的函数。如今，这仍然是一个在物理学中广泛使用的模型。正如马赫所写的，一段下降的距离作为时间的平方、一个简单振子，以及一个原子都是理论建构的有用概念。前二者本来就没有被视作真实的，它们只是有用的模型而已。于是马赫在此提出了一个很好的问题：为什么原子要被视为真实的，而非又一种有用的模型？

换句话说，马赫（1902）明确反对：

> 物理学之不协调的形式发展［已经导致］大多数探究自然的人将一个外在于且独立于思维的实在，［归为］一种物理学的智力工具，归为诸如质量、力、原子等这样一些概念，其唯一的功能就是唤起那些以经济的方式整理好的经验。……一个事先只通过剧场了解这个世界的人，如果被带到幕后并能够看到舞台的运行机制，那么他可能会相信，真实的世界也需要一个操作间，而且一旦充分了解这个操作间，那我们便可以知晓一切。同样，我们也应当小心，以防将思维的舞台上用来表现世界的智力装置误认为真实世界的根基。

我赞赏马赫的类比。但是，对于他所谓"以经济的方式整理好的经验"所具有的预言能力，他的那种无动于衷，或许是他故意表现出来的那种无动于衷，仍然让我感到费解。马赫的那种科学经济性（economy of science），也就是我们所谓的一整套物理学理论，预言了一些新现象，并且通过了经验的检验。在马赫那个时代，珀斯对此是非常清楚的。到了今天，我们可以引用更多的例子，比如上文中霍尔顿（1988）提到的那个例子。

鉴于我的经验主义倾向，我能够理解马赫对"物理学之不协调的形式发展"的反感。但马赫的思想并不具有先见之明。形式的发展带给我们量子物理学和相对论中那些卓有成效的原理。

马赫的思想也得到了其他人的认同。在电和磁的问题上，马赫（1902，第 494 页）的观点是：

> 一旦我们注意到所发生的现象就像是一些相互吸引和排斥的流体在导体表面运动，我们关于电的概念就马上能与电的现象相符，而且几乎自发地按常规发展。但是，这些思想上的便捷手段与这一现象本身毫无关系。

身为珀斯和马赫的前辈，奥古斯特·孔德（Auguste Comte）主张"科学实证主义"（positivisme scientifique）。这与马赫后来的思想是非常类似的。孔德（1896；后来的英译本）问道：

> 在对热、光、电和磁等现象的描述中，那些关于流体和假想的以太等奇异想法在科学上有什么用呢？……这些流体应该是不可见的、无法触摸的，甚至是无法衡量的，而且与它们驱使的那些物质是不可分割的。它们的这种定义表明它

们在真正的科学中是不存在的，因为它们的存在与否并不是一个可以判断的问题：它既无法被否定也无法被肯定，我们的理性完全无法把握它们。如今，那些相信热量、光以太（luminiferous ether）或电流体的人们无权鄙视巴拉赛尔苏斯（Paracelsus）的基本精神，也无权拒绝承认天使与魔鬼。

美国哲学家约翰·杜威（John Dewey，1903）是这样说的：

> 并非每个假设都可以被真正感受到。比如，有人在物理学中使用电流体这一假设，但并不指望真正见到它。

我们已经看到詹姆斯表达过同样的感想。这些作者提出了一个重要的问题：电流体的存在是一个可以判断的问题吗？

科学界有一种标准方式来回答这个问题。判断原子和电流体这类假想物体存在与否，其理由是通过用测量来检验它们的预言得出的。马赫了解有关的物理科学，但他不愿承认利用预言进行检验这一想法。考虑一下马赫（1902，第599页）的论证：

> 即便一个假设完全有能力再现一定范围内的自然现象，比如热现象，我们在接受它的时候，应该只用这个假设来代替其中的力学和热学过程之间的实际关系。真正基本的事实由同样大量的假设来代替，这当然不是什么收获。

按照这一说法，热的理论，即热力学就会是一种循环建构：这个理论符合观测，因为它就是为了符合观测而建构的。然而情况不止如此。麦克斯韦关系式，即为一些有用的热力学量之间的关系给出的预言，就是一种真实而有益的收获。但还是让我们考虑一个更直接的例子，它在这一点上与马赫的思想相左。

马赫（1902，第 157、231、302 页）解释了牛顿关于力学和引力的物理学是如何解释行星的运动，卫星围绕这些行星的运动，地球因自转而压扁的形状，潮汐和信风，傅科摆面的旋转，以及摆钟的工作。这些现象的种类千差万别，所发生的尺度范围从行星轨迹的约 $10^{13}$ 厘米一直到钟摆的几厘米。它们都与牛顿力学的简单表述相符。马赫称其为一个科学经济性的例子。更为大胆的表述是，牛顿物理学看上去是描述客观实在如何运行的一个良好近似。

珀斯给出了另一个例子来说明这种经济性（只是没有用这个叫法），那就是从天文学和电磁学研究中用多种方法发现太阳的距离和光速。所有这些物理学马赫都懂。在文集《通俗科学讲座》（*Popular Science Lectures*，1898）中，马赫解释了如何在实验室中以及如何利用木卫轨道计时对光速进行测量，同时也提到：

> 在磁学的 C.G.S.（厘米、克、秒）单位制下，电流作为单位，将需要一个每秒大约 30 000 000 000 静电单位的流穿过它的截面。相应地，这里也必须使用不同的单位。然而，如何进一步发展这一想法并不是我当前的任务。

这正是以厘米每秒（cm/s）为单位表示的光速，它将实验室中的静电和静磁单位联系了起来。它也决定了赫兹的电磁波的传播速度。马赫懂得这些物理知识，而且在这些讲座中表达了与珀斯相同的观点，只是对此并没有抱同样的热情。

马赫的科学经济性在当时和现在都是如此司空见惯，以至于我们或许没能注意到它其实是一个不同寻常的现象。我们看到周遭的世界按照我们所发现的一些近似规律在运行。这些规律具有预言能力，而且可以统一一大类现象。另一个不同寻常的事情是，尽管马赫肯定理解这种经验的性质，但他却不去试图理解它可能意味着什么，是否可能从中学到什么。这种经济性，也被称为"我们那些更好的理论所具有的预言能力"，可以让我们做出孔德认为无法做出的那些判断。不为孔德所信的光以太已经由电磁场取代，而后者被证明是更具预言能力的。那种假想的电流体也已经换成了电磁学中的电子和离子，而这一具有预言能力的理论也经过了很好的检验。当然，我们现在可以很轻松地说，马赫的那种物理学的经济性意味着马赫时代的那些物理学理论是对实在运行方式的有用近似。马赫当时肯定不会大胆地想到这么远，我想他会视这种想法为无聊的形而上学而不予理会。

珀斯愿意进一步大胆猜想，愿意考虑原子这一抽象概念，尽管他还是特别关注那些有可能被检验的概念。这些想法在他的一段话中被总结如下：

> 我是物理学家也是化学家，因而渴望将研究向着能更好地了解物质细微结构与运行机制的方向推进。我以前并不曾热衷于这些形而上学的猜想，因为我一直主要是在学习科学方法。后来我之所以开始思考它们，是由于我对自己提出的问题：我们如何才能发现比我们对分子和原子的现有［认识］更多的东西？我们应该如何制订一个广泛的计划以便进一步

取得重大进展？[12]

　　我们现在仍然在问自己：我们该如何计划以取得下一个重大
进展？

　　一个世纪前，人们认识到力学、引力理论、电磁学以及热力
学在相当大范围内经受了检验并取得了实际应用。这促使一些人
大胆地设想，物理科学或许已发展到一定程度，足以用一种严格
的逻辑形式建立起来。大卫·希尔伯特（David Hilbert）在 1900 年
国际数学家大会上提出的几个著名问题中，第六个就是"物理学
公理的数学表述"。希尔伯特（1900）一开始便解释说：

> 　　在几何学基础方面的研究揭示出这样一个问题，即通过
> 公理化的方法，按照相同的方式处理那些数学在其中起着重
> 要作用的物理科学，首要的便是概率和力学的理论。

　　对于受马赫思想启发的维也纳学派来说，其目标更宏大。他
们寻找的是一个统一的体系，以直接的经验事实为基础，将数学、
哲学、物理学以及社会科学通过一种严格的逻辑形式组织起来。作
为维也纳学派的一员，菲利普·弗兰克（Philipp Frank，1949）回
忆了他早年向这一愿景迈进时所做的思考：在 1907 年前后——

> 　　我常常混迹于一群学生当中，他们每周四晚上聚集在一
> 间古老的维也纳咖啡馆。我们一直待到半夜甚至更晚，讨论
> 着科学和哲学问题。……在那个世纪之交，机械论物理学的
> 衰败伴随着这样一种信念，认为科学方法本身已不能给我们

带来"宇宙的真理"。

弗兰克记得他们曾深深着迷于科学哲学家阿贝尔·瑞伊（Abel Rey）在其《当代物理学家心目中的物理学理论》（*La théorie de la physique chez les physiciens contemporains*，1907）一书中对自然科学发展状况所做的评价。根据弗兰克的翻译，瑞伊（1907）评论道：

> 科学只不过成了一种象征模式、一种参考系。而且，由于这一参考系随不同思想学派而变，人们很快就发现，实际上没有哪个作为参考的东西不是事先为了供人这样参考而创造出来的。

如何挽救这种循环建构？弗兰克（1949）回忆道：

> 我们赞同瑞伊将庞加莱（Poincaré）的贡献称为一种"新实证主义"；相比于孔德和米尔（Mill）的实证主义，它的确是一大进步。

庞加莱（1902，第127页）写道：

> 经验是真理的唯一来源：它足以教给我们新的东西；它足以带给我们确定性。[13]

强调经验而非先验知识，这是赖特与珀斯的思想之核心，也是马赫与维也纳学派的思想之核心。然而，至于经验能带我们走多远，庞加莱对此表示警惕。他指出，马略特定律（也被称为波义耳定律）对于有些气体来说是非常准确的，但是当我们充分仔细地考察这样的气体时，它就分解为粒子的混沌运动。庞加莱（1902，第 132 页）提出，引力如果得到足够仔细的考察，也许同样会偏离牛顿定律给出的简单形式：

> 毫无疑问，如果我们的方法能够研究得越来越透彻，我们就会发现复杂背后的简单，而后是简单背后的复杂，而后又是复杂背后的简单，如是反复，永无止境。

庞加莱设想的这种情景，我称之为不断的接连近似过程，就像是某种终极理论的说法那样看似合理。庞加莱（1905，第 14 页）还问道：

> 人类的智慧认为它在自然中发现的这种和谐存在于智慧之外吗？不，完全独立于可想象它、可观察或感受它的意识的那样一种实在无疑是不可能的。像这样一种外在的世界，即便存在，对我们来说也是永远无法触及的。

我们已经从席勒（1910）那里见识过类似想法。其逻辑无懈可击，其意义尚存争议。

维也纳学派另一位成员鲁道夫·卡尔纳普（Rudolf Carnap，1963）回忆了他早年的思考：

> 我设想物理学的理想体系由三部分构成：第一部分要包

括基本物理学定律，呈现为一种形式化的公理体系；第二部分要包括现象—物理学的字典，即可观测的特征与物理数量之间的对应规则；第三部分要包括对宇宙物理状态的描述。

我想这是希尔伯特的风格，而不是庞加莱的。

《维也纳学派的科学世界观》（*Wissenschaftliche Weltauffassung Der Wiener Kreis*，英文版书名为 *The Scientific World View of the Vienna Circle*，Hahn，Neurath，and Carnap，1929）这一宣言让我们对他们的方法有了进一步了解。其中提到启发过他们的一些思想家，包括数学、哲学方面的伯兰特·罗素（Bertrand Russell）和路德维希·维特根斯坦（Ludwig Wittgenstein），以及物理学方面的马赫和爱因斯坦。庞加莱和马赫对维也纳学派成员如何看待物理科学有着更为直接的影响。

宣言中"物理学基础"（"Fundamentals of Physics"）一节的最后一段与我们的讨论特别相关：

　　通过在所提及的问题中运用公理化方法，科学中的经验部分不同于那些只是约定的部分，有意义性也不同于定义。这里没有先验综合判断存在的余地。世界的知识是可能的这一事实，不是基于人类理性将其形式赋予物质这一事实，而是基于物质具有某种秩序这一事实。对于这种秩序的类型和程度，人们一开始是一无所知的。世界本可以比它现有的状态更有序，然而它也可以更无序，但仍是可理解的。只有经验科学一步步坚持不懈的研究，才能告诉我们世界的规律性本质。归纳的方法，即通过昨天的结论推测明天，通过此处的结论推测彼处，当然也只是在有规律存在时才有效。但该方法并非以这种规律的存在作为先决条件。只要它能带来富有成效的结果就可以用，无论它是否具有充分的理由；它从不保证万无一失。然而，认识论上的反思要求归纳出的结论只有在能够被经验验证时才是有意义的。科学的世界观不会因为一项研究工作是通过不完善的、逻辑上阐述得不够清晰的或经验上检验得不够充分的方法取得的，就否定它的成功。然而，它总是会争取并且需要在充分可靠的帮助下，即通过间接或直接地追溯到经验来对其进行验证。

在这份文档的前言部分，作者的署名为汉斯·哈恩（Hans Hahn）、奥托·纽拉特（Otto Neurath）和卡尔纳普。西格蒙德（2017）提到了更多参与撰写的人，因此，在这段话中看到多种思想的表达也不足为奇。

我把这段话看作对所谓逻辑实证主义或逻辑经验主义的表述。这种哲学已不再是一些专家的兴趣所在，但我还是从中读出了自己喜欢的东西。维也纳学派寻求"世界的规律性本质"，这也是我们现在仍然在做的。他们认识到"有规律"是一个假设。和庞加莱一样，他们都强调规律需要"通过间接或直接地追溯到经验来对其进行验证"。也许他们比庞加莱更相信规律是可以被发现的，而不是通过接连近似而达到的。和珀斯以及维也纳学派一样，我们继续假设存在一个按照规律运行的实在，进而我们可以期待找到其规律。简言之，这段话合理地表述了很大一部分当前关于物理科学研究的思考。我看到有两点遗漏。

第一点，卡尔纳普和维也纳学派的其他成员提出的"创造性重构"会将自然科学的语言简化为一套逻辑严格而意义明确的体系。自然科学研究无法以这种方式开展，因为我们在试图发现我们假设的实在运行时所依赖的逻辑。随意的试错法并不高效，但是在我们学习如何构造这种曾为你带来手机的语言的过程中，这种方法已经起到了很好的作用，尽管这一语言的本质并不完善。

第二点遗漏就是对理论预言，即向建构理论时基于的证据范围之外所做的外推进行经验检验的重要性。我们已经看到在珀斯举的例子中，电磁学和牛顿物理学展现出强大的预言能力。为什么要有这种预言能力呢？如果这些理论是实在运行方式的有用近似，且足够有用，以至于可以外推到不同的情形，那么它们就理应具有这种预言能力。在这份文档中，我没有找到支持或反对这一想法的论证。也许它已被视为马赫非常厌恶的那种形而上学思想的一个例子，而这种思想也正是维也纳学派的成员试图用且仅用按照逻辑形式组织起来的经验事实取代的。

一种与希尔伯特的第六个数学问题以及维也纳学派秉持的思想都一脉相承的方法，是寻求一种统一的物理学理论。这或许是从描述引力和电磁学的统一场论开始的。爱因斯坦和希尔伯特寻找过它，而卡鲁扎（Kaluza，1921）和克莱因（Klein，1926）在一种五维空间中找到了它。但如果我们接受克莱因的描述，将第五维以微小的固定长度闭合起来，那么它对引力和电磁学中任何一方都没有太大新意。有人论证说，也许按照类似于卡鲁扎-克莱因的方法，我们可能即将发现"万物理论"，或者如斯蒂芬·温伯格（1992）所言，即将实现"终极理论之梦"。温伯格给出了一个详尽的理由，这个终极理论或许可以充当希尔伯特等人一个世纪前梦寐以求的那种公理系统。但是，正如庞加莱所论证的那样，我们无法在经验上确定我们找到的就是这个终极理论，而不是一种我们在全球经济可承受范围内建立的最好近似。

　　哲学家卡尔·波普尔（Karl Popper）不是维也纳学派成员，但据说双方曾相互影响。波普尔的哲学通常被人们记住的是它对可证伪性的强调。波普尔在其自传中回忆说，自己曾着迷于爱因斯坦的一句话，即如果相对论的特定预言与测量不符，那么这个理论就是不成立的。波普尔（1974，第 29 页）回忆道：

　　　　在 1919 年底，我得出了结论，认为科学的态度就是批判的态度。它不是寻求验证，而是寻求判决性的检验；这些检验可以否定被检验的理论，但却永远无法证明它。

　　波普尔（1965，第 287 页）也考虑过可确认性（confirmability）：

　　　　对一个陈述或一个理论进行可能的检验时，检验的严格程度依赖于（因素之一即）其断言的精确性及其预言能力。……一个陈述越能经得起检验，它就越能被检验所确认，所证实。

　　关于实在，检验可以告诉我们什么？波普尔（1965，第 117 页）对此问题的想法体现在他的这段评论中：

　　　　因此，至少可检验的猜测（conjectures）或猜想（guesses）就是关于实在的猜测或猜想；从其不确定性或猜测性这一特征只能得出，对于它们描述的实在，我们的知识是不确定的或是猜测性的。而且，虽然只有那些能被确定地认识的事物才一定是实在的，但如果认为只有那些已知一定实在的事物才是实在的，那就错了。我们并非无所不知，而且毫无疑问，很多实在的事物都是不为我们所知的。

关于社会对科学的影响，让我们来关注一下波普尔（1945，第208页）的这一看法：

> 时间和空间等观念向来被认为是所有科学的必要预设，而且属于其"范畴工具"（categorial apparatus）。当爱因斯坦表明我们甚至可以基于经验来质疑并修改关于时间和空间的预设时，它便成为我们这个时代最伟大的成就之一。因此，考虑到科学方法，知识社会学对科学发起的强烈质疑是无效的。经验方法已证明是能够很好地自我维护的。

下面我们来考虑科学知识的社会学。

## 1.2 关于社会建构、经验建构与循环建构

托马斯·库恩（Thomas Kuhn）在《科学革命的结构》（*The Structure of Scientific Revolutions*，1970）[1] 一书中提出了他关于自然

---

1　中文版参见托马斯·库恩：《科学革命的结构》，张卜天译，北京，北京大学出版社，2022 年。

科学中的建构所做的思考。库恩（1970，第 206 页）在第二版后记中写道：

> 一个科学理论通常被认为优于它之前的理论，这不仅在于它是发现和解决谜题的一种更好的工具，也因为它在某种意义上是对自然真实状况的一种更好的表示。人们常听说，一些相继提出的理论越来越接近真理，或者说近似程度越来越接近真理。显然，像这样的概括并不是指理论中谜题的发现与解决，也不是指它得出的具体预言，而是指其本体论，指理论置于自然中的那些实体与"真实在那里"的事物之间的那种匹配。或许还有其他方法可以拯救"真理"这一概念，以便将其用于所有的理论，但此处的方法做不到这一点。我认为，并不存在独立于理论的方法能重构诸如"真实在那里"这样的说法；现在在我看来，理论的本体论与其在自然中"真实的"对应物之间的匹配这一概念在原则上是虚幻的。

物理学家有种令人遗憾的倾向，总想宣称我们终于就要找到终极理论了，就要发现实在的终极本质了。但物理学做不到这一点，因为所有经验检验的准确性是有限的。这意味着我们的世界观、我们的本体论，一定会随着科学的进步而演化。库恩是正确的，我们只能声称确立了一些有说服力的理由来支持我们对假设的实在所做的近似。在接下来的几章里，我会转而讨论一些非常有说服力的例子。[14]

再来考虑一下加里森（Galison，2016）从库恩的通信中节选出的这段话的想法：

> 客观观测这种说法从某种重要意义上讲是自相矛盾的。任
> 何一组特定的观测……都预设了一种趋于相应类型概念体系
> 的倾向：科学的"事实"已经包括了（在心理学而非形而上
> 学的意义上）理论的一部分，而这些"事实"也终将从该理
> 论中推演出来。

这很好地描述了理论的循环建构：这些理论之所以符合我们
对证据的认识，是因为它们本来就是为了符合我们的认识而设计
的。这是自然科学研究中的一个标准而重要的部分。一种更委婉
的说法是，我们在努力追随证据。随后的阶段就是设法对这样建
构起来的一个理论进行检查。然而这利用的是从该理论推演出的
结果，它不属于已融入其建构的那些认识。这些预言检验早已成
为物理科学家难以抗拒的习惯。

广义相对论和相对论宇宙学的预言通过了类型广泛的严格检
验（这些预言检验将在以下几章中讨论）。那么，这在库恩的哲
学中意味着什么？库恩拥有物理学博士学位，在范弗莱克（van
Vleck）指导下完成了博士论文（Kuhn and van Vleck, 1950），但
他后来并没有对物理学的实验方面表现出多大兴趣。这一点可见
于库恩（1970，第61页）在《科学革命的结构》中所写的：

> 从事这种理论工作，倒不是因为它们引出的那些预言具
> 有内在价值，而是因为它们可以直接面对实验。

这种表述方式与自然科学阵营中对预言的强调截然不同。人们当然明白，如果一套说辞只是为了符合一组给定观测而发明的，那么我们不必期待它给出成功的预言，除了偶尔碰巧之外。

但是，如果一个理论对假设中遵循理性运行的实在是一种有用近似，那么我们就要求它必须给出成功的预言。这一规则也有例外——想想 1960 年广义相对论得到了学界接受，但在目前的讨论中我不考虑它们。成功的预言对科学家来说意义重大，而在物理科学的那些确立已久的分支学科中，这样的例子比比皆是。我没发现任何迹象表明库恩意识到了这一点。

库恩（1970）引入了"范式转移"（paradigm shifts）这一影响深远的概念，即已被接受的世界观发生的改变，其中世界观是基于被用来描述实在的常规科学。库恩所举的历史上那些例子是真实而重要的。但是，关于在 20 世纪物理科学中引入的那些范式，其效果应该更确切地说是增加了物理科学世界观的层叠发展。例如，电磁学中麦克斯韦方程组的提出已有一个多世纪，而我们现在拥有一个更深层的理论：量子电动力学。这个量子版本是一个极其重要的范式，但很多内容仍然没变。我们现在仍然教授量子电动力学的经典极限，即麦克斯韦方程组，因为它们在科学中应用广泛，而且在社会上具有普遍的实用性。这一经典理论并没有被取代，它已成为那个量子理论的一种有用的极限情况，而后者又是电弱对称理论遗留下来的。后两种范式的增加丰富了我们的世界观，但是麦克斯韦的经典电动力学仍然是常规科学的一个重要部分。要是欧姆定律偶尔在不该失效时失效的话，我们一定会听说的。

我们将会讲到物理宇宙学的科学也是通过种种观点的层层叠

加发展起来的：1917 年时爱因斯坦的宇宙图像视宇宙为均匀而静态的；1930 年的观点认为均匀的宇宙在膨胀；1970 年的观点认为宇宙在膨胀早期是炽热的而且留有遗迹；1990 年的观点认为宇宙的质量中大部分是非重子暗物质，而且爱因斯坦的宇宙学常数正使当前的宇宙膨胀率增加；2000 年左右的精确检验平息了许多争论，从那时起检验种类的增多以及精度的提高，促使学界接受了一个经过充分检验的描述宇宙大尺度性质的标准理论。你也许会称之为一系列的革命，或范式转移。但更确切的说法是，科学通过一系列范式增加而得到发展。我们目前也期待转变的到来；最好是找到关于非重子暗物质性质的一种更具经验基础的图像。

实际上可能发生一种范式转移，转向一种不存在暗物质的宇宙吗？考虑到我们将在第 6.10 节讨论的那些检验，这看来是非常不可能的。但我们无法证明，而时间会告诉我们的。

物理科学经过几个世纪的发展已经能够在越来越大的范围内适用于各种现象，有着更高的精确性和更多的实际应用。库恩当然认可这样的发展过程。他还论证说，尽管如此，当一个物理学家随口提到某样东西为真时，严格地讲，他一定不是真这么想的。库恩这种说法是对的。物理学中有些理论通过了严格的检验，但是无论检验多么精确，它们也不过是一些近似，而且这些理论无论多么成功，它们也是不完善的。

我曾听说库恩的书面世后，他的想法遭到了物理学家的反对。这倒不是因为他关于循环建构的观点，而是因为库恩论述了在这种揭示客观实在而本应与人无关的研究中，居然有社会学的用武之地。我记得当时认真看过此书，但不记得自己或物理学同行对此有什么明显抵触。物理学家通常有不少其他事是他们更愿意做的。但我觉得物理科学的文化氛围已有所发展，因为科学与社会之间的相互影响现在看来是显然的。这是第 2 章的主题。

波普尔和库恩都同意，物理学家无法像证明定理那样证明客观实在的存在。但是波普尔毫不犹豫地接受实在的观点，而库恩则强调社会在确定将什么视为实在这一问题上所起的作用。相较于波普尔的观点，在实在和社会这类问题上与库恩的想法更为接近的思想，早在一个世纪前曾由席勒表达过。类似的想法后来也由哲学家布鲁诺·拉图尔和社会学家史蒂夫·伍尔加在其《实验室生活：科学事实的社会建构》（1979）一书中表达过。该书描述了拉图尔花两年时间置身于一个分子生物学研究实验室——索尔克生物学研究所（Salk Institute for Biological Studies）时所收获的想法。他们对科学社会学的评价将在第 2 章讨论。和我们此处直接相关的是他们的两点评论。第一点是：

> 对实在缺乏一个合适的定义造成实在论者和相对主义者之间的争论加剧。也许如下定义就足够了：不能由意志来改变的即为实在。

我想今天的大多数物理学家都不会对这种表述感到困惑。它是可操作的，这一点很好。这个定义随着科学的进步而变化，这一点虽不是人们期待客观实在应有的性质，但这也没什么问题，因为我们对定义进行调整就意味着我们找到了对实在本质的更好近似。

要考虑的第二点评论是如下报告：

　　　我们没有观察到这个实验室给出的某个陈述得到过独立验证，一次也没有。相反，我们观察到了实验室中的某些做法被推广到了社会实在（social reality）的其他场所，例如医院和企业。……这并不意味着上述陈述在任何地方都成立。……要证明一个给定陈述在实验室以外得到验证是不可能的，因为这样的陈述其存在本身依赖于实验室背景。我们并不是说生长抑制素［一种调节内分泌系统的肽激素］不存在，也不是说它不起作用，而是说它不能脱离那个使其得以存在的社会实践网。

　　我们可以用这个报告和珀斯的讨论做对比。珀斯讨论的是，通过截然不同的观测方法所得结果之间的一致性对光速进行"独立验证"。珀斯的例子之所以可能，是因为这些测量尽管微妙但容易解释，而且它们似乎也不可能与这些现象的复杂性混为一谈。通过对不同现象进行观测并应用不同理论进行分析，光速的多个度量之间得到了定量的一致性，这就构成一个很好的理由支持光速的实在性。这一点令我印象深刻。拉图尔和伍尔加没有报告在配有适当设备的实验室以外对大质量分子研究进行"独立验证"的类似事例。与珀斯的例子相比，最大的不同在于生物物理学中的分子很大，其结构复杂，而且它们与环境的相互作用非常难解。

　　对于一种更加简单的分子，即氢分子，我们确实有很好的理由支持其客观实在性。利用标准量子物理学计算得到的氢分子结构及其预言出的结合能与能级都通过了精确检验。这构成了一个令人信服的理由，说明这种分子是真实的，在物理科学那些公认的理论所给出的众多预言中具有稳固的地位。对于生物物理学中的分子，要想在理论和观测上得到类似程度的一致性则是个更大的挑战。科学家们的标准观点是：这一未决的挑战只能被视为该学科不完善的地方之一，而它会随着分析方法的进步而逐渐改善，至于生物物理学中的分子是否适合我们现有的（或希望改进的）基础物理学理论，对此问题没人能保证给出可靠的回答。

珀斯和马赫表达了对事实或至少是它们的良好近似的信任。拉图尔和伍尔加（1986，第 175 页）给出了一致性的衡量标准：

> 事实拒绝被社会学化（sociologised）。它们似乎能够回到它们那种"在那里"的状态，于是就能够超出社会学分析的掌控范围。

我认为在这段话中拉图尔和伍尔加表达的是他们愿意接受这样一种实在的观念，即事实"在那里"，有待任何愿意观察的人来发现，但我想他们更愿意说的是，有待任何有合适仪器去观察的人来发现。当然，对金星凌日也是同理。

另一位社会学家罗伯特·默顿（Robert Merton，1973）在针对苏联的科学政治化，特别是针对一篇社论《反对世界主义的布尔乔亚意识形态》（"Against the Bourgeois Ideology of Cosmopolitanism"，第 271 页）所做的一段评论中表达得更直白：

> 科学知识主张有效性的标准与国家的喜好和文化无关。相互竞争的有效性主张迟早会由普遍性的标准做出决断。

马赫大概会反对"拒绝被社会学化"的事实这种过于形而上学的说法，但我估计他和物理学一方的珀斯，以及社会学一方的拉图尔、伍尔加与默顿一样会乐意接受如下观点：事实就在那里，等着我们去发现，同时不依赖于想要对其进行观察的人所遵循的社会规范。其他社会学家和哲学家也许对此并不确信，这一问题将在第 2 章继续讨论。

## 1.3 科学哲学

我们一致认同的逻辑和数学定律表述出物理学理论，而这些理论能做出与观测符合甚好的预言。这句话不足为奇；那些实际结果已经改变了我们的生活方式。这也是关于我们周遭世界本质的一个非常重要的事实。我们应该如何看待它呢？珀斯（1878b）的想法是：

> 因此，看来无可争辩的是，人的意识是非常适应于理解这个世界的；至少就目前来看，某些对这种理解过程非常重要的概念是在他的意识中自然产生的；而且要是没有这种倾向，意识可能根本就不曾有任何发展。……必须承认的是，解释这些概念用来描述自然现象的那种非凡的准确性似乎还不够。这里很可能还有一些奥秘亟待发现。[15]

下面这个例子体现了爱因斯坦（1922b，第 28 页）在这方面的思考：

一个谜显现了出来，在所有时代都困扰过爱探究的心灵。为什么数学，毕竟作为一种独立于经验的人类思想产物，能如此优美地适用于实际的物体？那么，只通过思考而不借助经验，人类理性是否能够深刻理解实际事物的本质？

爱因斯坦还说：

有人会说"世界永远不可理解之处就在于它是可理解的"。

作为一个更近的例子，这种思考方式也体现于尤金·魏格纳（Eugene Wigner）一篇论文《数学在自然科学中不可思议的有效性》（"The Unreasonable Effectiveness of Mathematics in the Natural Sciences", 1960）的题目，以及他在文中对下述内容所做的评论：

两个奇迹：自然规律的存在，以及人类的思想推测它们的能力。

如珀斯所言，我们似乎的确"适应于理解这个世界"。我们就像其他动物一样，生来具备对力学要素的一种先天的直观理解。我举个例子，即机械杠杆运行的可靠性，正如在膝关节弯曲时那样。我想我们可以认为，这种原始的、显然也是先天的力学知识是在产生了当今物种的达尔文进化过程中经验积淀的结果。也许我们对逻辑的先天理解可以归因于对真实世界中确凿事实的认识能力所具有的适应值（adaptive value）[1]，这种能力是在适者生存的过程中习得的。也许我们对数学的理解来自习得的逻辑的价值。

日常生活中的事件可能看起来并不遵循有序的计划，相反，它们可能看来是变幻莫测的。比如，为什么这个人英年早逝而那个人寿终正寝？然而，另外一些事件看上去却更有秩序。比如，你可以依赖太阳和月亮的运动去记录季节与播种的时机。行星的运动要更加复杂，但它们也遵循某种能够被人发现的模式。托勒密（Ptolemy）的本轮（epicycles）即是一例。人们通过某种方式明白了控制许多事件的那些过程的复杂性，与使他们习惯于可再现性（reproducibility）检验的那些观测的简单性之间的巨大差别。可再现性作为一种标志让人们期待看到这样一种实在，它以一种我们惯于认出的、逻辑的方式运行。当然，说了这么多也只是一种假设。[2]

许多种哲学思考都涉及"理解世界"，无论这个"世界"是真实的还是建构的。我们现在讨论的是关于人们一直以来对科学的思考，因而讨论起来就简单了许多。[16]让我们将恩斯特·马赫以及1930年左右的维也纳学派视为逻辑实证主义（或者经验实证主义，或者就叫实证主义）传统的典范。该传统承认在各种现象中，至少在一定程度上已成功地建立起相当好的秩序，这是可以感受到的，因为我们在日常生活中看到了也用到了物理科学的产

---

1　适应值反映特定个体或群体对选择压力的适应能力。某种特征具有的适应值越高，则越有助于生物及其后代适应选择压力，进而使该特征在适者生存的过程中得以保存和发展。作者正是将人类对客观实在的认识能力视为这样一种特征。

2　作者在与译者的通信中对本段文字进行了较大修订，在此感谢作者的耐心和细致。

物。马赫当然明白这种成功，还称之为科学经济性，有时也叫作思维经济性。但马赫与该传统的其他人不愿大胆猜测这种经济性可能会意味着什么。我不理解马赫在这方面的想法，因为他的这种经济性是一种非同寻常的现象，它确立已久，而且已让我们对周遭世界的运行获得了很多了解。

让我们将查尔斯·桑德斯·珀斯视为第二种传统，即第 18 页讨论的实用主义的典范。如珀斯所做的那样，实用主义接受了实证主义思想带来的进步，并且增加了对假想观念的探索，比如原子和分子，或者后来的夸克、非重子暗物质，甚至多重宇宙。詹姆斯按照通常定义也算是一位实用主义者，但有一点不同。珀斯十分看重我们现在所谓的理论的预言能力，而詹姆斯对此并不确信。自然科学家仍然倾向于践行珀斯版本的实用主义，通常不会去想它，除了偶尔会表达出通过探究猜测性的想法而有所收获的愿望。这是常有的事。

结合本书的主旨，我用第三种传统来指这样一类思想家，他们出于各种原因对作为实用主义者的科学家关于其理论所说的一切表示怀疑。我们称之为怀疑主义（Skepticism）阵营，其中包括 19 世纪和 20 世纪之交的席勒、1970 年时的库恩以及十年后的拉图尔和伍尔加。《斯坦福哲学百科》中的条目“怀疑主义”（Comesaña and Klen，2019）描述了怀疑主义哲学传统中的众多思想。我用“怀疑主义阵营”一词，只是用来包括所有这样一些人，他们并不信服我在本书中阐述的论点，即较为简单的物理科学构成了一种支持客观实在的理由，这种理由是无法忽视的，也是令人信服的，但绝不是一种证明。

珀斯符合实用主义阵营众多思想中的一端，詹姆斯和杜威符合另一端，或者也许是怀疑主义阵营中不同于相对主义的一端。《斯坦福哲学百科》告诉我们：相对主义哲学——

> 大致说来是这样一种观点，即真与假、对与错、推理的标准，以及对合理性的论证程序，都是不同约定与评价体系的产物，而且其可靠性仅限于它们所源于的语境。（Baghramian and Carter，2021）

这种相对主义可以很好地描述 1960 年时物理宇宙学的整体状况，以及 1990 年时对宇宙学常数的思考。然而，随着检验的改进，这些问题变成了那些更加成熟的理论中的典型问题，而这些理论具有我们这些在珀斯一方的实用主义者所珍视的预言能力。

另一种有用的分类是将珀斯践行的经验建构主义视为一方，而将拉图尔与伍尔加倡导的社会建构主义视为另一方。前者除了对预言能力的寻求，当然也包括了自然科学家之间的集体思考。相对主义是社会建构主义阵营的一种极限情况，它认为自然科学以人们一致认同的一些观测为基础，这些观测由一个精英群体所推行的一些理论来解释，而解释的时候得益于一种集体意愿会将一些不方便的事实忽略。关于科学中发生的这类事，库恩（1970）指出了历史上的一些例子。我将在第 3.2 节和第 6.9 节从 20 世纪物理科学的发展过程中举几个例子来讨论。

社会建构主义于 20 世纪后期在一些圈子内盛行，同时给物理科学家带来了挑战，让他们从这个方面来思考他们所做的研究。支持社会建构主义的那些理由的确得到了一线科学家的关注。他们并不是总能理解那些需要从这种思考中获得的经验，而社会建构阵营中的那些人也并不是总能展现出真正理解了在物理科学家的经验建构主义阵营中发生的事情。在第 2.2 节和第 7.1 节中，我打算讨论一下双方在这场"科学大战"中的误解。

另一个需要修正的印象体现在马赫的怨言中，即"真正基本的事实由同样大量的假设来代替，这当然不是什么收获"。在寻求能更好地符合观测的理论时，物理学家的确可以随意调整理论及其参数。有人也许会像马赫一样问道：他们是否在编造一些"原来如此的故事"，就像吉卜林（Kipling）在《原来如此的故事》（*Just So Stories For Little Children*，1902）[1] 一书中对诸如豹子为什么有斑点之类问题所做的解释。这样的故事帮助我们记住了豹子是有斑点的，而对于一个被调整得与观测相符的物理学理论来说，或许也有类似的效果。

考虑理论的循环建构这一可能性时，我们必须考虑到，如果我们相信证据会指引我们找到所需的理论，我们就无法保证只存在唯一的吸引盆地（basin of attraction）[2]。如果不止一个理论都与这些证据相符，那么我们该如何看待"成功地探寻到客观实在"这种说法？

这些来自怀疑主义或社会建构主义阵营中各学派的怨言可能被理解为是在指责物理科学的根基是不牢靠的，但这并非如此。我们来回顾一下物理科学在一个世纪前的状况。

---

1 吉卜林的这本儿童读物用童话的方式解释了一些动物的特征，比如正文提到的"豹子为什么有斑点"，以及"大象为什么有长鼻子""骆驼为什么长驼峰"等。在哲学和科学中，人们借用这本书的说法，用"原来如此的故事"一词来指那些无法验证的解释，且有时带有一定贬义色彩。

2 作为一个科学术语，通常是指系统演化最终趋于稳定的状态，也可以指势能函数的局部最低点，类似于盆地（或脸盆）的最低处，置其中的小球最终会停在这里。这里借用这个术语，指证据最终可能指向的一个或多个理论。

---

### 一个世纪前支持客观实在的理由

· 马赫讨论了牛顿物理学如何解释众多现象，其范
  围从行星及其卫星的运动，到地球在自转下的形
  状、潮汐和信风、傅科摆面的转动，以及摆钟的
  工作。

· 珀斯讨论了如何将牛顿物理学运用在天文观测中
  来确定太阳的距离，并利用它对光速进行测量，
  其结果与实验室测量结果以及从电磁场研究推断
  出的结果一致。

---

1900 年的物理科学包括了许多确凿的事实和许多成功的预言。
这些预言所涉及的现象，其范围之广远超当时的标准理论建构时
所基于的那些现象。马赫并不看重这一点，而其他人对物理学理
论的预言能力也并不信服。但这是存在的，而且在我看来是难以
忽视的。

哲学家希拉里·普特南（Hilary Putnam，1982）后来用一种令
人难忘的方式谈到这种情况：

> 支持实在论的正面理由是，它是唯一没有让科学的成功
> 变为一种奇迹的哲学。

就让我自作主张把这种理由称为"普特南奇迹"。它准确地描

述了活跃在物理科学领域中大多数人的思维模式。但我必须指出，据说普特南和其他一些哲学家认为这种说法有些过于简单。《斯坦福哲学百科》在条目"科学实在论"（Chakravartty, 2017）的第 2.1 节对此有细致的评论。特别是，我们无法估计这样一种可能性：存在另一种理论，它通过了另外一些检验，可以为我们周遭的世界给出同样令人满意的图像。在自然科学中我们只是相信直觉，认为这大概是非常不可能的。科学最多也就做到这样。

社会压力以及对理论过于热情的宣传对物理科学造成的破坏是一种实际存在的现象。我将从物理宇宙学的发展中举出一些例子。然而，如果考虑一下用普特南奇迹来看待物理科学的预言能力已带给我们的那些大量证据，那么一个常识性的结论就是，这种破坏是无关紧要的，而且一个世纪之前就存在令人信服的理由表明当时的物理学理论是客观实在的有用近似。这种理由从那时起就已经变得更具说服力，第 7.6 节将对此进行总结。

除了那些用于检验各种想法的证据数量巨大，我们也一定要记住经验建构主义阵营中的科学方法所具有的两点局限性。第一点，我们那些最好的物理学理论是不完善的。开尔文男爵威廉·汤姆森[1]（William Thomson Baron Kelvin, 1901）所谓两朵"笼罩在热与光的动力学理论上的乌云"，让 20 世纪初的物理学家感到不安。虽然牛顿力学的预言能力在当时是很出色的且今天依旧如此，即使有了更为出色的广义相对论，但当它用于统计力学时却无法解

---

1　开尔文（Kelvin）是其爵位的称号，而男爵（Baron）又常被称为勋爵（Lord），故更常见的叫法是开尔文勋爵（Lord Kelvin），汤姆森（Thomson）为其家族姓氏，而他的名字叫威廉（William）。

释热容量的测量结果。这是开尔文的第二朵乌云。他怀疑这是由于材料无法恢复到真正的热（统计）平衡所致。然而，我们已经知道解决的办法其实是量子物理学。开尔文有充分的理由对电磁学理论（包含于上面文本框中的第二条内）印象深刻，因为他的贵族地位以及财富都归功于他的跨洋电报线专利。然而，尽管电磁学在开尔文所应用的领域中具有预言能力，这一理论按人们当时的理解却无法解释光传播的实验研究结果，其中最著名的就是迈克尔逊（Michelson）没有探测到相对于以太的运动这一结果。开尔文提到——

> 一个由乔治·菲茨杰拉德（George FitzGerald）和莱顿的洛伦兹（Lorentz）各自独立提出的绝妙提议，它针对的是以太穿过物体的运动会轻微改变物体线度大小这一效应，［但］恐怕我们还是得认为这第一朵乌云是非常浓密的。

开尔文提到的这种洛伦兹–菲茨杰拉德收缩是从第一朵乌云迈向相对论物理学的一步。尽管开尔文的两朵乌云随着相对论和量子物理学的引入得到了解决，但是又有其他的乌云取代了它们的位置。现在，一朵特别浓密的乌云就是第 6.3 节讨论的量子真空能密度。

声称有确凿的证据支持那些明显不完善的理论，这并不矛盾，只不过解释起来有些费事。一个世纪前就是这样，现在仍然如此。在宣传这些乌云的故事以及那种出色的能力（它可以让人不必诉诸多得难以置信的普特南奇迹）时，如果能讲得更清楚一些，或许会更有助于科学界之外的人们对物理科学的认识。

利用物理科学支持客观实在的论证时，第二点局限性在于，那些广为人知的成功事例出自受到精心控制的实验或观测场所，它们可由我们的基本理论给出的可靠预言来解释。我们是在将一些宏大的结论建立在特殊情况之上。比如，我们无法将分子生物学的研究结果还原为量子物理学基本原理。事实上，分子生物学的实验结果及其实际应用都具有可再现性。虽然这一事实令人鼓舞，但这里情况还是太复杂，以至于无法得出任何论断来支持或反对可从公认的物理学导出的那些关于客观实在的证据。第 2.3 节将继续这方面的讨论。

实证主义帮助马赫取得了很大成就，但也促使珀斯提出这一有益的问题：关于假想的观点，"我们如何才能了解得更多？"过去一个世纪在物理科学中践行的实用主义传统认为，猜测性的想法可能产生可检验的预言，它们要么证伪这些想法，要么激发进一步的探索与检验。要找到一些公开谈论实用主义的物理科学家并不容易，他们更多是忙于在这一传统下从事研究。然而，我们可以在温伯格《终极理论之梦》的"反对哲学"一章看到一个很好的例子。这本书的题目表达了温伯格的设想，即客观实在就在那里，等着被人发现。

## 1.4 物理学的工作假设

我们看到了 20 世纪期间怀疑主义阵营里那些怀疑的传统，以及实证主义和怀疑主义阵营里那种实用主义者的传统。前者质疑那些奉行实用主义的物理学家是否知道自己在做什么，后者则在无视这些的同时带来了科学技术的进步，这些进步是难以作为普特南奇迹而被忽视的。我在此表述的是指导自然科学研究实践的实用主义哲学之中心观点，我视其为一些隐含的工作假设。它受以下两点重要结论的启发。

首先，数百年的经验已表明，在可重复的条件下进行的实验会给出可重复的结果。这一点作为一个实际问题早已为人所知，至少可以追溯到人类开始使用长矛和弓箭的时代，甚至可能在更早的时候从石堆在没有可见的干扰下会保持不动这类经验中得出。珀斯和马赫十分清楚这种可重复性。我视其为自然科学初始假设的经验基础，而该假设认为客观实在遵循一种我们所谓理性的方式而运行。

其次，数百年的经验已表明，标准物理学理论预言的现象，其范围要远大于理论形成时所基于的那些现象。珀斯和马赫对此完全了解，他们手头的一些证据总结在了第50页的文本框中。珀斯认识到了这层含义：在新的情况下也能成功地近似实在展现自己的方式，这正是足够接近实在的理论所应当做到的。它构成了如下想法的经验基础，即客观实在遵循我们发现的规律而运行。

这两点源自经验的结论，促成了隐含在自然科学研究实践中的那种实用主义形式。通过表述4个基本工作假设，我将这种实践明显地展现出来。

---

### 自然科学研究的工作假设

1. 客观实在，或自然，遵循我们的逻辑和数学规则运行；这些规则由物理学理论来近似表达，而这些理论是通过理论和观测的相互影响来发现的。

2. 值得认真关注的理论对实在都是足够好的近似，以至于对建构理论时所基于的证据之外的一些情况，它们也能够给出成功的预言。

3. 被证伪的预言迫使理论做出调整或导致新理论的产生，而人们会发现其中的一部分就是预言检验带来的改进。

4. 在经验证据的驱使下，物理学理论的不断改进将趋近唯一的目标，即实在的本质。

---

要记住的是，以上表述都是一些假设。其合理性就在于人们发现它们是有用的这一事实，除此之外不需要其他的理由，而我已经尽量说明了它们背后的思想史。回想一下第 11 页引文中珀斯（1877）的提法："存在真实的事物，其性质完全独立于我们对它们的看法。"

珀斯的假设和上面文本框中那些假设都需要一些注解。

1. 有人质疑，客观而独立于意识的物理实在是何含义。另一些人认为实在如同我正坐着的椅子一样显而易见。一线科学家几乎从不会停下来思考这个问题，但他们工作起来就像是正在他们的研究指引下去发现某种实在。至于如何明确阐述实在，相关的哲学文献可参见《斯坦福哲学百科》中的条目"科学实在论"（Chakravartty, 2017）。就我们的目的而言，最好还是把它当成这样一种假设，即自然科学研究就是在发现对客观实在的近似。

2. 实在，假设它存在的话，遵循我们的逻辑和数学观念。这也许看起来是显然的。但因为我们没有得到过任何保证，所以这也是一种假设、一种希望。

3. 文本框中的第二点和第三点假设了经验检验能够令人信服地证伪某些预言，也能够证明另一些预言符合这些检验：测量或观测。如果发现一个检验结果接近预言值，但也具有明显的偏差，这会迫使人们寻找检验中的系统误差，以及对理论进行调整的可能性。如果确认是后者的话，则需要进行又一轮预言检验。在量子和相对论物理学的一些较为简单的应用中，比如宇宙学，这种方法目前为止是行之有效的。同时，在复杂生命物质的物理学研究中取得的重大进展也表明，该方法用在这些领域也是不成问题的。

4. 文本框中的第四点表达了两方面的希望。第一是希望以下陈述不会成立：没有任何理论符合所有经验证据；或者，证据给出多个吸引盆地，引向不止一个与经验相符的理论。第二个方面的希望是出于科学中的那些挫折经历。在第4章考虑的一些例子中，看似明显的成功被证明是失败的，而看似明显的证伪也被发现是错误的。这些例子都是关于爱因斯坦的这一观点，即一个逻辑上令人满意的宇宙是几乎处处相同的。这说明我们有必要表达一下这样的假设，即在通向实在的途中，无论这个实在是什么，一些建立在先前理论之上的更好的理论是终将被人们发现的。

5. 珀斯写到了"终将被所有研究者一致认可"的"真理与实在"。但由于他认为没有什么是完全真实的，如我们在第16页引文所见，他可能会同意的是，"真理与实在"可以去渐近地接近，但永远无法达到。关于发现终极实在、发现万物理论的前景如何，物理科学界的看法仍有分歧。

6. 量子物理学的标准解释要求对我们的世界观进行重大调整：可重复性应当在下述意义上来理解，即通过重复测量来为统计模式给出定义明确的预言。但这调整的是我们对研究所揭示出的实在本质的理解，并没有调整那些工作假设。

7. 在理论的评价和观测方案的设计中，我们感受到的优雅与美感有着重要作用。自然科学的这一社会性方面是实际存在的，但不能算作一条初始假设，因为优雅的品味是可商榷的，可根据理论或方案是否有用来调整。

8. 另一种社会力（social force），即直觉，可以将我们引向实在的某些方面。一个例子就是爱因斯坦出于纯思考而对均匀宇宙所做的论证。该想法通过了大量的检验。然而，直觉不属于工作假设，因为它也可能误导我们。考虑一下爱因斯坦反对宇宙学常数这个例子。他引入了这个常数，并因此而懊悔。然而，现在物理宇宙学的预言检验却需要这个常数。

9. 对实在的经验建构会因所需的检验超出全球经济的可承受范围而停止，或许在此之前就会由于对我们能想出的最有希望的理论所做的检验过于复杂而停止。但物理学家会继续探索，并且可以期待他们找到会被学界一致确认的那种万物终极理论。那将是一种社会建构。

10. 既然是人类意识在建构我们的物理学理论，为什么还说客观实在而非主观实在呢？回想一下实验的可重复性以及理论的预言能力。我已经提到过一个世纪前的一些例子，本书将要讨论的更多例子来自物理宇宙学的相对论性理论，而更加多样的例子可以在物理科学的其他分支中找到。它们构成了下述观点的根基，即对于一个遵循规律运行的客观实在，我们这些充分检验过的理论是其运行方式的有用近似。我们无法做到更好了，自然科学无法为客观实在给出证明。

11. 也许在另一个行星系统中的某颗行星上有某种组织也对这类问题感兴趣。我们无法预测他们的世界观。也许某天我们可以确认一下这样的组织是否也得到了和我们的工作假设类似的东西，尽管这种可能性极小但也还是有的。

为完备起见，再补充两点学术方面的解释。

1. 可重复性不应与决定论相混淆。后者已在经典物理学中由对初始条件的指数式不敏感性（exponential insensitivity）[1]

---

[1] 按照一般的理解，在经典混沌系统中，对某初始条件的任意微小偏离会被指数式放大，从而使得人们无法从给定初始条件（人们对初始条件的测量总是有误差的）去预言足够长时间后系统的状态。因此，似乎应该是对初始条件的指数式敏感性（exponential sensitivity）证伪了决定论。为避免可能引起的误解，译者专门咨询了作者。按照作者的解释，其实两种说法都说得通。这里的指数式不敏感性可以从相反的方向理解。比如，当流体中的湍流或气体的热平衡态已经形成时，这样的状态恰恰是对初始条件不敏感的，类似于非线性动力学系统中的吸引子或吸引盆地。

所证伪。也许这涉及自由意志，但我们关心的问题要比它简单得多。

2. 我们的基本物理学理论是由变分原理中的作用量这样简洁的形式来表述的。第 81 页注释 2 中给出了一个这样的例子。这种方法的其他应用实例包括从广义相对论到粒子物理标准模型的众多理论，而在探寻更好的基本理论时也在继续用它。但这些工作假设最好还是仅限于对数学的一般运用，尽管变分原理目前一直是卓有成效的。

# 第 2 章

# 物理学的社会本质

由于科学是社会的产物，自然科学的进步会受到更广泛的社会文化影响。社会学家比科学家更加清楚地认识到了这一点。通过观察科学家的所作所为，观察他们如何谈论自己的所作所为，社会学家对自然科学的印象也由之而来，而且社会学家可以看到那些忙于科学工作的科学家难以察觉的东西。我在此考虑两个特别相关的例子。第一个例子屡见不鲜，那就是由多人或多个研究组独立做出相同的发现。社会学家罗伯特·金·默顿用"多重发现"（multiples）一词来描述这类现象，而用"单一发现"（singletons）一词描述那些可认为是有唯一来源的发现。第二个源自社会学的例子，是那些已得到公认但未受到经验证据充分限制的理论。社会学家称这类理论为"社会确立的"（socially established）。当然，社会学家也可能会得到一些在物理学家看来不太正确的结论。这就是学术界的特点，这方面的例子我们也会讨论。

## 2.1 多重发现

我估计任何长时间从事物理科学研究的人都会注意到，当一个优美的想法产生时，很可能这个想法已经被别人独立地提出过；或者，要是消息传播得不够快的话，它将来也会被别人独立地提出。我想，自然科学其他分支中的情况也是相同的，而其原因也是类似的。这种情况可能是由某项技术进步所致，也可能归因于人们的交流方式——人们并不总是直接交流，有时甚至都不是言语交流。我从未遇到过哪位物理学家会说，这种情况一定比我们学科中随便一项工作条件更值得关注。社会学家则视之为一种值得研究的现象。按照社会学家默顿的文章《科学发现中的单一发现和多重发现：科学社会学中的一章》（"Singletons and Multiples in Scientific Discovery: A Chapter in the Sociology of Science"，1961），我把科学与社会中的这种现象称为默顿多重发现。

这种现象很普遍。社会学家威廉·F.奥格本和多萝西·S.托马斯（William F. Ogburn and Dorothy S. Thomas，1922）公布了一份清单，包括了"从天文学、数学、化学、物理学、电学、生理学、生物学、心理学和实用机械发明等众多学科的历史中收集得出的"148个例子。他们提到了对狭义（而非广义）相对论的贡献。

奥格本和托马斯请我们一起考虑：

> 创造的出现是必然的吗？若是它们的创造者早年夭折的话，难道它们就不会被创造出来，文化发展就不会照常延续了吗？

用默顿（1961）的话说：奥格本和托马斯——

　　得出了这样的结论：随着某些类型的知识在文化传承中的积淀，随着社会发展将研究者的关注点引向特定问题，这些创新的出现实际上就成了必然。……恰如其分地讲，这是一个由其自身历史而证实的假说。（正如我们将要看到的，这几乎是一部莎士比亚式的戏中戏。）因为这一关于多重独立发现与发明之社会学意义的想法，在过去几百年的时间里一再被人们重复发现。

**奥格本和托马斯这样说道：**

　　物质文化要素在任何时期都在很大程度上决定着人们所做特定创新的性质。

　　一旦指出了多重发现这一现象，我们就不难理解，当物质文化具备了产生一项发现的条件时，不止一个研究组能够抓住这一机会从而导致一种多重发现。第 5 章将要讨论的一个例子就是，二战后有四位有影响力的物理学家都对宇宙学做出了贡献，每个人都独立地决定将他们的研究转向引力物理学和宇宙学方面。也就是说，他们的决定是独立的，但都是在一个共同的背景下做出的，即战争结束后，和平时期的科学技术研究正如火如荼，而且对于引力物理学和宇宙大尺度性质的研究来说，这正是一个诱人的机会，通过物理学思考而给战前那种了无生机的状态注入新的活力。
　　想法之间的相互影响在日常生活中很常见，在物理科学的实践中也不足为奇，而且肯定是导致多重发现这种现象的一个因素。第 6.6 节将要讨论的一个例子是这样一种想法，即基本粒子物理学中的一种或多种中微子可能具有非零静质量。那意味着这些中微子的质量密度可能会在宇宙学中引起关注。这一想法在 20 世纪 70 年代经历了两组默顿多重发现而发展起来。我想这两组多重发现并非纯属偶然；相反，它们本来就是一直在粒子物理学界涌动的一些想法。它们很重要，是现代物理宇宙学中暗物质的开端。

奥格本和托马斯（1922）指出，无线电报的出现应该可以"缩短其他研究者开展的类似研究"，因而减少多重发现的发生率。但是自那以后，人们用到的更加快捷的通信方式使物理学理论的建立过程中出现了相当多类型的多重发现。人们甚至可以想象，互联网为传播新思想带来的便捷性会促使一些尚未成熟的想法得到迅速传播，最终传播给准备在任何方面发展这些想法的人们。第 7.3 节讨论的那些源自物理宇宙学中的例子将清晰地展现多重发现这一现象，而且我将论述到，它们也有助于我们理解科学与社会之间的相互影响。

## 2.2 建　构

按照从第 48 页开始的做法，我用"经验建构"一词来表示物理科学中由经验检验过的那些关于客体的概念以及科学家用来预期它们行为的那些想法或理论。经验建构应该很可能是准确的（尽管有人会说，你要是没有偶尔犯错的话，说明你还不够努力）。社会学家、历史学家和哲学家通过观察科学家的行为，形成了对物理科学发展的社会建构。当一个理论看上去非常好以至于不太可能是错的，而且人们在获得经验证据之前就对它抱着极大热情，这时科学家会形成他们自己的社会建构。人们可能会发现社会建构是准确的，尽管不像经验建构那样常常如此。此外还有循环建构，即那样一些理论，它们之所以符合给定证据，是因为它们就是为了符合这种证据而设计的。它们也被称为第 49 页上讨论的那种"原来如此的故事"。在自然科学中，循环建构并不罕见；在这种寻找、发明、检验，然后或许是继续前进的过程中，它们也构成了其中的一部分。[1]

对于拉图尔和伍尔加在《实验室生活》（1979；1986）一书中报道的内容，我视之为一种多少有些争议性的物理科学社会建构的典型。它讲述了一个有趣的故事，描述了哲学家拉图尔花两年时间置身于索尔克生物学研究所而取得的收获。拉图尔不是科学家，他事先没有在这门学科的实践中接受过指导，而他在索尔克研究所时也不是要寻求直接的指导。在《实验室生活》的前言中，乔纳斯·索尔克（Jonas Salk）写道：拉图尔表现得像是——

一种研究科学"文化"的人类学探针：事无巨细地关注着科学家们，看他们在做些什么、思考些什么，以及如何思考。他将观察所得按照自己的概念和术语进行整理。这些概念和术语对科学家来说基本上是陌生的。他把所有这些信息翻译成了他自己的程序，翻译成了自己这一行的代码。他努力用科学家观察细胞、激素或化学反应时那种冷酷而专注的目光来观察他们自己。这样的过程或许会令一部分科学家感到不自在，他们不习惯让自己处在这样一个位置来让人分析。

　　索尔克对拉图尔的观察结果没有异议，而我从拉图尔和伍尔加的书里也学到了一些东西。但是，拉图尔的观察结果认为分子生物学实验室所得到的结果缺乏独立验证（在第 42 页提到的），这就没有领会到珀斯在谈到光速独立测量方法之间的一致性时所清晰阐述的要义（在第 7 页讨论的）。这不足为奇。一个人类学家置身于一种向来试图与外界保持距离的文化中，难免会对这一文化中的某些方面有准确的把握，而对另一些方面却有很大的误解。

　　在他们的书第二版前言中，拉图尔和伍尔加指出，他们用来描述拉图尔观察结果的"社会建构"一词是一种赘述，因为自然科学中所有建构都是由社会成员做出的。该书第一版有一个副标题："科学事实的社会建构"。在第二版中，除了表明上述观点，拉图尔和伍尔加还把副标题改为"科学事实的建构"。但对我们来说，社会建构与经验建构这两种说法都有用。

　　一个类似的例子是卡林·诺尔－塞蒂娜（Karin Knorr-Cetina）在其《知识的制造：科学的建构主义和语境本质》[1]（*The Manufacture of Knowledge: An Essay on the Constructivist and Contextual Nature of Science*，1981）一书中的报告，这个报告是基于她"1976 年 10 月到 1977 年 10 月期间在加利福尼亚州伯克利一个政府资助的研究中心"所做的观察而得出的。她说她——

　　　　考虑的主题为：科学的产物是特定语境下的建构，它们

---

1　中文版参见卡林·诺尔－塞蒂娜：《制造知识：建构主义与科学的与境性》，王善博等译，北京，东方出版社，2001 年。

带有其产生过程的状况偶然性与利益结构的印记，不对其建构进行分析就无法充分理解它们。……我的观察集中于植物蛋白质研究。这个领域其实包含了蛋白质的产生与回收、纯化、颗粒结构、质地、生物价值评估，以及在人类营养方面的应用等诸多方面。

这就将对纯粹好奇心驱使的复杂系统研究所做的观察与对研究的社会效益所做的思考结合了起来，从生物物理学到营养学。它看起来是一个内容丰富的课题，可供一个社会学家来研究。然而还是那句话，这种复杂性使人们难以找到证据来支持或反对以下情况，即这门学科是建立在某种客观实在基础上的，而这一客观实在可由我们已认可的理论物理学给出的预言来对其进行有用的近似。

其他社会学家，包括安德鲁·皮克林（Andrew Pickering）在其《建构夸克》（Constructing Quarks, 1984）[1] 一书中，都曾报告过他们对粒子加速器实验室里开展的基本粒子物理学研究所做的观察。表面上看来，这也很复杂，需要将一些庞大的科学家与工程师团队组织起来，进行设计、建造并利用粒子加速器和探测器来探寻粒子物理标准模型。从这种研究中发展起来的物理学理论尽管比牛顿物理学要复杂得多，但它是优雅的，就是弗兰克·维尔切克（Frank Wilczek）在《一个美丽的问题：寻找自然的深层设计》

---

1　中文版参见安德鲁·皮克林：《构建夸克：粒子物理学的社会学史》，王文浩译，长沙，湖南科学技术出版社，2012 年。

（*A Beautiful Question: Finding Nature's Deep Design*，2015）[1] 一书中所描述的那种优雅。这个理论有 26 个参数（取决于你把什么视为参数），数目不少。这些检验需要在该理论的指导下去搜寻高能粒子在一个圆环内碰撞后产生的一束束粒子。该理论并不完备，比如它没有包含暗物质和宇宙学常数。但我们不要偏离了重点。基本粒子理论目前有着很好的定义，而且它的许多预言都是明确的，并能够被可靠地计算出来。这些预言与大量经过仔细检查的、可再现的检验相符。或许在所有那些已用于探测物质并建立这个标准理论的工具之外，利用一些不同的工具也能得到一些范围相当的经验证据。那么，一种不同的物质结构理论可能与这些证据相符吗？当然，同样的问题也适用于我们所有的自然科学。要证伪这个想法是不可能的，但我们可以说的是，如果两种不同的物质理论通过了实验室里和粒子加速器上的所有实验检验，那么对此的解释就需要看起来多得不可思议的各种巧合，这样的理由无非是"普特南奇迹"改头换面而已。

在我看来，支持社会建构的一种极富争议性的论据之典型，就是大卫·布鲁尔（David Bloor）在《知识和社会意象》（*Knowledge and Social Imagery*，1976）[2] 一书中表达的，从"社会学强纲领"（strong programme of sociology）这一角度对科学所做的评价：

> 对社会学家来说，知识就是被人们视为知识的任何东西。

---

1　中文版参见弗兰克·维尔切克：《美丽之问：宇宙万物的大设计》，兰梅译，长沙，湖南科学技术出版社，2018 年。

2　中文版参见大卫·布鲁尔：《知识和社会意象》，艾彦译，北京，东方出版社，2001 年。

它由人们笃定地坚守并践行的那些信念所构成。社会学家会特别关注那样一些信念，它们被视为天经地义的或约定俗成的，或是被一些群体赋予了权威性的。

这种看法由来已久，一个世纪前席勒就在表达类似的想法（第16页的引文）。这对自然科学的某些方面是一种准确的描述。例如，1960年爱因斯坦的广义相对论就是被一些功成名就的物理学家"赋予了权威性"。这些物理学家的确是出于一些他们认为有说服力但几乎完全是社会性的理由，而"笃定地坚守"广义相对论。这一情况在第3.2节讨论。我并不是在抱怨人们在1960年对广义相对论的认可，我只是在准确地描述这一情况。

布鲁尔（1991）在他的书第二版后记中增加了这样的评论：

> 但是，强纲领不是说知识是纯社会性的吗？这不正是"强"这个形容词的意思吗？不是的。强纲领说的是社会性成分总是存在的，而且总是知识的构成成分。它并不是说它是唯一的成分，也不是说它是必须被找出来视为一切改变之诱因的一种成分：它可以是一种背景条件。

实际上，科学研究是有社会性成分的，即便科学家很少劳神去想它。但我们必须对自然科学研究的两个方面都考虑到：社会影响与对预言经验检验的寻求。

在1900年，物理科学家之所以笃定地坚守电磁学和牛顿物理学，是出于一条很好的理由：第1章回顾的那种广泛的预言能力。我们已看到（在第10页）珀斯对于用四种迥异的方法测量光速而得到一致结果的讨论。它们需要不同的仪器，而且依赖于一些辅助假设：有的需要行星运动理论，有的需要一些电磁实验。这种一致性仍然是理论与实验成功比对的一个令人印象深刻的例子。一个世纪前还有其他的例子，想想社区电气化。假如标准物理学当初无法解释电磁能的产生、传播与消耗的话，恐怕我们早就对此有所耳闻了。现在我们有了更多证据：我们笃定地坚守相对论和量子物理学，因为它们的预言能力在更广泛的领域得到了充分检验。按照普特南奇迹这一标准，这些都是重要的经验证据，表明我们正在接近客观实在。

在科学家的这个例子中得出这样的结论，在布鲁尔看来将意味着：

> 知识社会学本身是不足为信的，或者说，它必须将科学的或客观的研究作为例外，从而将自己限定为一种关于错误的社会学。

在分析物理学家的所作所为，特别是他们的错误这方面，社会学家大有用武之地。"科学的或客观的研究"所产生的许多结果、那些预言检验，以及那些源自这种研究并已对社会造成很大影响（无论是好是坏）的产物，都必须被考虑在内。我们怎么能忽略这么多各式各样的证据呢？理查德·戴维德（Richard Dawid）在《弦理论与科学方法》（*String Theory and the Scientific Method*，2013）一书中展示了另一个方向上的思考。对一些根基牢靠的经验建构进行推广后，可以启发一些社会建构的形成。戴维德用"非经验确认"一词来指物理学界对这类社会建构的认可。戴维德所用的典型例子就是学界痴迷于超弦理论那难以抗拒的优雅这件事。这一概念是自然而然地从量子场论这一经过多种严格检验的理论推广而来的。那些关于超弦理论各种变体的新想法提供了与经验发生联系的可能性，但这还有待一个足以明确给出可检验预言的理论出现。对我们来说，更直接相关的是早先另一个非经验确认的例子。

当时，电磁场理论经过了充分检验并得到了广泛应用，并且它已经是相对论性的，而后来爱因斯坦才向我们证明为何狭义相对论应适用于物理学其他领域。爱因斯坦的广义相对论作为另一种场论，可以利用从电磁学场论得出的规则，以一种优雅的方式得到。当然，这在现在说来是更容易的，但关键在于广义相对论一开始是作为一种社会建构而得到认可的，是因其令人仰慕的出身而得到非经验确认的。只是到了后来，这个理论才上升为一种得到充分检验的经验建构。（我强调一下这个警告标志：此处的成功转变并不意味着其他非经验确认的理论一定能得到经验确认。）

接下来几章将要考虑的建构或范式增加，是为了说明以下四点。第一，一些建构可能会成为物理学的公认理论，因为它们已经通过了彻底的经验检验，偶尔也会因为它们与其他通过了严格检验而被认可的标准物理学之间的关系太优雅，令人难以拒绝。后者便是社会建构，但需要满足一个重要的限制条件，即它们是以一些富有成效的经验建构为例而受到启发后得出的。它们得到了非经验确认，其理由还没有被令人信服地确立起来，但它们看上去是值得被认真关注的。

第二，至少两种"默顿多重发现"会形成建构。有些明显是由社会压力与技术进步带来的机遇所致。另一些让人想到更微妙的或许是非语言的交流，就像一些思想以某种方式"飘在空中"，或者在今天来讲，飘在互联网的云端。

第三，人们发现社会建构可能也会给出一些能够通过经验检验的预言。前面提到过，这正是广义相对论所经历的。这种情况发生时，这样的建构就提升为一种经验建构，因为经验证据已进一步巩固了这样的事实，即对于我们正在揣测的客观实在，这种建构是一种有用近似。

第四，虽然我不是要低估社会在决定我们在科学中的行为方式时所起到的作用，但我也不想掩盖在启发建构的过程中，以及在决定哪些才是大致可靠地建立起来的对实在的近似时，观测和实验证据所起到的作用。

在各种想法影响下对证据进行综合评价，这种常见的做法导致了物理宇宙学（将要在第 6 章详细研究的例子）建立过程中的范式增加。杰出的天体物理学家杰弗里·伯比奇（Geoffrey Burbidge）喜欢用"花车效应"（bandwagon effect）一词，来指自然科学界接受那些看似有趣的想法后产生的非常真实的影响。伯比奇强调，这种效应可能是有问题的，它促使人们不愿意重新考虑会被大多数人评价为前景黯淡的那些想法。但花车效应有时也是有用的，可以让人们先集中关注特定的想法，直到经验证据的检查迫使人们接受或调整它们。它减少了当许多想法都摆在台面上时所带来的混乱。不管以哪种方式，花车都会对科学产生真实的影响。

对于探究自然科学的本质来说，之所以考虑物理宇宙学的相对论性理论中范式建立的经过，其有利之处就在于这些现象是简单的，而在一些定义明确且相对简单的物理学定律范围内对其所做的解释也是简单的。这让自然科学的工作假设得以清晰展现。
我的评价列在第 55 页。它会使结论带有偏见，因为大多数物理科
学中的理论和实践要更为复杂。也许从化学一直到复杂度更高的
生命物质这一范围内的现象，如果被更好地理解的话，会将我们
引向一些更有趣的理论或更好的工作假设，但或许也会带来困惑。
让我们从几个方面来考虑一下最后这种想法。

## 2.3　科学知识社会学

　　既然物理科学研究是由社会成员开展的，那么一旦物理学家
勇于面对这一点，他们自然就会同意，科学结论是受社会影响的。
也许可以很自然地沿这个思路继续提问，是否物理科学研究结果
在很大程度上是一些社会建构，而不是对实在的探针。用哈莉
特·祖克曼（2018）的话来说：

　　　　在知识社会学［被称为 SSK］的研究中……这些发表的
　　论著所宣称的真正挑战，是如何证明社会与文化决定了科学
　　家提出的知识论断的实质。这一新的议题并不是要对制度化
　　手段（institutional approach）［与默顿和祖克曼有关］进行补
　　充，它应该被视为理解科学运作方式的唯一途径。建构主义
　　者最为重视的批评是关于制度化手段所存在的"深层缺陷"。
　　它源自其未经查证的实证主义假设，也源自它对社会规范在
　　约束科学家行为方面所起作用的依赖。

祖克曼与默顿关系密切。她回忆说：默顿——

> 为人所知的一句话是，他更愿意乘坐一架遵循空气动力学的科学定义而设计的飞机，不是一架作为社会建构而制造的飞机。

下面来看一位经验丰富的物理科学家皮特·萨尔森对科学知识社会学即 SSK 做何反应：

> 我提出如下思想实验：询问我们工业经济中任何一个具有一定职位的人，看她是否介意在她的工作中只使用没受到过去 25 年科学发现影响的那些技术。我预计你会看到几乎没人愿意。这证明了什么？……一个更有力的（在更好地描述世界这个意义上）理论，将会被那些对该理论的内容、表达或形而上学的成见绝无任何文化承诺（cultural commitment）的人所青睐。……全球定位系统（GPS）已无处不在，无论在其最初设计用于的军事领域里，还是在野外远足这类于人无害的活动中。GPS 所依赖的精确计时对一种微弱的［广义］相对论效应非常敏感，即时钟计时的速率依赖于钟表所在的引力场。除非考虑了在 GPS 卫星轨道上运行的时钟所处的特定引力环境，否则这些时钟无法给出该系统所依赖的正确读数。（Labinger and Collins，2001，第 287 页）

关于 SSK 以及"是社会建构还是经验建构"这一问题的众多争论，其激烈程度足以让人称之为科学大战。物理科学是在探索实在的固有属性，这也正是我在本书中所要表达的。这方面的论证集中于对照实验，它们给出可再现的结果，而这些结果可由经过充分检验的理论物理学给出的预言来进行解释。这些结果促使人们宣告科学的成功，但有时可能有些过分自信。从另一个方面来考虑，社会建构主义的兴起或许就是被这种过分自信所触动，也被科学家喜欢编造寓言故事的倾向所触动——或者更委婉地说，被他们喜欢论证一些在别人看来问题严重的观点的倾向所触动。柯林斯和平奇（Collins and Pinch）在他们的《勾勒姆：关于科学，人人应该知道的》（ *The Golems: What Everyone Should Know about Science*，1993）[1] 一书中给出了一些例子。在这些例子中，有些严重的异常现象是一些科学家本不应该如此严肃对待的。这类事情得到了纠正，但同时也可能引发人们的困惑。

　　我们已经在第 2.2 节看到了另一个因素。社会学家对生命物质物理学研究的观察报告已在社会建构主义这一方产生了很大影响。这种研究需要各种神奇的技术来探测一些非常复杂的情况，它还需要猜测性的想法来解释研究结果。我钦佩这种研究，但可以想象，对于一个未曾在科学方面有过实践经验的旁观者，这可能无法激发他的信心。在这类研究中，不可能在理论和观测之间建立起那种能够对相对论与量子物理学的预言做出明确检验的清晰关联。重要的是，这些复杂系统中的对照实验是可再现的，而且这种研究已经产生了实际而有效的应用，这也表明了其可再现性。这些都是确凿的事实，是遵循理性运行的实在这一概念所具有的一个

---

1　中文版参见柯林斯、平奇：《人人应知的科学》，潘非、何永刚译，南京，江苏人民出版社，2000 年。

重要特征。但它们并不足以构成一个有说服力的理由，说明我们有证据认为我们的初始假设（第55页所列）会让我们期待一种对客观实在的有用近似。

引力物理学的简单性与生物物理学分子的复杂性之间差别巨大，但界限并不明显。自然科学涉及各种各样程度不一的复杂现象。然而，还是让我们从简单的一方，即引力物理学来评估一下支持实在的理由。

# 第 3 章

# 广义相对论

爱因斯坦最终建立广义相对论，是经过了仔细而充分的思考的。这种思考对其直觉的依赖不亚于对经验证据的依赖。到了1950年，爱因斯坦的理论之优雅已经为其在物理学的公认理论中赢得了一席之地，但其经验基础并不比爱因斯坦 1915 年刚发现这一理论时的情况更好。这个理论就是一种社会建构。从 1960 年起，一系列精确检验给我们带来令人信服的理由，说明从实验室到太阳系再到宇宙大尺度结构，该理论对引力在这样大范围尺度上的行为是一种出色的近似。本章所涉及的是从发现到精确检验这一发展历程。我们现在认识到，我们的宇宙是从一个致密而炽热的早期状态演化而来的。广义相对论在建立这一认识的过程中所起到的作用就是本书随后几章的主题。

## 3.1 发　现

关于爱因斯坦如何得到广义相对论的经过，一个权威的来源就是于尔根·雷恩编辑的《广义相对论的诞生》（*The Genesis of General Relativity*，2007），共4卷。更简短的描述可见杨森和雷恩（Janssen and Renn，2015），以及古特弗罗因得和雷恩（Gutfreund and Renn，2017）。从这些文献中我们可以得出以下8点想法，它们指引了爱因斯坦去寻找引力的相对论性理论，并且使他对自己1915年的结果感到满意。

1. 广义相对论解释了引力加速度与检验粒子的性质无关。

2. 该理论在低速极限下化为牛顿引力，而我们知道牛顿理论在这种极限下是很好的近似。

3. 它解释了水星运动在牛顿理论中的偏差。

4. 它是广义协变的：时空中位置的标记只是一些计算工具。

5. 它用马赫"质量决定时空"的观点取代了牛顿的绝对时空概念。

6. 它和其他所有已经确立的物理学理论一样，满足能量和动量的局域守恒。

7. 它是一种按照类似电磁学的方式构造出的场论。

8. 它非常优雅，这个条件我们无法定义，但看到它的时候能感觉得到。

这些想法中，第一点指的是爱因斯坦的伟大思想，即我们感受到的引力效应是弯曲时空中不涉及引力的行为。它就可以解释为何观测到引力的自由落体加速度与检验粒子的性质无关——它们不过是在自由运动。这被称为等价原理：我在椅子上感觉到引力向下拉拽我，等价于我由于椅子施加给我的力而在时空中加速。

当然，至关重要的一点是，一个可靠的新引力理论在牛顿理论适用的极限下，无论在地球上还是在太阳系里，除了一些小小的相对论修正之外，能够回到牛顿理论。在爱因斯坦的广义相对论中，当运动速度远低于光速，而时空曲率涨落很小的时候，牛顿理论是一个很好的近似。上述条件中第二点用牛顿引力的语言来讲就是，以非相对论速度运动的粒子穿过引力势而获得的速度改变远小于光速的改变。就是在这些条件下，非相对论的牛顿理论得到了广泛而成功的应用。

在爱因斯坦寻找引力的相对论性理论的那十年中，他知道水星运动偏离牛顿理论这个证据，而他也认为他正寻找的那种更好的相对论性引力理论应该解释这种反常。当 1915 年找到的这个理论恰当地解释了这种反常时，从当时的通信中可以看出他对此感到的欣喜，我们也可以说是他的如释重负。第 3.3.1 节会继续讲述这个故事。

广义不变性，或说协变性是这样一个条件，即这种场论给出的物理预言与如何为时空位置赋予坐标无关。以我们今天的思路来看，这是完全合理的：坐标只不过是为计算方便而任意选取的。

爱因斯坦已经料到，在一个逻辑上完备的理论中，加速度应该只相对于其余所有的物质才是有意义的，正如马赫所论述的那样。爱因斯坦称之为马赫原理。这一点在广义相对论中是有一定意义的，因为该理论预言惯性运动在一定程度上是由附近物质的运动决定的。但是，当爱因斯坦后来认识到边界条件对于惯性运动的决定作用时，他转而相信这样的假设，即一个符合逻辑的宇宙除了有一些局域涨落之外，应该是处处相同的。它会让惯性具有一种普遍的性质，与物质的普遍分布一致，也可以说与马赫原理一致。这个假设被称为爱因斯坦的宇宙学原理，其历史将在第 4 章讨论。现在可以证明，爱因斯坦当时关于宇宙大尺度性质的想法是正确的，然而当我们对此获得了有趣的证据时，他已经对马赫原理不再感兴趣。我们只能猜测，爱因斯坦在 1917 年是否基于正确的理由而得出关于宇宙的这个正确想法。

在经典力学和电磁学中，能量和动量是守恒的。广义相对论将其替换为局域守恒定律。它们与观测相符，而且仍然是标准物理学的一部分。但是对于经典物理学具有的那种能量和动量全局守恒，广义相对论并没有给出一种普遍的类似定律。这一有趣的范式调整目前为止已通过了检验。

正如在第一点中指出的那样，在广义相对论中，我们对一个自由下落粒子引力加速现象的认识，等价于这个粒子在弯曲时空中做非加速运动。其弯曲程度的衡量可以由度规张量 $g_{\mu\nu}$ 导出。这是一个场，即时空位置的函数。[1] 爱因斯坦的场论描述场 $g_{\mu\nu}$ 对时空中所含物质的响应。正如麦克斯韦场论描述电磁场矢量 $A^\mu$ 对电荷分布及其运动的响应。$g_{\mu\nu}$ 中的指标 $\mu$ 和 $\nu$ 取值为 0、1、2、3，一个类时方向分量，三个类空方向分量。电磁场 $A^\mu$ 的指标 $\mu$ 也取这四个值。如果你想让一个理论具有狭义或广义相对论协变性的话，经典电磁学是描述守恒电荷的最简单的理论。广义相对论是描述引力的最简单的相对论性协变理论，其中引力作为满足局域能量动量守恒的弯曲时空。当爱因斯坦引入广义相对论和 $g_{\mu\nu}$ 时，用场 $A^\mu$ 描述的电磁学已经通过了实验检验并得到了众多实际应用。

至少现在看来，试图利用电磁学的规则来构造引力理论是很有道理的。这是第七点。但我们也许可以停下来考虑一下，在描述一个我们得以栖居的均匀宇宙的所有可能的相对论性理论中，最简单的理论是不含空间曲率和宇宙学常数的。物理宇宙学要求存在爱因斯坦的宇宙学常数，而其数值还不为我们所理解。这一发现已经表明我们对简单性的本能倾向是不可靠的。简单性有时能带给我们有用的指引，但我们不能依赖它。经验检验有时可以鼓舞人心。

第七点也包括了大卫·希尔伯特的证明，即爱因斯坦场方程可以通过一个优雅简洁且具有明显协变性的作用量由变分原理给出。电磁学也是如此。在该原理用于基础物理学时的常见形式下，它要求由场方程的解算出的作用量不会因为对该解的无限小改变而发生变化。[2]

表面上看，对变分原理的关注似乎是令人费解的。马赫（1883；1902）开始讨论力学和光学中的变分原理时是这样说的：

> 莫佩尔蒂（Maupertuis）于 1747 年阐明了一个原理，他称之为 *le principe de la moindre quantité d'action*，即最小作用量原理。他宣称这一原理是一条极其符合造物主智慧的原理。

莫佩尔蒂或许认为"最小"一词具有某种神学意义，但对于该原理在基础物理学中常用的形式来说，这个用法略有不当，因为一个解只需为作用量的稳定点（极大、极小或鞍点）。马赫（1902）给出了这一原理的不同形式在光学以及静力学与动力学中的诸多应用。

作用量原理在电磁学与广义相对论中的应用意义深远。在粒子物理标准模型、量子物理学的费曼历史求和形式以及超弦模型（可能是基础物理学的下一个重大进步）中，也都会涉及这一原理。这种方法在物理学中的地位非常重要，因此我们在第 1 章第 56 页所列的对物理学工作假设的注解 2 中专门提到它。

希尔伯特当时具备了将作用量原理应用到广义相对论的能力。众所周知的希尔伯特（1900）23 个数学问题中，最后一个就是"进一步发展变分方法"。

人们仍然会遇到这种说法，说希尔伯特独立发现了爱因斯坦的场论，甚至比爱因斯坦还早。但爱因斯坦提出了这个想法和问题：找到包含物质和电磁场的弯曲时空的场方程。希尔伯特关于从作用量原理推导场方程的论文上记录着提交给期刊的日期，比爱因斯坦表述该方程的论文的接收日期早了五天。然而，科里、雷恩和施塔赫尔（Corry，Renn，and Stachel，1997）基于希尔伯特论文的两组不同的校样给出了清晰的理由，说明发表的版本中给出的正确场方程，与在爱因斯坦论文之前提交的那一版本中的方程并不相同。科里（1999）更详细地讨论了希尔伯特的想法。这是件小事，但还是爱因斯坦先得出的结果。

通过物理学和数学上的灵光闪现，爱因斯坦找到了广义相对论的场方程，而希尔伯特找到了变分原理所用的作用量。理查德·费曼（Richard Feynman）论证说，爱因斯坦场方程可以仿照经典场论，同时要求局域能量动量守恒存在适当的牛顿极限，并且让理论尽可能简单，进而由一种直觉上不那么费事的方式得出（Feynman，Morinigo，and Wagner，1995）。这做起来也是个费事的活儿。

　　我把对美的考虑放在列表最后，即第八点。这个概念被大肆宣扬，具有广泛的影响，但却难以定义，因为美是可妥协的、可适应的。广义相对论的美可以被说成是理论的各部分以一种合乎逻辑而且简单的方式组织在一起，足以媲美电磁学这样的成功理论。

## 3.2　社会建构

　　20 世纪 50 年代，爱因斯坦的广义相对论是理论物理学中一个标准的、得到认可的部分。1959 年，当我还是普林斯顿大学的研究生时，我参加的研究生综合考试中一部分问题就是关于该理论的简单应用。列夫·朗道与叶甫根尼·栗弗席兹所著理论物理系列巨著中的《经典场论》一书就讲述了这个理论。在我的那本译自 1948 年俄文第二版的 1951 年英译本《经典场论》中，有 202页专门是讲经典电磁学理论，描述电场和磁场在与电荷的分布及运动相互作用时的行为。最后的 107 页专门讲广义相对论。为什么这两个理论占了大致相当的篇幅呢？

　　经典电磁学在实验室里以及在大量种类繁多的实际应用中都经过了严格的检验。其应用的范围包括从大型电厂中电磁能的产生，到输电线上能量的传输，一直到手机运行时微弱的电量消耗。经典电磁学用于小尺度或高能量时是错误的，也就是说它是不完备的，但它属于那类由最周密、最有说服力的方式确立的物理学理论。20 世纪 50 年代，支持广义相对论的理由远没有这样充分，大体上就是本章开头所列的那些想法。对爱因斯坦来说，以及最终对物理学界来说，这样的理由是有说服力的，以至于广义相对论在 1950 年就已成为标准理论物理学的一部分。但是当时的经验证据仍然很弱，正如我们将在第 3.3 节讨论的那样。

在朗道和栗弗席兹的理论物理系列丛书中，他们几乎不提实验证据，也很少解释为什么人们发现物理学理论的那些要素就是他们所说的那样。相反，大多数情况下他们只是用一些优美简洁的方式表达出那些定律，并系统地推导出许多结果。1951 年版的《经典场论》没有提及他们所讲到的电磁学和广义相对论这两种经典场论在经验支持方面的巨大差别，也很少提及爱因斯坦是如何在物理上考虑构造引力的相对论性理论的。

尽管经典电磁学理论是在狭义相对论之前发现的，朗道和栗弗席兹对电磁学的阐述是从狭义相对论以及洛伦兹协变的 [3] 电磁场作用量开始的。通过将描述狭义相对论平直时空的度规张量替换为一个时空位置的一般函数——场 $g_{\mu\nu}(\vec{x}, t)$，并从希尔伯特作用量导出 $g_{\mu\nu}(\vec{x}, t)$ 的场方程，他们就得到了广义相对论。他们对这种作用量的选择所做的解释极其简单：它满足广义协变性，并且由该作用量导出的场方程包含场及其一阶和二阶导数。对于后面这个条件，在牛顿引力物理学和电磁学中已有先例，其中的二阶导数给出我们观测到的平方反比律。

伊尔曼和格莱默尔（Earman and Glymour，1980a，b）记录了这一新理论的预言在早期带来的困惑。这些问题很微妙，尽管人们会宣扬说这是所有可能的相对论性引力场论中最简单的理论。然而，这种困惑在 20 世纪 30 年代就已经得到澄清，理查德·托尔曼（Richard Tolman）的《相对论、热力学与宇宙学》（*Relativity*，*Thermodynamics*，*and Cosmology*，1934）一书中就有清晰而标准的解释。后来增加的内容包括证明广义相对论中奇异性定理所需的一些解析方法，还包括计算相对论性天体与黑洞的性质、脉冲星计时所探测的引力波发射，以及黑洞与致密天体并合产生的引力波探测等众多问题中所需的一些解析和数值方法。但是，这一物理学理论及其三大经典检验都可以在托尔曼（1934）那里找到。

下面我们来考虑广义相对论的这些检验在二战后那些年的情况，当时朗道与栗弗席兹已经完成了他们那本《经典场论》的第二版。考虑完这些内容后，我们在第 3.4 节讨论从 1960 年开始的一些更加严格的检验。

## 3.3 早期检验

除了电磁学与狭义相对论这样的例子为相对论性引力理论给出的一些线索之外，爱因斯坦当时只有三类比较可靠的观测能帮助他找到他的广义相对论。第一，他知道在测量精度所限范围内，小自由落体的引力加速度不依赖于这些物体的组成。他从中得到启发，认为我们看到的引力加速其实是弯曲时空中没有加速的自由运动。这是个漂亮的想法，但它的实验证据不能算作预言检验，因为正是该证据启发了这一理论。（对于试探粒子引力加速普适性所做的一些新的、更精确的检验，以及在比一个世纪前所能达到的更小和更大尺度上所做的检验，它们当然可以算作预言检验。）第二，当时人们知道牛顿引力理论在上至天文观测、下至实验室里的实验这样大的范围内都能给出成功的解释。在对新引力理论的候选者进行选择时，要求它应该至少表现得如牛顿理论一样好。这是一个条件，而不是一个预言。第三，爱因斯坦知道水星轨道显著偏离牛顿引力理论的预期这一证据。爱因斯坦的理论解释了这个差别。在 1960 年之前，它是广义相对论唯一清晰而明确的成功预言。这点需要讨论一下。

### 3.3.1 水星轨道

在 19 世纪，为了让牛顿理论符合水星运动的观测，需要假设在内太阳系存在看不见的质量，而最简单的情况就是这些质量分布于一个质量类似水星的假想行星，其轨道位于水星和太阳之间。这个新行星被叫作火神星（Vulcan），但是一系列灵敏度不断提升的搜寻工作并没有发现它。1909 年，加利福尼亚州利克天文台（Lick Observatory）主任威廉·华莱士·坎贝尔（William Wallace Campbell）报告说：天文摄影技术的进步已经表明——

水内行星（intramercurial planet）的直径几乎不会大于 30 英里（约合 48.28 千米），而且大约需要 100 万个这样的天体（有着很大密度）才能产生对水星轨道所观测到的那种令人困惑的效应。

坎贝尔（1909）提到了如下想法，即散射太阳光而形成黄道光（天空中弥漫在行星轨道所在带状区域内的微弱光芒）的那些行星际尘埃，在太阳附近或许可以具有足够大的质量来对水星轨道产生我们想要的那种效应。威廉·德西特（Willem de Sitter，1913）认为这是有可能的，但哈罗德·杰弗里斯（Harold Jeffreys，1916；

1919）指出，一个极其难以理解的问题是，我们需要的那样大的质量，怎么可能散射这么少的太阳光而形成我们观测到的黄道光。当时也有人谈论到偏离牛顿引力的平方反比律这一可能，但这种临时专用的调整方法并没有被视为一种很有趣的想法。1915 年爱因斯坦的广义相对论使一个严重的问题得到了解决。

1907 年，仍在伯尔尼专利局工作的爱因斯坦写信给他的朋友康拉德·哈比希特（Conrad Habicht）说：

> 我现在正致力于引力定律的相对论性分析。我希望通过它来解释尚未解决的水星近日点长期变化的问题……但到目前为止，似乎并没有什么进展。[4]

爱因斯坦和他的朋友米凯雷·贝索（Michele Besso）写了一份未发表的手稿 [5]，分析了水星近日点运动。这份手稿的年代基本上可认定为 1913 年。我们看到爱因斯坦在继续思考这个反常现象。1916 年，在给亨德里克·洛伦兹的一封信中，爱因斯坦回忆道：

> 去年秋天，当我逐渐意识到此前的引力场方程并不准确后，我经历了一段难熬的时期。我在此之前就已经发现水星近日点运动算出来太小了。……现在，对于历尽艰辛而得到的这一清晰理解，对于和水星近日点运动相符的结果，我感到前所未有的开心。[6]

由于爱因斯坦当时一直在寻找一种引力理论，希望它能解释水星轨道对牛顿动力学的偏离，所以严格来讲他在 1915 年证明他的广义相对论能解释这种反常时，并不算是做出一种预言。他一直在寻找一种能通过这一检验的理论，直到后来找到为止。但是列在第 78 页的其他 7 点考虑可以很好地证明，就算爱因斯坦不知道水星的反常，他也会对他 1915 年的那个理论感到满意而不再寻找其他更好的。也就是说，有理由认为，该反常是一种预言，它与基于可靠观测所做的测量结果相符。这一点很重要，因为直到 1960 年，广义相对论的另外两个经典检验——引力红移和质量对光的偏折，远不如它可靠。

### 3.3.2 引力红移

广义相对论预言，从大质量物体表面发出的光在很远处被接收时，其频率会向红端（更长的波长）偏移，偏移量取决于物体的质量和半径。（对于从半径为 $r$ 质量为 $m$ 的球体表面发出的波长为 $\lambda$ 的光，在数值 $Gm/rc^2$ 的最低阶近似下，其相对偏移量 $\delta\lambda/\lambda = Gm/rc^2$。）圣约翰（St. John，1928）公布了太阳光谱吸收线红移的测量结果，并得出如下结论：

> 这项研究通过其丰富的资料详细地确认了……导致在日面中心处太阳发光的波长和地球上的波长之间差别的那些原因。这包括由爱因斯坦的广义相对论给出的太阳上原子钟变慢，也包括其他一些条件，它们等价于一些幅度在宇宙中不算大的径向速度，分布在可能的方向上，其效应在太阳边缘消失。

表 3.1　天狼星 B 红移的预言值和测量值

| | | | 红移 | |
| --- | --- | --- | --- | --- |
| | 质量 | 半径 | 预言值 | 测量值 |
| 圣约翰，1932 | 0.85 | 0.028 | 19 | 19 |
| 格林斯坦等人，1971 | 1.02 | 0.0078 | $83 \pm 3$ | $89 \pm 16$ |

单位：太阳质量，太阳半径，km/s

　　的确，大多数吸收线都移动到了红端，偏移量也大都和预言基本一致。但是对其余线移的测量结果却有所不同，对给定化学元素的不同强度的谱线、不同的元素以及日面上不同的位置都有所差别。正如圣约翰（1928）所提到的那样，谱线移动受太阳光球层附近等离子流的多普勒频移效应的影响。当时没有理论描述这种流，也没有可行的方式修正这些影响。此外，还有吸收线的重叠带来的困扰。它当时并不是引力理论的一种非常可靠的检验。

　　圣约翰（1932）也公布了将红移检验用于天狼星 B 这颗白矮星的结果。它的质量和太阳质量相当，而它的半径要小得多，这使得其表面引力红移的预言值要大很多。这颗白矮星与主序星天狼星 A 受引力作用而被束缚在一起。后者的密度没有那么大，这也就意味着其引力红移预言值要比天狼星 B 小很多。这使得我们可以区分天狼星 B 的引力红移与它相对我们而运动所产生的多普勒频移效应，因为天狼星 A 也相对我们做同样的运动，而其多普勒频移可测。表 3.1 中第一行显示了圣约翰公布的天狼星 B 的数据，其中质量是基于描述其伴星天狼星 A 质量的一个相当可靠的模型。该模型可由天狼星 A 的光度给出其质量。再由这个质量，通过观测两颗星之间的相互运动就可以给出天狼星 B 的质量。天狼星 B 的半径是通过测量其表面温度和光度得出的。（给定表面温度，并假设光球层——光从这里开始不再散射而离开恒星——处于热平衡，则温度给出单位表面积上的能量辐射率。它再乘以表面积 $4\pi r^2$，就是光度。由于光度已测出，我们就可以解出半径 $r$。）质量和半径给出表中第一行的引力红移预言值。红移被表示为相当于远离观测者运动的多普勒频移。由两个不同望远镜测量红移给出了一致的结果，它们刚好在两位数上与预言值一样。圣约翰估计可能的不确定度为 3−5km/s。

这一检验看上去不错。但是杰拉德·柯伊伯（Gerard Kuiper，1941）公布了一项分析结果，给出的引力红移预言值为 30km/s，远远高于公布的测量值。柯伊伯提醒道，结合他估计出的质量和半径，钱德拉塞卡（Chandrasekhar，1935）的白矮星结构模型表明，这颗白矮星的氢丰度质量分数为 $X \sim 0.5$。（氢丰度很重要，因为它影响平均分子量。）柯伊伯指出：这么大的 $X$ 值——

> 引发了一个严重的困难：对于这样一颗将浓度如此之高的质子压缩成 $10^6$ 或更高密度的白矮星，如何解释它有这么低的能量产生。

柯伊伯没有给出解释，但他可能指的是怀尔德哈克（Wildhack，1940）给出的证明，即如果在白矮星的致密中心区域存在相当多数量的氢，质子聚变形成氦核所释放的能量将远超过白矮星的光度。柯伊伯发现，如果假设天狼星 B 内部没有氢，那么红移的最佳估计值将会是 79.6km/s，这比公布的测量值大得更多。柯伊伯怀疑这个结果，因为它似乎需要一个大得令人难以接受的表面温度，但是它的确符合由格林斯坦、欧科和希普曼（Greenstein, Oke, and Shipman，1971）给出的模型和测量值（表中第二行）。

格林斯坦等人论证说之前那些关于天狼星 B 的星光红移测量结果是错的，可能是受到了更亮的天狼星 A 的散射光污染，尽管位于威尔逊山的 100 英寸（约合 254 厘米）反射式望远镜（Adams，1925）和位于哈密尔顿山的 36 英寸（约合 91.44 厘米）折射式望远镜（Moore，1928）给出了一致的测量结果，因为人们可能早就估计到它们受散射光的影响是不同的。但格林斯坦等人是当天狼星 B 在天空中已运动到距天狼星更远的位置时才进行测量的，从而得以减小上述问题的影响。他们重新检查了之前的模型和测量结果，这才得出了结论：理论上的错误和观测上的错误碰巧给出了看上去一致的结果。这是时有发生的。它说明了这样一种风险，需要用重复独立检查来消除。

让我们先停下来关注一下另一种风险，即不同学科间的交流中存在误解的风险。历史学家海瑟林顿（Hetherington，1980）论证说格林斯坦等人（1971）并没有给出充分的理由来放弃之前的红移测量结果，并且给出如下结论：

> 仅仅是因为时间久远而且与更多最新观测不符，就轻易忽略先前的观测结果，这种策略对科学具有颠覆性的意义。这是一个正当性的问题。

格林斯坦等人（1971）有正当的理由去忽略先前的观测结果，从而在天狼星 B 距离天狼星 A 更远时开始观测。在他们的第二篇文章中，格林斯坦、欧科和希普曼（1985）表达了这一想法，并给出了更详细的理由，以此回应海瑟林顿的评论。他们还断然否认那种说他们轻易忽略数据的暗示，那将是极其错误的。我理解格林斯坦他们一定会感到的那种恼火，并且希望海瑟林顿并非有意要这样冒犯。

这个故事的另一部分是，当格林斯坦等人（1971）给出了天狼星 B 的正确数据时，对引力红移及其他相关效应的预言已经有一些更精确、控制得更好的检验。这些将在第 3.4 节中回顾。人们当时对白矮星的兴趣已经转移到对它们的结构进行检验，并对它们在我们星系演化过程中的形成进行探索。一个例子就是格林斯坦和特林布（Greenstein and Trimble，1972）关于红移与大量白矮星运动的论文。这便是不同学科之间交流的风险，正如在第 2.3 节中讨论的科学大战一样。

与广义相对论检验的历史相关的，还有波普尔（1954）的结论：对另一颗白矮星——波江座 40B，引力红移的测量值和预言值在大约两倍的不确定度内是相符的。格林斯坦和特林布（1972）公布了改进后的结果：测量值和预言值分别为 $23 \pm 5$km/s 和 $20 \pm 9$km/s。但是正如之前指出过的，作为对白矮星结构理论的一种检验，它是有意义的；对于广义相对论是如何由经验确立的，它也具有历史意义。不过对于广义相对论的检验来说，20 世纪 70 年代的这些进展并不是重要的贡献。

关于引力红移预言检验早期思考的一些例子，可以在一些相对论专著和教科书中找到。托尔曼的《相对论、热力学与宇宙学》，伯格曼（Bergmann）的《相对论导论》（*Introduction to the Theory of Relativity*，1942），穆勒（Møller）的《相对论》（*The Theory of*

*Relativity*，1952），以及麦克维蒂（McVittie）的《广义相对论与宇宙学》（*General Relativity and Cosmology*，1956），所有这些书中都介绍了太阳和天狼星 B 谱线红移的理论与观测之间在相当程度上的一致性。伯格曼没有给出处。托尔曼和穆勒给出了文献：圣约翰（1928）和亚当斯（Adams，1925）。在第一篇文献中，圣约翰公布了太阳光吸收线的红移，而我们已经看到这一结果并不容易解释；在第二篇文献中，亚当斯公布了白矮星天狼星 B 的检测结果，其中有严重错误。麦克维蒂（1956）介绍了波普尔（1954）的结论，即波江座 40B 红移的理论和观测在大约两倍范围内是相符的。麦克维蒂将天狼星 B 的半径取为 $0.008R_\odot$，远小于表 3.1 第一行中的半径。这一较小的半径将红移的预言值提高到 79km/s 左右。麦克维蒂的这一半径出自芬莱·弗伦德利希（Finlay-Freundlich，1954），后者引用了伽莫夫和克里奇菲尔德（1949）对一种内部不含氢的白矮星模型半径所做的估计。这和柯伊伯的结论一致。麦克维蒂（1956）还在该书校对时的附加评注中介绍道：

> 柯伊伯对此材料的检查结果（未发表）表明，和这些值相比，红移取值更可能是 60—80km/s，而这些值显然是受到了来自天狼星 A 的散射光的影响。因此，关于天狼星 B 的理论和观测看来也是符合甚好的。

这会使天狼星 B 红移的理论和观测与表 3.1 第二行所列格林斯坦等人（1971）的结果一致。

在 1955 年"相对论 50 周年"（狭义相对论 50 周年，广义相对论 40 周年）会议文集中，特朗普勒（Trumpler，1956）提醒道：

　　由圣约翰在威尔士山天文台所做的太阳光谱测量的确意味着这样一个量级的红移平均值（预言值）。然而，不同组谱线之间的差别以及太阳表面不同部分之间的差别都是相当大的，想要通过对太阳的这种观测来对该理论进行确认是不能完全令人信服的。

　　特朗普勒介绍了天狼星 B 和波江座 40B 这两颗白矮星的引力红移在理论和观测上的一致性。他没有注意到麦克维蒂已找到的那些表明天狼星 B 这一检验结果有误的线索。

　　在"关于引力在物理学中的地位"的教堂山会议（Chapel Hill Conference on The Role of Gravitation in Physics）文集中，惠勒（Wheeler，1957）介绍了（但未提及出处）波普尔（1954）对波江座 40B 的预言值与观测值的估计，以及麦克维蒂（1956）对天狼星 B 结果的正面评价。惠勒的结论是"广义相对论并没有与观测出现不一致"。

　　在仔细回顾了这些红移检验后，贝尔托蒂、布里尔和克罗特科夫（Bertotti，Brill，and Krotkov，1962）报告说：

　　　　我们还不能解释太阳红移偏离理论预言值的具体细节，也无法确定这一函数关系［预言波长的移动 $\delta\lambda$ 正比于 $\lambda$］是否正确。最多能说的是，要是我们没有这类理论预言的话，太阳红移会更加令人困惑，而正是这一相对论效应在某种程度上减少了这种困惑。……由于天狼星 B 的质量几乎和太阳质量相当，它的半径应该是太阳半径的 1/100 才能使预言的红移值等于 60km/s。亚当斯（1925）和摩尔（1928）在其大气散射不断改变的条件下观测了天狼星 B 中 $H_\beta$ 和 $H_\gamma$ [ 其大气中的氢原子谱线 ] 的移动……得出的结果范围在 9km/s 到 31km/s 之间，而且似乎与天狼星 A 的散射光强度相关（Schröter，1956），说明减少散射可能给出更大的红移值。因此，到目前为止，天狼星 B 的结果并不与理论相左，但也没给出定论。[7]

他们对天狼星 B 质量和半径的估计接近伽莫夫和克里奇菲尔德（1949）的结论，而他们对红移的预言值接近格林斯坦等人（1971）的预言值和测量值。他们似乎没有注意到柯伊伯未曾发表的建议，即测量值可能会更大，从而与较大的预言值相符，但他们从施勒特尔（Schröter）的工作中看到了较大红移的迹象。

我们看到了一种对引力红移检验保持乐观的倾向。我认为，一方面人们愿意相信社会建构得到的优美理论，另一方面也存在着一定程度的经验支持，这二者综合导致了这样一种倾向。

穆勒（1957）意识到当时的情况有可能通过利用原子钟出色的稳定性来得到改进，而这种稳定性源自原子能级跃迁的稳定性，通常也源自低损耗腔中电磁场振动模式的稳定性。穆勒指出，通过比较地面和卫星上原子钟的走时，人们就有可能对引力红移的预言做出精确检验。这一构想由第 3.4 节将要谈到的引力探测器 A（Gravity Probe A）实验（Vessot and Levine，1979）所实现。

### 3.3.3　光的引力偏折

爱因斯坦预言，光受到太阳质量的作用会发生引力偏折。对这一预言的检验在广义相对论早期备受推崇。你现在还会见到这样的描述，说 1919 年日食期间观测到这样的效应，即当太阳运动到接近这些恒星视线的时候，恒星看上去向远离太阳的方向发生了偏移，从而确立了广义相对论。其实，当时的情况更为复杂。

牛顿理论和相对论预言，来自遥远星体光线偏折角的变化反比于视线在最接近太阳处到太阳中心的距离。在牛顿理论中，太阳边缘处的偏折角是 0.87 弧秒，或写作 0.87″。相对论的预言是它的两倍：1.75″。戴森、爱丁顿和戴维森（Dyson, Eddington, and Davidson, 1920）公布了他们对 1919 年日食期间太阳附近恒星角位置偏移量观测结果所做的归算。他们给出偏折角外推到太阳边缘的三个估计值：1.98 ± 0.12″、1.61 ± 0.30″ 和 0.93″。（前两个测量值的不确定度是概然误差。如果误差的概率分布是高斯性的，那么乘以 1.5 就得到标准偏差。）[8] 戴森等人对其中最后那个值赋予最低权重。前两个可接受的测量值给出形式上的平均值和标准偏差（其权重反比于方差）1.93 ± 0.17″。这比牛顿理论预言值大了很多，这一点很重要。如果你相信误差是高斯分布的话，它正好和相对论预言值相距一个标准偏差。戴森等人得出了这样的结论：

索布拉尔（Sobral）和普林西比（Principe）的考察给出的结果让人不再怀疑，由于太阳的引力场，太阳附近发生了光的偏折，而且偏折的程度正是爱因斯坦广义相对论要求的。但是这样的观测非常有意义，以至于人们很可能想要在未来的日食中重复这一观测。

人们很自然会问道，经过太阳附近的光发生的偏折，是否有可能是太阳附近物质导致更大的折射率所致。爱丁顿、金斯、洛奇等人（Eddington，Jeans，Lodge et al.，1919）考虑了这个想法，但杰弗里斯（1919）的结论是，给定太阳附近物理上可接受的物质数量，则已知的折射现象"完全无法解释观测到的偏移"。

在随后的那些观测中，1922 年的日食值得特别关注，因为当时在太阳轨迹周围有许多亮星。利克团队[1] 给出的观测结果是1.72 ± 0.11″ 和 1.82 ± 0.15″。坎贝尔和特朗普勒（1928）的结论是：

> 关于光的偏折程度以及它随距太阳中心角距离增加而减少的这一规律，观测结果在观测概然误差范围内符合爱因斯坦广义相对论的预言，而且后者目前看来为我们的结果提供了唯一令人满意的理论基础。

关于这一检验的地位，当时人们评价不一。托尔曼（1934）介绍了 1922 年利克团队对光线偏折的测量结果，他称之为"目前最令人满意的数据"。伯格曼（1942）警告说：

> 预言出的偏折角不大于 1.75″，刚好在实验误差范围之外。不能认为预言和观测到的效应在数量上具有显著的一致性。

---

1　坎贝尔领导的利克天文台考察团，1922 年时曾赴澳大利亚瓦拉尔（Wallal）进行日食观测。

穆勒（1952）的评价是：

> 爱因斯坦［引力偏折的预言］和观测的一致性似乎是令人满意的，但由于该效应刚刚在实验误差范围内，人们不能过于相信这种数量上的一致性。

特朗普勒（1956）列出了 9 个测量结果（排除了一个 1919 年日食的结果，因为其聚焦欠佳；还排除了一个 1929 年日食的结果，因为它没有估计测量中的概然误差）。明确得出的平均值是 1.79″，接近相对论预言的 1.75″。衡量测量和预言符合程度的一个有用的统计度量是对测量求和 $\chi^2 = \Sigma(O_i - P)^2 / \sigma_i^2$，其中偏折角的预言值是 $P$，测量值是 $O_i$，其相应的标准偏差为 $\sigma_i$。在高斯分布的假设下，将他列出的概然误差换算成标准偏差后，我得到 $\chi^2 = 3$。这远低于期待值 $\chi^2 = 9$，即测量值的个数。低 $\chi^2$ 值可能是由两种效应综合所致。第一种是观测者谨慎地高估了测量不确定度。这并不常见。常见的情况是不确定度被低估了，因为没能将一些更加难以察觉的误差来源考虑进去。第二种效应是由于有必要舍弃一些明显有错的测量值，比如，聚焦欠佳下得出的测量值。这涉及的微妙问题是，人们倾向于过度删减临界情况，进而减小了未被舍弃的测量值之间的分散程度。我并不是在暗示这种做法有误，它是人的常见倾向而已。

特朗普勒（1956）的结论是：

> 如果你考虑用到的多种设备和方法以及参与其中的大量观测人员，那么似乎有理由得出这样的结论，认为所有这些

观测一起确认了这个理论。

这一说法足够公平，但是较之他们公布的不确定度，测量值之间较小的分散程度并不令人放心。

贝尔托蒂、布里尔和克罗特科夫（1962）给出了更为谨慎的结论：

在所有这些［日食］实验中都观测到了朝外的径向偏移。它具有大体正确的数量级，而且更远处的恒星有更小的偏移。这种减少方式与广义相对论预言的 1/r 定律并不矛盾，但是它也没有特别支持这样一种距离依赖关系。在图 1-14 中，直线和双曲线都可以在大致相同的程度上拟合这些数据。……这些实验中，没有一个支持牛顿理论的预言值 1.75/2 = 0.875 弧秒。

哈维（Harvey，1979）重新分析了 1919 年考察所得底片的数码扫描版，证明了底片上的信息可以给出更紧的限制，使结果比戴森等人（Dyson et al.，1920）公布的更接近爱因斯坦的预言值。当然，那与之前的想法无关，但是肯尼菲克（Kennefick，2009）在知道哈维上述分析结果的情况下，说戴森等人——

有足够的理由做出他们的中心论断，即他们的结果与牛顿理论不符，但大体上与爱因斯坦的理论相符。

如果适当关注"大体上"这个修饰词的话，那么这句话对于

1960 年时引力偏折检验的状况是一个合理的评价。在此之后，情况开始有所改进。

## 3.4 经验确立

1960 年，引力红移的预言检验处于一种混乱的状态。光被太阳质量引力偏折的检验则要更加可靠。至于偏折角是否按照预言的方式随到太阳的距离而变化，贝尔托蒂、布里尔和克罗特科夫（1962）对这方面的证据并没有很高的热情。但如果我们假设这个关系是成立的，我们就可以大胆地认为，偏折的测量值已经被确定在广义相对论预言值附近约 30% 的范围内。这比宣称的测量不确定度要大，因为我们必须考虑到这些测量值那小得令人生疑的分散程度；根据宣称的测量不确定度，这种分散程度理应更大才对。这意味着引力偏折的预言检验显然是支持广义相对论的，但这种支持并不充分。在 1960 年，唯一一项非常严格的检验——我们应该可以这样认为，是关于水星运动偏离牛顿理论这一充分确立的现象所做的预言。

1960 年，广义相对论在检验方面的匮乏或许已为当时的物理学界所了解，但现在却难以找到对此公开发表的怨言。罗伯特·亨利·迪克是个明显的例外。他在 1957 年 "关于引力在物理学中的地位" 的教堂山会议中宣称：

> 我们很不幸地注意到，广义相对论在实验检验方面的情况并不比它在该理论发现之初的那几年（比如 1920 年）更好。

这一点与量子理论的情况截然相反，在该领域中我们实际上有数以千计的实验检验。……惠勒教授已经谈过了广义相对论的三大著名检验，这实在是非常薄弱的证据，是难以让理论立足的。

迪克当时回顾了一些旨在改进这种状况的实验，它们都是他在新泽西州普林斯顿大学的引力研究组中正在计划的或正在执行的。第二年，我就作为一名新研究生加入了这个研究组。这个组在当时已经非常活跃，而且在后来的几代人中仍然保持着它的创造力。

在引力研究组的博士论文中，吉姆·布劳特（Jim Brault，1962）描述了一种对太阳光引力红移的清晰检验。他观测到了太阳上的一条钠吸收线。它足够强，因而可以认为是在远高于光球层附近湍流的地方形成的，这样就减少了多普勒频移带来的问题。利用迪克开创的同步探测方法，他获得了谱线中心附近线形的精确测量结果。迪克也将这种方法用到引力研究组的许多实验中。［我（2017）曾回顾这项技术。］布劳特证明，在谱线中心附近，线形几乎是对称的，而且谱线中心在大约 5% 的精度下与日面上的位置是无关的。这两种迹象都表明测量结果没有受到多普勒频移或者同样波长附近存在其他吸收线等现象的破坏。布劳特的结论是：

我们发现红移的观测值与理论值之比为 $1.05 \pm 0.05$。

这是最早的两个可靠的引力红移检验之一，源自将一种新的实验技术用于一个老问题，即对理论预言的太阳光波长移动进行测量。

另一个可靠的检验是由罗伯特·庞德和格伦·雷布卡（Robert Pound and Glen Rebka，1960）在实验室中对引力红移所做的测量。他们的结论是，频移（frequency shift）的测量值和预言值之比，也即实验值和理论值之比为：

$$(\Delta \nu)_{实验} / (\Delta \nu)_{理论} = +1.05 \pm 0.10 \qquad (3.1)$$

在对测量误差估计的不确定度内，这两个结果实质上是一样的。但它们是通过不同方法得到的，这就对未发现的系统误差提供了重要的检查。

庞德和雷布卡在他们的实验室测量过程中利用了穆斯堡尔（Mössbauer）效应。我们有必要停下来看一下这个优雅的效应是怎样用于引力物理学检验的。考虑两个完全相同的原子核，一个处于激发态能级，另一个处于低能量基态能级。假设它们正在自由运动，一开始具有相同的速度。当处于激发态能级的原子核衰变到基态能级时，它发出一个 γ 射线光子。这个衰变光子的动量与该原子核的反冲动量等值反向。由于这一反冲的动能源于原子核衰变的能量，这个 γ 射线光子的能量略小于激发态和基态之间的整个能量差。这意味着这个光子不具备足够的能量被第二个原子核吸收，因而也就无法将它提升到激发态。但是穆斯堡尔（1958）通过量子理论的预言和实验表明，如果这两个原子核束缚在一个晶体内部，那么反冲动量可以被整个晶体或它的一大部分吸收。由于晶体的质量和一个原子核相比是巨大的，这种情况下的反冲动能就可以忽略不计；从实际效果来看，这种衰变就是无反冲的。这意味着衰变出的 $\gamma$ 射线光子具有激发态和基态之间的整个能量差，于是就可以被晶体中处于基态能级的另一个原子核吸收，只要吸收时的反冲也被晶体带走。这种情况下，衰变出的光子可以被吸收，并将第二个原子核提升到激发态能级。这就是穆斯堡尔效应。

现在假想有两个这样的晶体位于距离地面不同的高度上。当从低处晶体中衰变出的一个 $\gamma$ 射线光子到达了高处的晶体中，预言的引力红移将使得该光子损失能量。（回想一下，量子物理学说一个频率为 $\nu$ 的光子能量为 $h\nu$，其中 $h$ 是普朗克常数。更低的能量意味着更低的频率，也就是更大的波长：发生红移。我们正在把量子物理学和相对论结合起来考虑。）能量的损失减少了该光子被高处晶体吸收的机会。但是，如果高处的晶体朝着低处的晶体以特定的速度运动，刚好使得多普勒频移抵消引力红移，那么光子就会刚好具有无反冲吸收所需的能量。于是，就应该测量发生最大吸收时对应的速度。

通过让 $\gamma$ 射线在哈佛大学一座充满氦气的塔中向上或向下穿行74 英尺（约合 22.56 米），庞德和雷布卡（1960）在 10% 的精度上探测到了引力造成的 $\gamma$ 射线频率的改变。其精度与布劳特的结果相当，但是实验环境大相径庭。我说过，这对于这两种测量实验中可能存在的系统误差是非常重要的检查，是那些想要评估关键测量结果的人都难以抗拒的习惯。

我们应该停下来考虑一下，假如庞德和雷布卡的测量结果和相对论的预言不一致的话，科学界会得出什么结论。穆斯堡尔效应是由量子物理学得出的，而且在它涉及的范围内该理论已经得到充分检验。这一效应很快就毫无意外地被用于测量凝聚态物质的性质。观测到的穆斯堡尔共振中的温度改变是二阶多普勒频移，而庞德和雷布卡的红移测量用的是一阶多普勒频移。总之，穆斯堡尔效应在引力红移检验中的应用是建立在坚实的实验和理论基础上的。假如测量结果真的和相对论理论不一致，并且也没有布劳特的独立检验的话，学界恐怕就要指责这个远远未经充分检验的相对论理论。假如布劳特的测量结果和理论相符，而庞德和雷布卡的结果与之不符，那将会成为一个诱人的危机。[9] 这两种截然不同的方法刚好给出了相同的引力红移测量值，而且也和理论预言值相符。这就有力地论证了在测量不确定度内，对相对论预言的探测结果是可信的。

这种实验室测量还可以改进。庞德和斯奈德（Pound and Snider，1964）将实验室精度提高到 1%，这是一个相当大的进步。按照穆勒（1957）的设想开展的引力探测器 A 实验比较了在地面以及地面上 10 000 米高处火箭上的氢脉泽（hydrogen maser）原子钟的走时。通过微波将上下两原子钟联系起来可以比较二者记录的时间。维索特和莱文（Vessot and Levine，1979）在第一份报告中的测量结果与广义相对论的预言在约 $10^{-4}$ 的精度上相符。维索特、莱文、马蒂森等人（Vessot，Levine，Mattison et al.，1980）将这个精度又提高了 10 倍。广义相对论的精确检验正式拉开了帷幕。

艾尔文·夏皮罗（Irwin Shapiro，1964）提出了"广义相对论的第四种检验"：测量雷达脉冲从发射到被金星和水星反射后接收所经历的时间间隔。当视线经过太阳附近时，广义相对论预言这个时间间隔会增加。夏皮罗、佩滕吉尔、阿什等人（Shapiro，Pettengill，Ash et al.，1968）公布说，在约 20% 的不确定度内明确地测量到了经过太阳附近时地球—水星之间的时间延迟，与相对论预言一致。后来这种检验方法被用来测量了无线电信号从地球到火星来回所需的时间。这是通过安置在火星上或围绕火星运行的应答机将信号返回地球。当视线经过太阳附近时这一时间延迟的增加与广义相对论在约 $10^{-3}$ 的精度上相符（Reasenberg，Shapiro，MacNeil et al.，1979）。在卡西尼号飞船飞往土星的途中，当它的视线经过太阳附近时，人们再次发现由夏皮罗时间延迟导致的无线电波频移与广义相对论一致。令人欣慰的是，这项由贝尔托蒂、耶斯和托尔托拉（Bertotti，Iess，and Tortora，2003）所做的分析清晰地证明了人们之前期待的频移效应随经过太阳最近处距离的变化关系（在他们的图 2 中）。40 年前，当布鲁诺·贝尔托蒂和迪克的引力研究组以及惠勒的相对论理论组成员一起工作时，贝尔托蒂、布里尔和克罗特科夫（1962）就已经提到，光线引力偏折随距离的这一变化关系尚未得到很好的证明。

　　射电干涉技术让人们能够更好地检测太阳质量对电磁辐射的引力偏折。这一技术最先应用于测量类星体 3C279 在其视线经过太阳附近时的角位移。测量到的偏折结果转化到太阳边缘处是 $1.77 \pm 0.21$ 弧秒（Seielstad，Sramek，and Weiler，1970）以及 $1.82 \,^{+0.26}_{-0.18}$ 弧秒（Muhleman，Ekers，and Fomalont，1970）。这些结果实质上是相同的，而且都与广义相对论预言的 1.75 弧秒在 15% 的精度上是一致的。克利福德·威尔（2014）对相对论检验的调研报告中提到，甚长基线射电干涉仪的测量结果和广义相对论的预言在约 $10^{-4}$ 的精度上相符。

　　上述这些例子展示了引力物理学从 1960 年开始在经验检验方面取得的一些革命性进展。它们源自一些或新或旧的想法，而且依赖于技术的进步：布劳特利用了精确同步探测，庞德和雷布卡利用了穆斯堡尔效应，夏皮罗利用了功率强大到足以将电波发射到其他行星的雷达，维索特和莱文利用了原子钟，而且这个清单还在变长。

## 3.5 收　获

从 1915 年到 1960 年，人们试图检验引力红移，但未曾得到有意义的结果；相比之下，人们对水星轨道在牛顿理论中的反常进行了更加可靠的测量。然而，这一轨道反常受到的关注却不如引力偏折，甚至不如引力红移。从今天的观点来看，这似乎是不理智的，但我们有时就是会变得不理智。

按照拉图尔和伍尔加（1979）原先的术语，我们可以说爱因斯坦的广义相对论在 1960 年时是一种社会建构。用戴维德（2013）的术语来讲，广义相对论是以非经验的方式得到了确认。尽管经验支持并不充分，但是基于第 3.1 节中的考虑，广义相对论还是成了当时理论物理学的一个标准的部分而为人们所认可。这似乎也是不理智的，但很难拒绝这样一种非经验的想法，即电磁学是对于守恒电荷来说最简单的相对论性矢量理论（即矢量 $A_\mu$），而广义相对论是对于局域守恒的能量动量来说最简单的相对论性张量理论（即张量 $g_{\mu\nu}$）。电磁学当时经过了充分检验。对广义相对论的格外关注在当时也是有一定道理的。

我听到过这种说法：广义相对论就在那里，等着被人发现。恩斯特·马赫肯定会认为这是一种虚无主义的形而上学而否定它。然而我们必须考虑到，这个在一个世纪前就被爱因斯坦和希尔伯特视为如此优美的理论，这个在半个世纪前被科学界基于非经验的理由而接受的理论，如今通过了一系列预言检验，涉及尺度的范围从实验室到太阳系，一直到整个可观测宇宙（这将在第 6.10 节回顾）。纯思考有时为我们指明正确的方向，这是很了不起的。这就是一个现成的例子。然而，纯思考更多时候是将我们引向歧途，这当然也毫不令人感到意外。爱因斯坦以近乎纯思考的方式发现了广义相对论，这并不能给我们树立一个可供学习的榜样。

能够证明广义相对论在范围很大的尺度上通过了相当多种类的精确检验，我们已经非常幸运了。虽然很明显，但也必须说的是，面对这样的证据，要想忽视作为一种社会建构的广义相对论，那将需要假设大量第 1.3 节所讨论的那种普特南奇迹，其种类将多得令人难以置信。

我的结论是，爱因斯坦的理论具有作为客观实在的一种良好近似所具有的全部特征。这个理论并不完备，这很常见，但支持它的理由是令人信服的。

# 第 4 章

# 爱因斯坦的宇宙学原理

理论和实践之间的不一致性可以通过任意一方的调整得到解决。关于爱因斯坦的宇宙学原理的思想历程就是一例。该原理是这样一种假设，即平均来说宇宙是处处相同的。当爱因斯坦提出支持这一图像的理由时，他可能并不知道这与观测截然相反。在这一提议发表后，德西特告诉了爱因斯坦相反的证据，但爱因斯坦以及学界的大多数人仍然继续接受这一假设。这就是一种社会建构。早期的观测符合这样一种想法，即物质是在一种成团等级中团中有团、一级一级地组织起来的。但是，当有人开始认真考虑这种成团等级的图像时，不断改进的观测结果都指向了爱因斯坦的这种大尺度均匀性的想法。爱因斯坦这种图像的证据现在看来是不容置疑的。

## 4.1 爱因斯坦的均匀静态宇宙

在恩斯特·马赫（1883；1902）对力学科学所做的批判性审视

中，包括了这样一种观点，即速度和加速度一定没有内在而客观的意义，它们只是相对于其余物质的行为才是有意义的。这个概念后来被称为马赫原理。它影响了爱因斯坦和其他人，尽管爱因斯坦后来对此感到后悔。而且，马赫观点可能具有的物理意义在今天仍然是有争议的。

受马赫观点的影响，爱因斯坦（1917）在1920年前后提出，一个符合逻辑的宇宙除了诸如恒星、行星和人类这样一些局域涨落之外，将会是处处相同的。在这个近乎处处相同、空间均匀的宇宙中，不存在边缘，也没有一个特殊的中心。为了看出这种思考的理由，相反我们假设在距离一个物质岛很远的地方，宇宙是空的，并且具有狭义相对论的平直时空。就像人们所说的，假设时空是渐近平直的。爱因斯坦说道：

> 如果只有唯一一个质点存在，那么根据这一观点［渐近平直时空］，它将具有惯性，而且实际上这种惯性就和它在实际宇宙中被其他物质包围时的惯性几乎一样大。

说得更宽泛一些，广义相对论允许这样的宇宙存在，其中只有一个有质量的物体，一个星系，除此之外的时空是空旷而渐近平直的。这个星系可以旋转，具备所有通常的旋转效应，只不过这种旋转是相对于一个空旷的时空来说的。在爱因斯坦1921年的普林斯顿讲座《相对论的意义》（"The Meaning of Relativity"，1922a）中，他给出的结论是：如果宇宙是按照这种方式构造的，那么——

　　马赫的这种想法，即惯性以及引力取决于物体间的一种相互作用，就是完全错误的。

　　在广义相对论中，渐近平直时空中的惯性运动由以下两点决定：宇宙中物质成分的性质，以及远离所有物质的地方时空是平直的这一边界条件。在 1916 年 4 月 22 日给米凯雷·贝索[1] 的一封信中，我们可以看出爱因斯坦对边界条件，即在很远处宇宙是什么样子的思考：

　　我正在寻找引力中无限远处的边界条件。一个肯定非常有趣的想法是，考虑在何种程度上存在一个有限的世界，即一个具有自然测得的有限范围的世界，其中所有惯性都是真正相对的。

　　可见，爱因斯坦正在考虑的是他的新理论是否可能消除边界条件。广义相对论是否有可能允许一个符合马赫观点的宇宙，其中惯性运动以及我们称之为加速度的对惯性运动的偏离完全由宇宙的成分所定义？大约在这个时期，爱因斯坦在考虑这样一种想法，即时空终结之处度规张量 $g_{\mu\nu}$ 的分量变成无限大或零，于是长度和时间间隔都变得没有意义。这就是在爱因斯坦认为是遥远假想质量处的时空退化条件。

　　荷兰的威廉·德西特不喜欢这个想法。在 1916 年 11 月 1 日给爱因斯坦的一封信中，他写道：

　　我很难相信这种遥远的质量。我宁愿对这种惯性不做解释。

德西特的论文《论爱因斯坦的引力理论及其天文学意义》（"On Einstein's Theory of Gravitation, and Its Astronomical Consequences"，1916）中也表达了类似的感想。

在 1916 年 11 月 4 日的一封信中，爱因斯坦认同了德西特的想法，放弃了那种假想的质量，并补充道：

> 你一定不要责怪我仍然这么好奇地提出这个问题：我是否能这样想象某个宇宙或我们这个宇宙，其中的惯性完全起源于质量而与边界条件毫无关系？

在 1917 年 2 月 2 日，爱因斯坦告诉德西特：

> 我目前正在写一篇关于引力理论中边界条件的论文。关于 $g_{\mu\nu}$ 退化的想法，你的反驳是正确的，而我已经完全放弃了我的这一想法。我很想知道你将如何看待我现在所关注的这种相当古怪的概念。

六天之后，即 2 月 8 日，杂志收到了信中提到的那篇论文，即爱因斯坦（1917）。爱因斯坦在文中提出，边界条件应该换成这样一种假设，即除了一些诸如恒星和行星这样的微小涨落之外，宇宙是处处相同的：没有边界，也没有边界条件。

近乎一致而均匀的物质分布这一想法是漂亮的。人们或许会认为这种近乎均匀的物质分布自然会产生一个均匀且各向同性的时空，这意味着转动将是相对于这些物质所设定的这个时空，正如马赫认为的那样。（从技术上讲，时空并不是由于存在均匀的质量分布就能被唯一确定下来的：质量除了可以膨胀，也可以剪切和旋转。然而这是后话。）这或许就是爱因斯坦 11 月 4 日给德西特写信时所想到的内容，而这肯定是他在 1917 年 2 月 2 日的信中声称发现的东西。

在一篇提交给荷兰皇家科学院的、被标记为"在 3 月 31 日会议中交流过"的论文中，德西特（1917）讨论了爱因斯坦关于宇宙的新想法，并写道：

> 将四维世界视为球体进而避免设置边界条件的必要，这一想法是在几个月前由埃伦费斯特（Ehrenfest）教授和作者谈话时提出的。然而，那时这个想法并没有得到进一步发展。

爱因斯坦当时正与埃伦费斯特书信往来。我不知道他们是否交流过均匀宇宙这一想法。

在他那篇有关均匀性这一现代宇宙学奠基性想法的论文中，爱因斯坦（1917）提出了另一个理由支持他的想法。他不加解释地认为宇宙是不变的。恒星在四处运动，但是在他的图像中，这发生在一个平均来说不随时间变化的时空中。他指出，一个孤立的引力束缚星团将会由于其恒星之间的引力相互作用而演化，而这种作用会给出某种逃逸速率。这种蒸发意味着该星团无法永远存在。爱因斯坦认为这意味着恒星必须在一个均匀的宇宙中遍布各处，没有星团，因而也没有蒸发。但人们那时就已经知道这个理由是错误的，而且基于如下一些原因，均匀性这一想法受到了严峻的挑战。

爱因斯坦本来可以就其均匀宇宙的想法征求一下天文学家的看法。他当时在柏林。那是 1916 年和 1917 年，正值第一次世界大战期间，但荷兰是中立国。这使得他能够和威廉·德西特以及莱顿天文台和莱顿大学的其他人通信交流。德西特和英国剑桥大学的天文学教授爱丁顿也可以通信。爱丁顿可能，或许的确，和爱因斯坦谈到过他的《恒星运动与宇宙结构》（*Stellar Movements and the Structure of the Universe*，1914）一书。在这本书中，宇宙就是我们那由恒星构成的银河系。天文学家通过恒星计数得知我们的星系有边缘，而且还有一个恒星聚集的中心，一点儿也不像爱因斯坦设想的宇宙。爱丁顿的书中有一些旋涡星云的天文照片。他认为这些是恒星构成的其他星系，后来证明的确如此。但是天文学家知道，旋涡星云，即早期对星系的叫法，显然是以一种成团的方式分布在天空的。

爱因斯坦（1917）关于均匀宇宙的提议发表后，德西特给爱因斯坦写信（日期为 1917 年 4 月 1 日）表达他的反对：

> 我相信，几乎可以肯定的是，就连银河系也不是一个稳定系统。那么，整个宇宙可能是稳定的吗？宇宙中的物质分布是极其不均匀的［我是指恒星，而不是你所谓的"世界物质"（world matter）］，而且它是不能被一种具有常数密度的分布取代的，即便是作为粗略的近似也不行。你隐含地做了这样一种假设，即平均恒星密度在整个宇宙中是处处相等的［自然，是对广阔的空间，比如（100 000 光年）］。这不管从哪方面讲都是没有理由的，而且我们的所有观测都与之相悖。

引文中的方括号是德西特加的，而且他的话现在仍然是有道理的。

爱因斯坦（1917）明白，像银河系这样受引力束缚的恒星聚集系统不可能永久存在，他提到了这一点。可能的情况是，在 2 月份发表他的均匀性观点时，爱因斯坦还不知道我们位于一个恒星聚集系统中，也可能他知道这一点，只是认为银河系并不是受引力束缚的。说到"极其不均匀的"物质分布时，德西特可能指的是银河系中那种受束缚的且远非球形的恒星分布，也可能是旋涡星云，当时有人就认为它们是恒星构成的其他星系。无论哪种情况，考虑到爱因斯坦思想的独立性，要是他为了自己那优美的想法而忽视了他所知的任何天文证据，那也是不足为奇的。

如果爱因斯坦不知道詹姆斯·金斯（James Jeans，1902）的结论，那同样是不足为奇的。金斯证明了，在牛顿物理学中，静态非束缚的均匀物质分布会因指数增长的不稳定而偏离均匀性。这一证明有时被称为"金斯假说"（Jeans swindle），因为在牛顿引力中人们很难理解如何处理一种无限大的均匀质量分布，但是金斯给出了有意义的做法——或许在数学上有些笨拙。在广义相对论中，爱因斯坦的这样一幅无限而近乎均匀的静态宇宙图像是可以很好地定义的，而且金斯的分析很容易继续使用。这是因为，对于这一近乎均匀宇宙中的一小部分区域来说，金斯所用的牛顿引力理论是广义相对论的一个正确的极限情况。爱因斯坦只是后来才知道，他的相对论性、近乎均匀的宇宙是金斯不稳定的。这是它无法永久存在的另一个原因。勒梅特（1927）证明了爱因斯坦的静态宇宙对于偏离平衡的均匀扰动是不稳定的，并且勒梅特（1931）还证明了对于偏离无压物质均匀分布的球对称扰动所具有的不稳定性。

爱因斯坦也没有看出来，如果能量是守恒的，恒星的寿命会受到可用能量的限制，这一能量不能超过恒星质量湮灭产生的能量。能量守恒将意味着恒星构成的宇宙无法永久存在。假如能量不守恒，而且恒星一直在闪耀，那么在一个空间均匀的静态宇宙中就必须有某种措施来处理积累了任意长时间的星光。这就是奥伯斯悖论（Olbers' paradox）。在一个膨胀的均匀宇宙中不存在这种类型的悖论，因为这样的宇宙从早期恒星尚未存在的那种状态开始，其膨胀的时间是有限的。（现在对这一时间的估计为100多亿年，大约是一颗太阳质量恒星的寿命。）

对于爱因斯坦的这种有问题的均匀静态宇宙图像，杨森（2014）给出了更多思考。这些问题本可以被视为提示了一种现成答案，即宇宙在膨胀。我不知道是否有任何人在注意到更直接的膨胀证据之前就想到过这一点。然而，不要让所有这一切掩盖了爱因斯坦关于均匀性的想法是正确的这一事实。现在的问题是：他是出于正确的原因而得出正确的结论吗？

## 4.2 均匀性的证据

对于爱因斯坦的宇宙处处相同这一假设，爱德华·亚瑟·米尔恩（Edward Arthur Milne，1933）称之为"拓展的相对论原理"和"爱因斯坦的宇宙学原理"。后者成了标准叫法。米尔恩也在理论上进一步支持了均匀性的观点，尽管还是存在有明显冲突的天文学证据。米尔恩证明，如果宇宙正在以一种均匀而各向同性的方式膨胀，那么一个星系远离我们的速度正比于它的距离。勒梅特（1927）证明，星系距离与其退行速度之间的这一关系可以在广义相对论中由均匀性得出。米尔恩证明，对于任何理论，只要它具有通常意义上的距离和相对速度，则这一关系都可以由均匀性得出。这个效应被人们观测到了。哈勃和哈马森（Hubble and Humason，1931）发现，对于那些在远至其退行速率为光速 6% 的距离上观测到的最亮星系，勒梅特和米尔恩预言的正比关系是一个很好的近似。这对于哈勃（1929）首次给出的支持该关系的证据来说是一个相当大的进展。哈勃和哈马森对膨胀的宇宙做出了非常深入的探究。

退行速率与距离之间的这种关系，其叫法一直在变，从星系的一般退行定律、哈勃定律，到现在的哈勃–勒梅特定律。（这个关系是 $v = H_0 r$，其中 $v$ 是星系退行速率，由观测到的红移作为多普勒频移来解释而得出，$H_0$ 是比例常数，即哈勃常数，$r$ 是星系的距离。[2]）

尽管哈勃定律和均匀性一致，但后者也并不是必需的。在较早的一篇论文中，米尔恩（1932）指出同样的关系可由速度分类（velocity sorting）得出。假想一种强烈的爆炸使最初集中在一起的一些星系获得了方向随机的速度，而其速率分布在一个很大范围内。同时忽略引力。那么，运动得越快的星系就运动得越远，进而逐渐达到这样的状态，即星的距离正比于其退行速率，而这正是哈勃定律。

弗里茨·兹威基（Fritz Zwicky，1929）提出了另一种想法，认为光在空间中运动时可能会受到一种"拖拽"，从而降低了能量，也就降低了频率。光传播得越远，积累起来的拖拽效应就越大，频率也就越低，波长的移动也就越大。这也给出了哈勃定律，而无需均匀性。这些都是宇宙学发展初期的事情。

哈勃提出了对均匀性的两种经验检验。其中之一利用了这样的预言，即如果星系的空间分布平均来说是均匀的，那么天空中亮度

大于 $f$ 的星系计数的变化规律为 $N(>f) \propto f^{-3/2}$。天文学家当时已利用这一关系 [3] 证明了我们银河系中的恒星分布肯定不是均匀的：我们的星系是有边缘的。哈勃（1936）给出的结果是，随着天空中星系亮度的减小，即 $f$ 的减小，也意味着平均距离的增加，星系计数的增加比均匀性所预期的结果要慢一些。那可能意味着较远距离上星系的数密度更低，但是后来的证据表明，这是哈勃对天空中星系相对亮度进行估计时存在的系统误差所致。这是很难得到正确结果的。但是哈勃进行星系计数时，包括了非常遥远的星系，以至于红移表明其退行速率接近光速的 10%。这些对遥远星系的观测并不表明哈勃达到了由星系构成的这个宇宙的边缘。

　　哈勃的第二种检验是对天空中不同方向上亮度大于给定值 $f$ 的星系计数进行比较。这并不容易，但相较于对天空中不同亮度星系的 $f$ 值之比进行校准，这种检验更保险一些。当爱因斯坦和德西特最初考虑这个问题时，人们所知道的星系空间分布在当时观测到的相对较小尺度上是具有明显团块结构的。如果这一分布在更大的距离尺度上平均后变得均匀，那么人们就会发现，当对星系在大到足以平均掉那些团块的距离上进行计数时，星系的数目在整个天空是处处一致的。哈勃（1934）报告说这正是他所看到的：

　　　　然而，在这广袤的尺度上，结团的趋势就平均掉了。用一些大型反射望远镜得出的计数值与从均匀分布中采样得到的理论值符合得甚好。星云在统计上的均匀分布看来是可观测区域整体上的一种普遍性质。

在 20 世纪 50 年代，关于用哈勃的观测为爱因斯坦的均匀质量分布提供论据的想法，从相对论和宇宙学方面颇具影响力的两本书中的评论可见一斑。虽然我已说过，朗道和栗弗席兹那一系列理论物理学书中没有多少唯象学（phenomenology）的考虑，但我的那版《经典场论》在一处脚注中给出了合理的警告：

> 尽管目前得到的天文数据为这一密度的均匀性假设提供了一定基础，这一假设必然只能是近似性的。另外，随着新数据的获得，这一状况即便在定性的层面上是否仍会保持不变？而对于这样［从均匀性假设］得到的引力方程的解，即便其最基本的性质又能在多大程度上与实际相符？这些问题都是尚无定论的。

在《宇宙学》（Cosmology，1952，第 14、15 页）一书中，赫尔曼·邦迪（Herman Bondi）谈到了星系分布的成团性，但也指出，如米尔恩（1933）已证明的那样，哈勃和哈马森（1931）的红移-距离测量结果与均匀膨胀是相符的。邦迪还指出，哈勃（1936）对当时所能探测到的最远星系的计数，并没有展现出任何可靠的证据说明这些观测正在接近星系构成的宇宙之边缘。邦迪其实还可以补充哈勃（1934）深空星系计数结果的近似各向同性。

从 20 世纪 50 年代起，人们从光学波段之外的观测获得了间接证据，从而使支持大尺度均匀性的论据开始得到改进。有些星系是很强的射电辐射源。（这在今天被认为是物质落入星系中心大质量黑洞的过程中受到剧烈压缩的结果。）这些射电星系可以在很远的距离被探测到。《第二剑桥射电源表》（The Second Cambridge Catalog of Radio Sources），通常被称为 2C，包括了角位置确定得相当准确的大约 500 个源（在频率 81.5MHz 上探测到的）。从沙克什夫、莱尔、鲍德温等人（Shakeshaft, Ryle, Baldwin et al., 1955）的图 3 中可以看出，它们在全天非常接近于均匀分布。这与哈勃（1934）在光学波段对天空中遥远星系计数所得到的近乎均匀分布的印象是一致的。

在 20 世纪 50 年代，人们只知道这些射电源中的一小部分是星系。这就增加了这种检验的不确定性：这些射电源是否真是遥远的星系？在修改后的第三射电源表 3CR（Bennett, 1962）中，源的角位置测量结果得到改进，同时光学探测器的效率也得到提升，这使得史密斯、斯宾拉德和史密斯（Smith, Spinrad, and Smith, 1976）得以公布他们的结果：在 328 个 3CR 源中，有 137 个是遥远星系，还有 50 个是遥远类星体。后者现在被称为活动星系核：类星体位于星系中心。这些射电星系在全天的分布近乎一致，这就契合了之前的想法，即这些星系的空间分布在其典型的遥远距离上平均后得到均匀分布。

也有一些不同的解释。也许宇宙是不均匀的，只不过在我们的位置看来具有球对称性。也许强射电（radio-loud）[1]星系是均匀分布的，而普通星系则不然。但这两种观点似乎都不太可能。

20 世纪 60 年代的另一类证据来自这样一类发现，即从 X 射线和微波波段上来观测的话，我们处在一片辐射的海洋中。这两类波段上的辐射在全天是非常接近均匀分布的。这再一次让人想到

---

[1]　关于强射电（也称为射电噪）和射电静（radio-quiet）星系的具体含义，参见，比如：Andrew S. Wilson, Edward J. M. Colbert, "The Difference between Radio-Loud and Radio-Quiet Active Galaxies," in: https://arxiv.org/abs/astro-ph/9408005。此处可粗略理解为射电活动较强的星系。

了质量分布在大尺度上的空间均匀性，想到了宇宙学原理。

　　对星系空间分布的一些更直接而定量的度量，可以从包含星系角位置及其大致距离的星系表中得到。始于 20 世纪 50 年代的一些项目促成了兹威基等人的《星系和星系团表》(*Catalogue of Galaxies and of Clusters of Galaxies*，Zwicky，Herzog，Wild et al.，1961—1968)，由唐纳德·沙恩和卡尔·维尔塔宁 (Donald Shane and Carl Wirtanen) 编纂的包含更远星系的《利克星系表》(*Lick Galaxy Catalog*，1967)，以及由乔治·阿贝尔 (George Abell，1958) 证认的包含比前者还远的最富星系团天图 (map of the richest clusters of galaxies)。在 1958 年关于"宇宙结构与演化" (*La structure et l'évolution de l'univers*) 的索尔维会议上，扬·奥尔特 (Jan Oort) 回顾了当时正在进行的这些巡天项目所给出的证据。奥尔特 (1958) 的结论是：

　　　　那么，在这个尺度上 (体积的直径大约为 350 兆秒差距)[4]平均密度几乎没有什么真正的变化。由于这个体积和宇宙的大小 [哈勃长度] 相比仍然很小，我们可以得出结论说，所有现有证据都支持宇宙在大尺度上是均匀的这一观点。……应该指出的是，类似的结论早在 25 年前就已经由哈勃 (1934) 通过对同样距离处的星云计数而得到。对遥远星云退行速度的测量也指向同样的结论。

　　在 20 世纪 70 年代，普林斯顿引力研究组的成员一直在对从那些被奥尔特提及时尚在进行中的巡天项目，以及更深的雅盖隆视场 (Jagellonian field) 观测 (Rudnicki，Dworak，Flin et al.，1973)

中得到的数据进行归算 [5]，从而得到描述星系空间分布与星系相对于光滑哈勃流径向速度的统计度量。星系位置关联函数将哈勃（1934）支持大尺度均匀性的理由变成一种可定量的度量。人们发现星系分布在小于 3 000 万光年的尺度上是明显呈团块状的，但在更大尺度上抹平后其平均分布表现出均匀性。[6] 用行话来讲，星系空间分布可以很好地近似为一种平稳随机过程。

类似的统计学考虑将质量分布偏离严格均匀分布产生的引力效应与微波辐射之海对全天严格各向同性分布的偏离联系了起来。对这种各向异性的探测表明，我们可观测的宇宙中质量分布的变化大约是十万分之一（$\delta\rho/\rho \sim 10^{-5}$）。当然，这一结论的前提是假设爱因斯坦广义相对论成立，但为类似统计度量的众多交叉检验给出了支持这一假设的理由。该假设对物理宇宙学界来说是非常有说服力的，而对学界外的其他人来说，我会说这是一个很可能正确的假设。这个情况会在第 6 章讨论。

## 4.3 分形宇宙

爱因斯坦（1917）通过纯思考得到了均匀宇宙的图像。他敬重的德西特告诉他这并非当时观测所揭示出的样子，但爱因斯坦的图像后来还是通过了严格的检验。当时还有另外一种想法，认为星系在星系团中，而星系团又在超星系团中，就这样层层向上，有可能形成一个延伸到任意大尺度的成团等级体系，而其平均质量密度在足够的大尺度上趋于任意小。早期的证据暗示了这样的图像。人们之所以对这一想法逐渐产生兴趣，主要是受观测天文学家热拉尔·德沃库勒（Gérard de Vaucouleurs）和数学家本华·曼德博（Benoît Mandelbrot）的影响。在 20 世纪 70 年代，曼德博给出了强有力的理由论证这种成团等级图像之美，而德沃库勒论证了它与物质分布观测结果的一致性。下面将要考虑的就是这些论证，以及证明它们有误的证据。

一个世纪前，沙利耶（Charlier，1922）仔细分析了这种成团等级体系的图像，也分析了看起来指向这一图像的证据。和爱丁顿 1914 年的想法一样，他认为那些旋涡星云就是和我们银河系类似的一些星系，但这一想法在当时并没有得到广泛认可。它将意味着恒星处于星系这样的集团中，星系又处于当时所观测到的那些集团中，而或许这些星系团又处于一些超团中，就这样逐级向上，形成一个成团等级体系。

沙利耶领导制作了一张全天 11 475 个河外星云的位置图。他去掉了银河系内的星团和其他星光聚集区，尽管有些也可能仍留在其中。这张图显示出，在银河系盘面附近的星云非常少。沙利耶（1922）提出，这是由于：

> 暗物质分布在银河系盘面上，并在这个方向上遮住了那些星云或其中大部分的星云。威尔逊山和其他地方的天文台拍摄到的许多星云图片中，在星云的薄边缘处都有一条暗带，这就很好地支持了这一想法。

银河系中的这种隐带（zone of avoidance）的确是由一种形式的暗物质遮挡星光所致，这就是银河系盘面附近的星际尘埃。正如沙利耶指出的那样，同样的效应也见于其他旋涡星系。

沙利耶说：

> 这幅图像（星云或星系的分布图）的一个显著特性是，这些星云看上去堆积成云团状（就像银河系中的那些恒星一样）。这种星云形成的云团可能是一种真实的现象，但也可能是一种意外效应——要么是由空间中的暗物质所致，要么是由于对天空中一些特殊点的多次观测结果叠加而显示成了那样。

这个评价是谨慎的，但是沙利耶的图中星云或星系的成团分布是真实的，并且它的确显示出了一种成团等级。

哈洛·沙普利和阿德莱德·埃姆斯（Harlow Shapley and Alelaide Ames，1932）制作了一张全天 1 025 个亮度大于某个确定值（大于视照相星等[7] $m = 13$）的星系分布图。他们也谈到了成团分布，包括银河系盘面上方和下方星系数量的巨大差别。这张图再一次显示出成团等级。

热拉尔·德沃库勒，一位杰出的观测者，知道沙利耶所说的银河系及其他星系中的暗物质就是星际尘埃，而且在银河系盘面方向附近的隐带上观测到的星系之所以很少，就是由这种尘埃遮挡所致。德沃库勒（1970）也知道在银盘上方和下方看到的星系云团是真实的，而且他还指出，对这一观测最简单直接的解释就是：它们是成团等级体系的一部分。他注意到哈勃（1934）在遍布天空很大一部分的样本中对深空星系的计数，指出这些计数在不同样本之间的变化程度要远大于在星系随机分布［平稳随机泊松（Poisson）过程］这一假想情况下理应得出的结果。在相对较小的尺度上，星系的位置分布的确有强关联，这也和样本之间的这种变化相一致。但是德沃库勒并没有提到哈勃（1934）的观测以及射电星系角分布观测给出的证据，即这种成团性在大尺度上就被平均掉了。德沃库勒在 1970 年的观点是有一定道理的，但奥尔特（1958）在对此问题的评价中提到的那些结果已经对此观点形成了挑战。

本华·曼德博意识到，那些让人想到成团等级的模式是司空见惯的，他称之为分形。在他的《分形物体》（Les objets fractals，1975；1989）一书多个版本中都用到的一个例子，就是布列塔尼海岸线的长度。它表现为一种分形，因为这个长度依赖于测量它所用的空间分辨率：更精细的分辨率会从这一景致的迂回曲折中计入更多长度，进而使总长度增加。曼德博意识到分形概念具有广泛应用这一天才之举，以及他对该想法的极力宣传，使这一想法获得了广泛的强行升值（forced broad appreciation）[1]。

曼德博会考虑星系分布具有分形特性这一想法，这也许是必然的。另外他可以从德沃库勒这位受人尊敬的观测者那里引用支持他的证据，这肯定也起到推波助澜的作用。这两个因素结合起来是很有效的：分形宇宙引起了相当大的关注。有人可能很想说，实在错失了这个机会，无法向我们展示比均匀性更有意思的东西：分形宇宙。然而，证据是清晰的，它们陆续引发了第 6.10 节回顾的那些检验。我们可观测的宇宙平均来说是处处相同的，很好地近似了一种平稳随机过程。

---

1 作者借用了经济学中描述房地产或其他商品时的"强行升值"（forced appreciation）这一说法。

## 4.4 收　获

　　从宇宙学原理和分形宇宙在不同群体中受到欢迎或反对的方式中，我们看到了观念的力量。曼德博以其聪明才智认识到了分形在众多领域中的广泛相关性。假如他早 20 年把他论证分形宇宙的那股活力施展开来，那他早就会在科研领域激发出更多成果了。实际情况是，在这一想法被推广时就已经受到了一些观测结果的挑战。这包括射电、微波和 X 射线等辐射背景的各向同性，以及奥尔特（1958）回顾的那些星系分布的观测结果。尽管如此，分形宇宙还是引起了相当大的关注，因为这个想法是有趣的，而且分形还有许多其他有效的应用。

　　从德西特和爱丁顿对爱因斯坦的图像给予的尊重和关注中，我们也可以看到观念的力量。他们两人都知道那些与爱因斯坦的均匀宇宙相左的天文学证据，无论这个概念本身多么优美；而且我们已经看到德西特还坦诚地告诉了爱因斯坦这一点。然而不久后，德西特和爱丁顿就开始写一些讨论爱因斯坦均匀宇宙性质的论文，并且宇宙学界基本上也陆续接受了均匀性的想法而不再有异议。第 4.2 节提到的邦迪（1952）的意见就是一个例子。

　　宇宙处处相同这一想法并非爱因斯坦首创，但它此前是令人费解的，因为人们很难理解如何将牛顿物理学用于一个无限宇宙中的无限质量。以前有人可能会说均匀而无限的质量分布在理论上是被排除了的，只是金斯发现了一种方法能够绕过这个问题。一个均匀而无限的宇宙在爱因斯坦的广义相对论中可由一种数学上清晰的方式来描述，这很了不起，也很优美。这可能影响了一些早期的宇宙学家，而且可能有人是受到了均匀宇宙的爱因斯坦场方程有解析解这一便利条件的吸引。但无论如何，爱因斯坦关于均匀性的想法是颇具影响力的。该想法是一种社会建构，而且我视之为一种"默顿单一发现"。这并非出于该想法之新，而是因为该想法最终在逻辑上与理论相符。

在 20 世纪 30 年代，哈勃在探索他所谓星云王国的过程中展现出的正是正确的直觉。通过深空星系计数的各向同性、计数与其在天空中亮度的变化关系以及红移–距离关系等结论，他为宇宙学原理给出了经验支持。所有这些结论都由他和哈马森在退行速度约为光速 1/10 的范围内进行了检验。这些观测让人们看出了均匀性的端倪，但这种证据还是没有说服力。

直到 1980 年，当我们进一步得到从 X 射线与微波之海的各向同性给出的证据，以及星系关联函数随星系表视场深度变化关系的检验给出的证据，宇宙学原理才成为一种经验建构。

我们可以假想另一种历史，其中德西特在 1917 年 1 月告诉了爱因斯坦宇宙中成团结构的天文学证据，及时说服了爱因斯坦不要发表对均匀性的论证。在这种历史中，学界会达成一致而很自然地选择另一个选项，即沙利耶的成团等级体系，也就是曼德博的分形宇宙。沙普利和埃姆斯的星图（1932）符合这种图像。人们可以选择成团度（degree of clustering，分形维数）使牛顿引力在所有尺度上都是很好的近似，也就是说，平衡态速度弥散在等级体系的所有层次上都是相同的。[8] 有意思的是，这很接近观测结果，即恒星在星系内的速度分布与星系在庞大的星系团中的速度分布并没有太大区别。但奥尔特（1958）回顾的那些证据看上去却令人费解，而且另外还有两个疑团，分别是射电源平滑的角分布以及天空中近乎各向同性的 X 射线。这些 X 射线无疑是来自星系的。

但在一个标度不变的成团等级体系中，星系的分布在所有尺度上都呈明显团块状分布，同时在这种图像下，X 射线在天空的分布也是类似团块状的，这就与观测相悖。越来越多的证据表明这些遥远的射电源就是星系。它们在全天的平滑分布与一个标度不变的分形宇宙中理应具有的结果相悖。这些观测就会迫使人们将关注点转回到均匀性上来。这种假想的历史看起来是具有真实性的，而真实的历史也是同样杂乱的。这展现出观念是如何随着证据分量的不断增加而得到修正的。

# 第 5 章

# 热大爆炸

第二次世界大战促使人们在技术研发与制造业中投入了极大的力量。在北美，战争的结束将这一巨大的活力释放出来，用于和平时期的科学与技术，从相对论性粒子加速器到带尾翼的汽车。不出所料，其中一部分活力被引向引力物理学和宇宙学方面，用来对战前的一些想法进行新的思考。托尔曼（1934）以及朗道和栗弗席兹（1951）描述了这些想法。它们当时从经验主义的观点来看近乎一片荒芜。战后的四位主角——罗伯特·亨利·迪克、乔治·伽莫夫、弗雷德·霍伊尔和雅可夫·鲍里索维奇·泽尔多维奇（Yakov Borisovich Zel'dovich），都是杰出的物理科学家。他们不约而同地做出选择，希望通过他们的研究为引力物理学和宇宙学带来繁荣。这是一种默顿四重发现。1965 年，他们及其研究组都同时认识到这样一些证据，说明我们的宇宙是从一种炽热而致密的早期状态膨胀而来，而这种状态遗留下两种残余：丰度很高的氦元素，以及一片接近热平衡的辐射之海。（热平衡下的辐射所具有的能量密度在各个波长上都只取决于一个参数：温度。温度的单位是开尔文，它和摄氏度有相同的标度，只不过是从热力学绝对零度开始衡量。）

　　伽莫夫是乌克兰流亡者（按照当时的叫法），战争期间是在位于华盛顿特区的乔治·华盛顿大学度过的。他懂核物理学，他的《原子核结构与核转变》（*Structure of Atomic Nuclei and Nuclear Transformations*，1937）一书当时已经是第二版。他没有参加同盟核武器计划，也许因为他是苏联流亡者，也许因为他对当局表现出不敬。战争期间，迪克在美国从事诸如雷达这样的电子学实验方面的工作，而霍伊尔在英国从事雷达应用方面的工作。泽尔多维奇为苏联核武器计划做出了贡献。他后来待在阿尔扎马斯－16（Arzamas-16）。这个地方在苏联的地位相当于美国的洛斯阿拉莫斯国家实验室（Los Alamos National Laboratory）。拉希德·苏尼亚耶夫（Rashid Sunyaev，2009）回忆说，应泽尔多维奇的要求，"阿尔扎马斯－16的图书馆员找遍了各处搜集伽莫夫以前的所有论文"。由于伽莫夫是一位流亡者，这么做可能是有危险的。泽尔多维奇因核武器方面的工作而获得过"社会主义劳动英雄"称号，这使他对那些官僚系统有相当大的影响力，但他对核武器计划的了解也使他很难离开苏联。

　　迪克和泽尔多维奇都建立了富有成效的研究组。迪克是位高超的实验家。他也喜欢理论，但他真正关心的是那些和有趣的实验或其他经验证据有关的理论。他在1957年左右建立了引力研究组。我在第3.4节中讨论了人们对引力物理学的检验以及广义相对论的确立所做的贡献。组里的大多数研究都是关于实验或经验方面的，但是迪克有两个做理论的研究生：一个是研究引力标量－张量理论（Brans and Dicke，1961）的卡尔·布兰斯（Carl Brans），另一个是我。引力自然将迪克引向宇宙学，而迪克带着我一起做研究。

泽尔多维奇的组是做理论的，但他们也非常关注经验方面的进展。苏尼亚耶夫提到过泽尔多维奇早期曾对伽莫夫的想法感兴趣。20 世纪 60 年代早期，泽尔多维奇和他的研究组开始就这些问题以及理论相对论天体物理学和宇宙学的其他方面发表论文。这个研究组一直保持高产，直到 1991 年苏联解体导致研究组解散。

## 5.1　伽莫夫的热大爆炸宇宙学

伽莫夫在 1948 年发表了两篇关于宇宙学的论文。这两篇论文极佳地展现了他极富想象力而又充满直觉的物理科学研究方法。二战前，人们认为化学元素可能是由原子核之间的热核反应形成的，或许就是发生在宇宙膨胀炽热的早期。这种想法或多或少地为他指引了方向。

元素的热产生需要的温度由冯·魏茨泽克（von Weizsäcker，1938）估计为 $10^{11}$K 的量级，比恒星内部还要热很多。他提到了对那些看上去正以 1/10 光速远离我们的旋涡星云（也就是星系）所做的观测。在他看来，这意味着：

> 如果可以将旋涡星云光谱的红移解释为多普勒效应，那么在时间上倒推就得出一次爆炸运动，从而给出了一个具体的理由，可以认为在大约 $3×10^9$ 年之前的某个时间点，世界处于一种与今天截然不同的物理状态。（由我借助谷歌给出的翻译）

这是对热大爆炸图像的第一次近似描述。（39亿年这一相对较短的膨胀时间是由于哈勃高估了膨胀率所致。）冯·魏茨泽克也许一直在考虑的是，一次剧烈的"爆炸运动"理应是炽热的，或许达到了足以产生热核反应的温度。他也许知道托尔曼（1934）所描述的那种相对论性大爆炸理论，而且知道托尔曼证明了一个充满热辐射之海的宇宙通过均匀膨胀会使辐射降温同时保持其热谱。热辐射是直接相关的，因为在寻找能够与观测值比较的同位素丰度比的预言值时，冯·魏茨泽克所用的理论就假设与一片热辐射之海达到热平衡（也就是统计平衡）。

从统计力学，即热的量子理论得出的这些丰度比的理论表达式被称为萨哈方程，以印度物理学家梅格纳德·萨哈（Meghnad Saha）命名。它适用于这样的过程：原子核通过俘获或失去自由中子而增加或减少原子量，同时伴随着光子的发射或俘获。萨哈方程描述了当光子形成一片热辐射之海时，俘获与失去过程所达到的统计平衡。萨哈平衡中重要的自由参数是辐射温度。在冯·魏茨泽克关于元素起源的图像中，元素形成过程中的温度是需要调节才能使得丰度比的计算值与测量值相一致的。不同的化学元素对应不同的温度，但人们可以设想一些方法来避开这个问题。

冯·魏茨泽克（1938）提到与伽莫夫通信讨论过通过碳、氮和氧的原子核催化将氢转化为氦的核反应。这是一种释放恒星中核结合能而让它们持续发光的途径。那么伽莫夫就有可能知道冯·魏茨泽克关于元素形成的想法。在冯·魏茨泽克论文发表后的第二年，和爱德华·泰勒（Edward Teller）一起，伽莫夫发表了他在宇宙学上的第一篇论文，讨论的是与炽热宇宙中元素形成有关的星系形成问题，见下文。

伽莫夫和泰勒（Gamow and Teller，1939）考虑了在膨胀的宇宙中通过引力结合起来的像星系这样聚集了一定质量的束缚体系。根据引力吸引作用克服物质压强排斥作用这一条件，物质的温度为这一质量设定了最小值。他们提出，这个最小质量值有可能解释星系的一种特征质量。伽莫夫和泰勒提到了金斯（1928），后者在静态宇宙的假设下通过牛顿物理学推导出了这个最小质量。对金斯的计算做简单改动就可以将广义相对论物理学中的宇宙膨胀考虑进去，但伽莫夫的典型做法却是选择一种物理直觉上合理而又更快的方式来得到实质上相同的答案。一个区域能够脱离整体膨胀而形成引力束缚的质量聚集区所满足的条件，称为"伽莫夫和泰勒条件"，即：

表面上的引力势大于这些粒子的固有动能。

除了一个不重要的数值因子外，这个条件可以将金斯长度确定下来。战后，伽莫夫重新开始在这个方向上进行思考，并考虑它们与元素形成的关系。

我们可以设想冯·魏茨泽克以及钱德拉塞卡和亨里希（Chandrasekhar and Henrich，1942）——后二者仔细研究了冯·魏茨泽克的想法——都明白，他们通过统计力学所做的计算都假设了与一片热辐射之海形成的统计平衡。这是标准的物理学。有一些有趣的细节似乎没有被他们注意到。他们隐含地假设了一个在空间上均匀的辐射温度。在空间均匀的大爆炸宇宙学中，热辐射之海不会随着宇宙膨胀而消失。如果宇宙是处处相同的——我们现在对此已有大量的检验而当时的宇宙学家通常是假设这一点，那么热辐射也是近乎处处相同的，它没有其他地方可去。[1]宇宙膨胀会降低辐射温度，同时保持其热谱，正如托尔曼已证明的那样。于是人们认为：宇宙目前包含了一片热辐射之海，它是早期炽热宇宙遗留下来冷却后的残余。现在证明这种想法是正确的，这种残余在微波波段[2]上被探测到了。该想法战前就存在，等待着人们去认可，只是当时似乎没人注意到它。

如果你接受标准引力物理学的话，就会认可这样的结论，即极早期宇宙中大的质量密度会导致快速膨胀。[3]伽莫夫（1946）指出：

> 我们看到，快速核反应所需的条件只能存在很短一段时间，因而谈论必须在这段时间内就得以建立的平衡态是非常不保险的。……于是，如果在膨胀开始的时候有大量自由中子存在，膨胀物质的平均密度和温度就必须在这些中子有时间变成质子之前降到相对较低的值。我们可以预期，形成这种相对较冷云团的中子会逐渐凝结成越来越大的中性复合体，这些复合体之后会通过后续的 $\beta$ 发射过程［随着中子转变成质子而发射出电子，同时增大原子数］而变成各种原子。

快速膨胀的早期宇宙中快速中子俘获这一想法向伽莫夫的原子形成图像迈进了一步。

伽莫夫（1948a，b）认识到，炽热宇宙的膨胀在时间上回溯的话会回到一个辐射温度极高的状态，以至于辐射变得足够热，光子能量足够高，足以瓦解所有的原子核。那将意味着早期宇宙包含了一片自由中子和质子的海洋。随着宇宙的膨胀与冷却，光子之海的能量也随之降低，质子和中子能够开始黏在一起，并开始形成化学元素中一些较重的同位素。

元素合成过程的第一步将是这两个反应：

$$P + n \leftrightarrow d + \gamma \qquad (5.1)$$

从左向右的反应是一个中子 $n$ 被一个质子 $p$ 俘获，形成一个氘核 $d$，即氢的一种较重稳定同位素的原子核。俘获中子所释放的结合能由这个 $\gamma$ 射线光子带走。在从右向左的反应中，一个带有足够能量的 $\gamma$ 射线光子将氘核撞碎。达到统计平衡或热平衡时，两个方向的反应率是相同的。此时，给定氘核的结合能、核子的数密度以及温度，统计力学就能给出自由中子与束缚在氘核内中子的数密度之比。这就是冯·魏茨泽克（1938）用到的萨哈方程的一个应用，只不过用在了较轻的元素上。

伽莫夫的设想是通过如下方式而建立在萨哈方程上的。随着宇宙的膨胀和冷却，经过一个 $10^9$K 左右的温度 $T_c$ 后，方程（5.1）中双向的反应率将发生很突然的改变[4]，从温度高于临界值 $T_c$ 时几乎没有氘核，到温度低于 $T_c$ 后随着宇宙继续膨胀而有越来越多的时间形成足够多的氘核。这意味着，随着炽热的早期宇宙膨胀与冷却，元素合成会从一个确定的时间开始，而这就是温度降到低于 $T_c$ 的那个时间。这一点很重要，它似乎是由伽莫夫于 1948 年首先认识到的。

伽莫夫认为，一旦通过质子俘获中子而积累了足够多的氘核，这些氘核就会很容易聚变形成较重的同位素，一直到氦或者更重的元素。这些元素形成过程趋向于变得比方程（5.1）中氘核的产生与分裂还要快。这是因为前者涉及原子核中质子和中子的重排，而后者只需要更弱的电磁相互作用来产生或湮灭光子。伽莫夫并没有明确地讲出所有这些内容，但物理上就是这样的过程。伽莫夫是懂物理的，而他论文中确实写出来的内容与上述描述也是相符的。无论如何，经过精心筹划，再加上好运气，他还发现了另一个关键问题，即比氢重的元素同位素形成的多少取决于两点。第一点是质子伴随着光子产生对中子的俘获率。从早已确立的核物理学中，他知道了这个俘获率。第二点是在温度 $T_c$ 下中子和质子的数密度。这一密度越大，氘核的产生过程就进行得越完全，此后便开始通过粒子交换反应而产生更重的同位素。

伽莫夫认为中子和质子的数量相当，同时他选择了 $T_c$ 下的数密度使得向更重元素的转化过程最终在物质中剩下大约一半是以氢的形式存在。伽莫夫（1948b）说这符合他所认为的事实，即：

我们知道在所有的物质中氢大约构成了其中的 50%。

伽莫夫照旧没有给出解释。也许他指的是对那些由恒星喷射出而形成行星状星云的等离子体所做的观测。人们在这种等离子体中观测到氢离子以及一价氦离子的复合线，进而得以估计氢和氦的相对丰度。（更重元素的丰度要小得多。）阿勒和曼泽尔（Aller and Menzel，1945）公布了行星状星云中氢的质量分数约为 70%，其余大多为氦，质量分数 $Y \sim 0.3$。（这种表示在本章会经常用到：氢的质量分数是 $X$，氦的质量分数是 $Y$，其余的质量分数 $Z$ 表示更重的元素。）阿勒和曼泽尔总结了战前的测量结果。他们给出的氦丰度与伽莫夫所指的非常接近，也许他早就知道这些结果。伽莫夫或许还想到了史瓦西（Schwarzschild，1946）对太阳上氢质量分数的估计，$Y = 0.41$，其余几乎都是氢。伽莫夫和克里奇菲尔德所著《原子核理论与核能源》（*Theory of Atomic Nucleus and Nuclear Energy-Source*，1949）一书中提到了这一点。史瓦西在《恒星结构与演化》（*Structure and Evolution of the Stars*，1958）一书中给出银河系中氢的质量分数为 $Y = 0.32$，同时提醒读者这个值可能存在一个 2 倍因子的误差。

伽莫夫（1948a，b）只是在他的热大爆炸图像中给出了元素形成的梗概。芝加哥大学的恩利克·费米（Enrico Fermi）和图尔克维奇（Turkevich）具备核物理学的专业知识，也有精力完成这个计算。他们确认了伽莫夫的直觉，即炽热的相对论性宇宙膨胀早期，在满足伽莫夫给出的 $T_c$ 下的物质密度时，应该是可以让氦的同位素占整个质量的 1/3，而其余几乎都是氢的稳定同位素。费米和图尔克维奇没有发表这一结果；伽莫夫（1949）描述了他们的结果，而伽莫夫的同事拉尔夫·阿尔弗和罗伯特·赫尔曼（Ralph Alpher and Robert Herman，1950）公布了具体细节。

在相对论性热大爆炸宇宙学中，除了相当高的残余氦丰度之外，还会遗留下来一片残余辐射之海。伽莫夫（1948a，b）认识到这种辐射在氦形成后会继续存在并逐渐冷却。他视物质温度与辐射温度相同，同时他利用物质温度来计算引力可以聚集到的、足以反抗物质压力的最小质量。伽莫夫和泰勒（1939）已经考虑过运用金斯（1902；1928）的计算（在第 115、133 页讨论过），但他们当时只能对物质温度进行假设。伽莫夫（1948a，b）得到了将相当大一部分氢转化为更重元素所需要的温度，所以他能对金斯质量做出明确的估计。他认为它与星系的质量相关。这个大致想法现在看来仍然是有趣的，但目前为止还没人证明它有什么用处。

尽管伽莫夫知道这种残余辐射现在仍然会存在，他的感觉是，它会因温度过低而淹没在自大爆炸以来宇宙演化过程中产生的所有辐射中而无法被探测到。然而，伽莫夫以前的学生阿尔弗以及他们的亲密同事赫尔曼迈出了大胆的一步，估计了现在预期的辐射温度。阿尔弗和赫尔曼（1948）公布说这个温度"被发现大约是 $5°K$"。这与 15 年后得到的测量结果非常接近。至于他们是如何得到这个温度的，我（2014）曾回顾这个错综复杂的故事。

## 5.2 稳恒态宇宙学

在伽莫夫提出热大爆炸宇宙学的同年，赫尔曼·邦迪、汤米·高德和弗雷德·霍伊尔提出了稳恒态宇宙学（Bondi and Gold，1948；Hoyle，1948）。它假设：除了一些局域涨落之外宇宙是均匀的，并且与观测到的星系红移一致的是，宇宙在膨胀，而间隔膨胀的速率正比于间隔本身，这正是哈勃定律。物质被假设为源源不断地自发产生出来，而新的物质会通过引力结合而聚集在一起，形成星系。当较老的星系相互远离时，这些年轻的星系会取而代之，使宇宙保持在一种稳恒态。

当然，物质不断创生这一想法只是编造出来的，但人们也可以对相对论性热大爆炸宇宙学提出同样的抱怨。我们已经看到，在 20 世纪 40 年代，广义相对论并没有多少经验支持，但伽莫夫还是在 1948 年提出要遵循爱因斯坦的思路，将该理论运用到可观测宇宙的广袤尺度上。

稳恒态理论重要的实际价值在于，它预言了星系计数、红移、以及视星等（观测到的来自恒星或星系的光通量）之间的一些关系。这些预言为当时正在讨论的那些宇宙学模型的观测检验提供了确定的目标。相对论性大爆炸模型无法预言这些关系，因为光传播需要时间。我们看到的遥远星系是它们以前的样子，可以预期的是，当时的星系数量及其光度与我们周围这些较老的星系相比是不同的。当然，如果宇宙果真处于一种稳恒态的话，那么星系的数量和光度将是一成不变的。

对于弗里德曼（Friedman，1922；1924）和勒梅特（1927）提出的相对论性膨胀宇宙，伽莫夫的热大爆炸版本的确给出了可检验的预言：残余热辐射和丰度相当高的残余氦。

## 5.3　大爆炸的残余：氦

霍伊尔是稳恒态宇宙学这一思想的坚定拥护者，同时对伽莫夫的热大爆炸观点表示怀疑。伽莫夫理论的两大特征之一是，氦丰度比完全由恒星产生的要大很多。霍伊尔正是最初发表论文确认这一特征的人之一，而且他发现的氦丰度与伽莫夫宇宙学理应给出的值相当。

霍伊尔对恒星中的化学元素形成理论做出了重要贡献。这样做的部分动机正是在于他不相信这种演化的大爆炸宇宙学，不相信元素是在宇宙膨胀早期的炽热阶段形成的。霍伊尔相信它们其实是由恒星形成的。他与别人合作，提出一系列论证来说明恒星中的元素形成是如何进行的，发表在那篇由伯比奇、伯比奇、富勒和霍伊尔（Burbidge，Burbidge，Fowler，and Hoyle，1957）合著的重要论文中。这篇论文也被称为 B²FH。

支持 B²FH 这种思路的主要迹象是更年老恒星中比氦重的化学元素丰度更低这一观测结果。如果在最年老的恒星已经形成时，这些恒星中的元素产生过程才刚开始不久，那么就会造成这种情况。恒星中的氦丰度并不容易测量，因为氦的激发势很大，这使得谱线的形成只有在那些大质量恒星的炽热表面才能被观测到，而解释这些数据并非易事。然而，我们已经注意到，星际等离子体中的氦是很容易测量的。

霍伊尔（1958）关于氦的看法可以从 1957 年梵蒂冈星族会议的讨论记录中体现出来：

**霍伊尔**：但是，关于氦的困难仍然存在。

**史瓦西**：重元素随星系年龄增加的证据支持［元素形成于恒星中这一想法］。然而，这并不一定意味着氦的产生主要发生在恒星中。伽莫夫的机制对原子量一直到 4 的元素都是有效的。

**霍伊尔**：这就是为什么了解氦在极端星族 II 中的含量是如此重要。

星族 II 中年老恒星所含的较重元素丰度低。我们已经看到伽莫夫的热大爆炸图像很自然地给出，在恒星形成前约有 1/3 的质量是以氦的形式存在，剩下的几乎全都是氢，更重的元素则微乎其微。这个图像会预言年老的星族 II 恒星中氦的质量分数 $Y \sim 0.3$，其余几乎全部是氢。霍伊尔和史瓦西的争论（Schwarzschild，1958a）

表明，在 1957 年他们知道在那些较重元素丰度低的年老恒星中确定氦丰度将会给出一种绝妙的宇宙学检验。

霍伊尔（1949）早些时候就已论述过：

> 尽管在恒星内部，氢会持续不断地转化成氦和更重的元素，相当于 $10^9$ 年内转化掉星云[1]中大约 0.1% 的氢，氢在所有物质中仍约占 99%。

这当然是假设了我们的银河系几乎是从纯粹的氢中形成的，这或许是稳恒态宇宙学中物质持续创生所预期的结果。伽莫夫一年前所描述的大爆炸图像则给出不同的预言；在该图像中，氦也会在早期产生。

在 1960 年左右，天文学界开始意识到我们的银河系中氦丰度高，或许与伽莫夫的想法相符。史瓦西（1958b）给出银河系中氦的质量分数约为 $Y = 0.3$，出入不过一个 2 倍因子的误差。杰弗里·伯比奇（1958）回顾了那些表明银河系氦丰度至少为 $Y \sim 0.1$ 的天文学证据。他论证说恒星不太可能已将这么多的氢转变成了氦和更重的元素，他也讨论了可能的解释，但他并没有说伽莫夫的理论有可能解释这么多的氦。伯比奇参加了 1953 年的密歇根天体物理学论坛。伽莫夫（1953a）也在那里讨论了他的热大爆炸图像。伯比奇可能已经忘记了，也可能没有参加伽莫夫的报告，还有可能没把这个想法当回事。

邦迪（1960）在《宇宙学》一书的第二版中增加了一段评论，

---

1　结合上下文可知，此处的"星云"指我们的银河系。

说氦丰度可能比用恒星形成所能解释的值要大，而且"或许可以基于宇宙学而得到解释"。这也许暗示了伽莫夫的热大爆炸理论，但邦迪没有解释。

唐纳德·奥斯特布罗克（Donald Osterbrock，2009）回忆了参加伽莫夫（1953a）在密歇根论坛的报告，而且还记得当时非常佩服伽莫夫对各种问题所做的有趣评论。刚好奥斯特布罗克和罗杰森（Osterbrock and Rogerson，1961）对太阳氦丰度进行了测量。该测量基于一种太阳结构模型，它拟合了太阳的质量、光度和半径，同时还包括一个自由参数，即重元素丰度。重元素在此之所以重要，是因为太阳中心区域核反应产生的辐射在向外部扩散的过程中，会因为来自重元素的自由电子的散射而减慢。奥斯特布罗克和罗杰森对太阳的重元素丰度进行了一项改进的测量。通过它，他们的太阳模型可以估计太阳中氦的质量分数（因为在给定的压强和温度下，电离化的氦的质量密度比氢要大）。他们发现氦的质量分数为 $Y = 0.29$。

奥斯特布罗克和罗杰森看到，在测量不确定度内，他们的氦丰度值与当前猎户座星云（一团被炽热的年轻恒星电离的星际等离子体云）中星际物质的氦丰度相同。同时在行星状星云中也看到了类似的丰度。[5] 这暗示着所有这些天体都具有相似的氦丰度，$Y \sim 0.3$。这与较年老恒星中那种较低的重元素丰度形成鲜明对照。奥斯特布罗克和罗杰森（1961）说：

当然，如果那些产生氦的恒星没有把大部分氦送回到宇宙空间，并且原始氦丰度本来就很高，那么很有可能星际物质的氦丰度在过去的 $5 \times 10^9$ 年中并没有发生显著变化。从这样早的时期就一直存在的这个 $Y = 0.32$ 的氦丰度，可能至少在某种程度上就是宇宙形成时产生的原始氦丰度，这样才能用那种爆炸形成元素的图像来毫无困难地理解元素的形成。

此处他们引用了伽莫夫（1949）。

奥斯特布罗克和罗杰森（1961）发表的结果是我已找到的最早的证据，暗示着存在从炽热的宇宙早期遗留下来的残余：高氦丰度。不久之后，杰弗里·伯比奇（1962）在论文中也提出了同样的观点。这篇论文基本上是回顾伯比奇、伯比奇、富勒和霍伊尔（1957）中关于化学元素形成于恒星的论证。在这篇论文中，伯比奇还回顾了之前他（1958）考虑过的银河系中高氦丰度的证据，补充了来自奥斯特布罗克和罗杰森（1961）的证据，并且评论道：

> 由于构成太阳的物质在大约 $5 \times 10^9$ 年前凝聚在一起，我们需要解释，与之前［元素形成于恒星的观点］给出的估计值相比，He/H 较高的比值，同时也需要解释在这 $5 \times 10^9$ 年间相对丰度几乎不变这一事实。

伯比奇给出了一些可能的解释：也许低质量恒星具有所期待的低氦丰度，也许银河系在早期一个非常明亮的阶段产生了这些氦——

> 但在稳恒态宇宙中，这样的假设是站不住脚的，因为我们今天没有看到任何这种形式的星系。

也许氦是在黑巨星（black giant stars，深藏于光学不透明星云中的假想恒星）中产生的；或者也许——

大量 H 转变为 He 的过程发生在宇宙膨胀的最初几分钟。

对于最后这个提议，伯比奇给出的文献是伽莫夫（1953b）以及阿尔弗和赫尔曼（1950）。

伯比奇（1958）之前关于氦丰度的论文并没有提到热大爆炸这一想法。奥斯特布罗克和罗杰森（1961）引入了这个想法，而这在今天看来当然是有趣的，但这类想法似乎在第二年之后就无人问津了（1962）。这种事情时有发生，我也可以讲一个我自己的例子。我（1964）发表了对木星结构的研究。它和太阳有相似的元素丰度：大量电离的氢和氦。为了满足所有的限制条件，我必须得假设氦的质量丰度为 $Y \simeq 0.18$。为了支持假设中这么高的氦丰度，我列出了一份天文估计值，也包括了奥斯特布罗克和罗杰森（1961）的这篇文章。当时，他们那种"爆炸形成元素的图像"对我来说没有什么意义。我无法解释的是，在随后的一年里，当我开始独立于伽莫夫对热大爆炸中的氦形成进行分析时，我忘记了奥斯特布罗克和罗杰森对高氦丰度的论证。科学研究有时更像是随机游走，没有一个明确的方向。

奥戴尔、佩姆伯特和金曼（O'Dell，Peimbert and Kinman，1964）从对球状星团 M15 的观测中，给出了年老恒星中高氦丰度的更多证据。他们报告说——

描述了对球状星团 M15 中星云天体 K648 照相分光光度

测量研究的结果……氧丰度相对于氢的比值是太阳中该比值
的 1/61。氦丰度，$N(He)/N(H) = 0.18 \pm 0.03\,[\,Y = 0.42 \pm 0.04\,]$，
与一些场行星状星云、一个速度很高的行星状星云，以及猎
户座星云中发现的氦丰度进行了比较。结果证明，我们可以
给出很强的理由支持这一假设，即球状星团中原始氦成分比
通常假设的值要高很多。

氧丰度低说明这个星团中的恒星形成时，恒星形成元素的过
程才刚刚开始。该星团中的星云天体是一个具有高氦丰度的行星
状星云。奥戴尔等人表明猎户座星云以及其他行星状星云中也具
有高氦丰度。他们没有提到太阳中的高氦丰度，但他们提到了奥
斯特布罗克和罗杰森，正是后二者发展了这一度量。罗伯特·奥
戴尔在私下交流时回忆说，他们当时并没有注意到伽莫夫对宇宙
早期产生高氦丰度的预言。奥斯特布罗克和罗杰森（1961）提到了
它，但对此并没有特别强调。伯比奇（1962）也提到了它，但只是
在对恒星形成元素的一段很长的评论中简单地提了一下。

《发现大爆炸》（*Finding the Big Bang*，Peebles，Page，and
Partridge，2009）一书中搜集到的证据表明，奥戴尔等人的那篇论
文使霍伊尔开始认真考虑以下证据，即氦丰度比已知种类恒星理
应产生的值要高，而且氦可能是由伽莫夫的热大爆炸产生的。霍
伊尔和罗杰·泰勒（Roger Tayler）的一篇论文《宇宙氦丰度之谜》
（"The Mystery of the Cosmic Helium Abundance"，1964）中指出
了这个有趣的状况。他们这个醒目的标题很容易引人注意，而且
他们将论文发表在了《自然》（*Nature*）这样一个更加耀眼的杂志
上。很难想象，要是残余辐射在几乎同一时期还没有被注意到的

话，他们的这篇论文以及关于残余氦的想法将会在很长时间内无人问津。

霍伊尔和泰勒（1964）揭示出另一种可能的解释，即超大质量恒星的爆炸也可能产生很多的氦。一个大的星系通常在其中心会有一个致密天体，很可能是一个黑洞，其质量范围可以从 $10^6 \sim 10^{10}$ 太阳质量。物质落入这些大质量致密天体会产生爆炸。关于这些天体的起源尚存争议，你可以想象它们就是霍伊尔和泰勒的超大质量恒星的遗迹。然而正如伯比奇（1962）所指出的，这就与 1948 年提出的稳恒态宇宙学的精神不符，因为在我们周围的星系中并没有观测到这类小爆炸。这在大爆炸理论中是可以理解的，因为附近的星系很古老，超大质量恒星的阶段可能已经过去了。但在稳恒态理论中，附近应该有新形成的星系，而且如果爆炸的超大质量恒星很普遍的话，我们应该早就看到一些事例了。

与此同时，泽尔多维奇在苏联知道了伽莫夫的热大爆炸理论，并且认为它肯定是错的，因为在他的印象中，年老的恒星包含很少的氦，而更重的元素丰度也很低。他请他的研究组成员尤里·斯米尔诺夫（Yuri Smirnov）去检查一下伽莫夫理论中关于元素产生的计算。斯米尔诺夫（1964）发现，如果物质密度与天文学家的估计值相当，那么由热大爆炸产生的氦质量分数为 $Y \sim 0.3$，一个我们在这个故事中已经很熟悉的值。当质量密度为天文学家估计值的 1% 时，热大爆炸会产生氘，但是重子密度会非常低，以至于几乎没有什么氘会聚变成氦。斯米尔诺夫发现那样会给出氦质量分数 $Y \sim 0.05$。这个值或许会令泽尔多维奇感到满意，但是在这么低的质量密度下，残余的氘丰度会大得离谱。（我们现在必须说"重子物质的质量密度"，因为有证据表明暗物质占了相当大的质量分数，而暗物质不参与核反应。然而，让我们暂时忽略这个细节。）

斯米尔诺夫（1964）的结论是：

> 星前物质处于"炽热"状态这种理论，无法为产生第一代恒星的介质给出正确组分。

利用天文学家对质量密度的估计值，斯米尔诺夫发现了氢与氦的同位素在恒星形成前的丰度，而我们现在知道这个值是合理的。斯米尔诺夫的计算和我大约在同一时期独立进行的计算实质上是相同的，下文也会谈论到。但他关于氦丰度的知识是错的。我曾有一次知道了正确的值，但后来忘记了，而且在 1965 年早些时候觉得星前氦丰度或大或小都是有可能的。［关于氦丰度，我咨询了附近的两位专家史瓦西和本特·斯特龙根（Bengt Strömgren）。他们很礼貌，但言辞不多。我现在怀疑，他们当时可能觉得我应该通过查阅文献而得出自己的判断。］

看到伽莫夫热大爆炸理论的明显缺陷，泽尔多维奇（1962）转而考虑另一种选择，即冷大爆炸。他看到了该理论也存在问题。假设早期宇宙尽可能地冷，温度为 $T = 0$，而物质处于能量基态。那将是一种优雅的早期状态，然而电子满足不相容原理，因而将它们挤压在一起会升高它们的最小能量，被称为它们的简并能量。在宇宙膨胀的极早期，密度非常高，这些电子具有很大的能量，足以迫使它们与质子结合在一起形成中子。这带来的问题是，随着宇宙的膨胀和密度的降低，电子的简并能量也降低了。这使得中子可以衰变成质子，释放出电子，因为产生了可以容纳它们的状态。这些新的质子很容易与其他中子结合起来形成氘核，进而形成更重的元素。这样的宇宙最后不会剩下多少氢。但这是无法让人接受的，因为以质子作为其原子核的氢是丰度最高的元素。泽尔多维奇的解决方法是，假设在一个冷宇宙的膨胀极早期，质子、电子和中微子都具有相同的数密度。如前所述，早期宇宙的高密度会迫使电子具有很大的简并能量。但这也会迫使中微子具有更大的简并能量。这是因为，电子的能量可以分布在两个自旋态，而中子只有一个态。这会阻碍电子与质子结合形成中子，因为这个过程会产生中微子，而它们很大的简并能量导致没有状态容纳更多的中微子。这个巧妙的方案会导致一个在恒星开始形成元素之前完全由氢构成的宇宙。但天文学家当时就开始发现一些证据，表明在恒星形成前氦丰度也很高，正如在伽莫夫的宇宙中预期的那样。所以说，泽尔多维奇得到了一个优雅的理论，但并没有得到正确的知识。

## 5.4 大爆炸的残余：辐射

### 5.4.1 意外发现的星际氰激发

关于另一种残余，即热辐射之海，揭示其存在的迹象最早是源于对星际空间中氰分子的探测。氰，即 CN，是一种碳和氮原子形成的化合物。回想一下，量子力学告诉我们，一个孤立的氰分子只能处于一些分立的能级。这意味着一个位于基态的氰分子可以通过吸收一个光子而被激发到它的第一激发能级，而这个光子必须具有恰好合适的能量，也就是说恰好合适的波长。（记住：频率为 $v$、波长为 $\lambda = c/v$ 的光子，其能量是 $hv$，其中 $h$ 是普朗克常数。)所以，星际氰吸收恒星发出的具有特定波长的光，该波长对应的光子恰好具有合适的能量被处于基态的氰分子吸收。激发后的氰通过向其他方向发射一个光子而迅速衰变回基态，结果导致在一颗恒星的光谱中形成尖锐的吸收线。这个在 2.64 毫米处的吸收线揭示出视线上存在着氰。

20 世纪 40 年代，人们注意到一件奇怪的事情，那就是光谱中还有另一条谱线，是由位于第一激发态的氰造成的吸收线。为什么会有相当大一部分氰处在第一激发态？这些氰可能是被一片波长在 2.64 毫米的辐射之海激发。基态的氰吸收了这些辐射，就被提升到这一激发态。如果这种辐射具有热谱，那么通过吸收和发射这一波长下的辐射，该激发态和基态上的氰分子数目之比在热平衡时将会由辐射温度决定。安德鲁·麦凯勒（Andrew McKellar，1941）将观测到的基态和第一激发态吸收线的深度之比，转化为基态和激发态上氰分子的数目之比，并从中得到等效的辐射温度。麦凯勒发现它在 2.3K 左右。

这个温度假设了氰是被热辐射激发。这其实也可能由碰撞造成，但所需要的碰撞率对星际空间来说似乎太快了。而且，如果激发是由辐射造成的，它也不一定必须是热谱；它所需要的仅仅是辐射在 2.64 毫米波长处的强度。也就是说，麦凯勒发现的是 2.64 毫米上的一种等效温度或激发温度。这也许就是盖哈德·赫兹伯格（Gerhard Herzberg，1950）在写到麦凯勒的温度"当然只是具有特定的意义"时所指的。但是，两年前阿尔弗和赫尔曼（1948）已经估计了伽莫夫图像中的残余辐射温度在今天是 5K 左右。在计算的不确定度内，从氰吸收线和伽莫夫的热大爆炸理论得到的这两个温度都符合半个世纪后所测得的辐射温度：$T = 2.725K$。现在人们明白氰就是由源自早期宇宙的残余辐射激发。

对伽莫夫和克里奇菲尔德《原子核理论与核能源》（1949）一书附录中所描述的大爆炸理论进行评论时，霍伊尔用星际氰的探测结果作为证据来反对伽莫夫的理论。霍伊尔（1950）写道：热大爆炸——

会使当前的辐射温度在空间各处都要远大于麦凯勒从银河系某些区域得出的结果。

霍伊尔没有做更多解释。如果伽莫夫看到对他的想法所做的这篇评论，他是否会理解关于"麦凯勒……的结果"所说的这句话？此处的天文学知识对物理学家伽莫夫来说可能是非常陌生的。

霍伊尔（1981）回忆了与伽莫夫就氰激发温度的问题进行的一次讨论：

我记得乔治开着那辆白色的凯迪拉克带我兜风，向我解释他为何深信宇宙一定有一个微波背景。我还记得我告诉乔治，宇宙不可能有那样一个微波背景，温度像他说的那样高，因为安德鲁·麦凯勒对 CH 和 CN 自由基的观测已经给任何这类背景设定了一个 3K 的上限。不知是不是因为那辆凯迪拉克太舒适了，还是因为乔治想要一个大于 3K 的温度而我想要温度在 0K，反正我们错过了机会，没有注意到阿诺·彭齐亚斯（ Arno Penzias）和罗伯特·威尔逊（ Robert Wilson）9 年后做出的发现。

伽莫夫当时正在访问通用动力公司。那辆白色凯迪拉克敞篷车或者购车所用的资金可能就是这家公司提供的。在二战结束后的那些年里，工业界和军队都希望有成就的物理学家能够加入其中，我想这是希望他们或许会提供一些线索，预示出那些好奇心驱使的研究下一步会带来什么结果。

在 1956 年前后伽莫夫和霍伊尔的那次谈话中，伽莫夫所认为的辐射温度有多高呢？伽莫夫（1953b）提到了 $T = 6K$，但那时，伽莫夫思路并不清晰，为了一个不合理的假设 [6]，放弃了自己 1948 年时物理上正确的想法，而这个假设只是给出了类似的当前辐射温度以及很低的质量密度。伽莫夫一直认为这个质量密度很低，但并没有充分的根据。

### 5.4.2 迪克的探索

在新泽西的普林斯顿大学，罗伯特·亨利·迪克教授想要知道大爆炸是否可能是炽热的，这是有他自己的理由的，是在他为引力物理学寻求更好经验基础的过程中形成的。他在《实验相对论的理论意义》（*The Theoretical Significance of Experimental Relativity*，1964）一书绪论中表达了自己的想法，其中包括这样一段话：

> 有可能因一项重大发现而轻易飙升至头等重要地位的研究，就是宇宙学效应的广泛研究。这涉及各种各样的课题：来自太空的可能的引力波或标量波，遥远物质产生的准静态标量场效应（假如这样的场存在的话），关于不断创生的宇宙学（人们应该要么抛弃它，要么解决它的各种毛病），史瓦西

星——假如它们存在的话（所谓史瓦西星，就是星体的物质沿着史瓦西解中的狭长通道下落形成的天体），大质量的引力辐射源，宇宙结构的整体性质，以及物质的起源。所有这些以及其他更多课题都涉及宇宙学尺度上的效应。这些效应要是能被观测的话，将会加深我们对物理学中那些最基本问题的理解。

这段话写于 1964 年 2 月。迪克所谓"史瓦西解中的狭长通道"，也被称为黑洞，是一个预言；我们现在有充分的证据表明，在我们银河系中心就有一个几百万倍太阳质量的黑洞。当时，建造引力波探测器的技术尚未成熟，而迪克对这种技术非常着迷。如今，引力波已经被探测到了，而且探测结果也向我们揭示出诸如大质量黑洞并合这样不可思议的现象。后来在 1964 年，迪克交给我一项任务去考虑这样一种想法，即宇宙空间可能充满了从宇宙膨胀的炽热早期遗留下来的热辐射，同时他指导研究组另外两名成员——皮特·罗尔（Peter Roll）和戴维·威尔金森（David Wilkinson）去建造一种由迪克发明的微波辐射仪，进而去寻找这种辐射。此后不久，我们便听到了最初的消息，说它被新泽西州的贝尔电话实验室（Bell Telephone Laboratories）探测到了。

迪克当时正在考虑，宇宙的膨胀可能源于上一轮膨胀和坍缩后的反弹。上一轮的宇宙可能包含了恒星，它们的星光来自恒星内核中氢聚变为更重元素释放出的能量。在宇宙上一次膨胀而后又坍缩的过程中，这些星光随着宇宙收缩而聚集在一起，或许会变得足够热，使得恒星产生的重元素发生热分解。那会将这些重元素转化为我们这一轮循环中最初的氢。用热力学的语言来讲，这种转化将会是一种严格的不可逆过程，由此产生了我们这个炽热宇宙的熵。不必在意上一轮之前的循环，也不必在意当时即将出现的奇异性定理——该定理会反驳这种反弹的可能性。迪克对这些想法兴趣不大，他更感兴趣的是有机会通过测量来探索某种猜测性的但却只是可能具有重大意义的想法。就算他听说过伽莫夫的理论，他也已经忘记了。这是常有的事。我们不得不提醒迪克，他已经在战时的研究中利用他发明的微波辐射仪对热辐射之海可能的温度给定了一个上限 $T \lesssim 20\,\mathrm{K}$（Dicke，Beringer，Kyhl，and Vane，1946）。

　　辐射温度的这个限制，是迪克利用他的微波辐射仪探索较短波长雷达（大约 1 厘米）在战时的发展前景时得到的。当时特别关心的一个问题是大气中水蒸气对微波辐射的吸收。根据热力学，从对发射的测量结果可以推断出吸收，而迪克的辐射仪可以探测水蒸气发出的微波辐射。该辐射的强度随着天线偏离天顶而增加，因为天线接收到的是从穿过大气的更长路程上发出的辐射。探测结果可以给出人们想要的关于吸收的信息。迪克等人将这一结果外推到路程为零的情况，就得到了对大气层外一片均匀辐射之海温度的限制。

　　迪克带着他的辐射仪去了佛罗里达州距奥兰多 40 英里（约合 64 千米）的利斯伯格，来测量波长 1~1.5 厘米的大气辐射。之所以选择佛罗里达州，是因为其湿度大，而当时的问题正是水蒸气对雷达信号的影响。当时如果选择在一个湿度更低因而大气发射也会更少的地点进行测量，那么就会对大气层外的辐射之海做出更严格的限制。我见过有人论证说，如果有这种动机并投入必要资源的话，当时可能就已经探测到现在所说的这种相当于 $T = 2.725\,\mathrm{K}$ 的背景辐射了。

当迪克邀请我一起思考热大爆炸宇宙学的理论意义时，我的任务是先去学习一下什么是宇宙学。我找来朗道和栗弗席兹（1951）以及托尔曼（1934）的书。哪一本都不能给我提供当时宇宙学中要用到的最普通的唯象学方面的思考，这些都是我后来在研究的过程中学到的。我当时没听说过伽莫夫，也不知道他的想法。迪克所说的热大爆炸这一概念，当时让我想到的就是一个爆炸的高压锅，其中熟的或没熟的食物碎块四处飞溅。我就是通过这幅图像，来思考最初那一片滚烫的等离子体与辐射之海的迅速膨胀与冷却过程。我也是很自然地通过这幅图像，在基本上相同的时期完成了斯米尔诺夫在苏联所做的那种相同的计算。在英国的剑桥，霍伊尔也在几乎同一时期开始对年老恒星中高氦丰度的证据及其与伽莫夫热大爆炸宇宙学的关系产生了越来越大的兴趣。约翰·福克纳（John Faulkner）计算了这种元素形成过程的最初阶段，也即中子和质子开始结合形成氘核并聚变成氦之前，中子和质子相对丰度的演化。由斯米尔诺夫、福克纳和我分别独立完成的这三项计算，动机不同，但又相互关联。这是一种默顿三重发现。

我当时必须考虑到，罗尔和威尔金森可能什么都探测不到。我知道一个冷的早期宇宙所面临的困难：灾难性地产生大量比氢重的元素（我在第147页提到过这一点）。1964年，我偶然想到了一个解决方法，和泽尔多维奇1962年发现的一样，那就是假设中微子要有一个足够大的数密度。我只是在之后的论文（Dicke and Peebles，1965）中简单地评述了一下我对于冷大爆炸的想法，因为我们已经得到消息，说贝尔电话实验室用于通信实验的微波接收器可能探测到了一片辐射之海。泽尔多维奇和我都得到了关于冷大爆炸的相同图像，这不足为奇，因为物理上的情况当时是很清楚的。令人惊奇的是，我们都是在几乎相同的时期独立地想到了热大爆炸和冷大爆炸：一种默顿双重发现。

当然，我当时也考虑了这样一种可能性，即罗尔和威尔金森会探测到辐射之海。而且，我甚至还为其温度设定了一个大约 10K 的下限，前提是不存在那些可以挽救冷大爆炸的额外中微子。为了理解这个下限，回想一下，当辐射之海的温度低于临界温度 $T_c \sim 10^9$ K 时，元素形成过程就已经开始了。这也就是氘核开始积累的时间。假设当前的物质密度给定，那么，当前的辐射温度越低，在宇宙膨胀过程中这一温度降低到 $T_c$ 的时间就越早。它发生得越早，$T_c$ 时刻的物质密度就越大。物质密度越大，将中子和质子结合形成氘核进而聚变成氦的核反应完成得就越充分。假如当前的辐射温度过低，那么就会产生过多的氦，这样就给当前的温度设定了下限。就这样，我当时给出的值高了 3 倍。无论如何，我当时还没有去仔细调研宇宙氦丰度的天文测量结果，而我本应该这样做的。

一个很自然的想法是去检查一下预期的来自星系的星光和射电辐射的积累，看看它们是否会在罗尔和威尔金森希望达到的任何温度上对辐射之海的探测产生什么干扰。我得出的结论是，这不太可能有什么问题，因为残余辐射会集中在一个较窄的频率范围内，这使得它可以从积累到的恒星和星系的辐射所在的更宽范围中被明显区分出来。莫斯科的多罗什克维奇和诺维科夫（Doroshkevich and Novikov，1964）考虑了相同的问题，并得到了相同的结论。我和他们都不认识彼此。这又是一个默顿多重发现。

### 5.4.3 贝尔微波接收器上意外发现的辐射

贝尔电话实验室位于新泽西州的霍姆德尔，距离普林斯顿

40英里（约合64千米）多的路程。那里用于微波通信实验的接收器记录到它探测到了比预期更多的辐射。工程师考虑了接收器内部所有已知的辐射源，同时估计了喇叭天线从附近的辐射源所能收到的信号，将这些加在一起可以解释一部分辐射，剩下的几K辐射却无法解释。据我所知，针对贝尔实验中探测到的辐射和来自已知辐射源的辐射总和，德格拉斯、霍格、欧姆和斯科维尔（DeGrasse, Hogg, Ohm and Scoville, 1959a, b）发表了第一份比较结果。为了让辐射源总和的结果与探测到的辐射一致，他们将2K温度归结为天线"侧向或背向波瓣的噪声"。这是指源自地面的辐射进入了喇叭反射天线中。但按照这些天线的设计，它们对背向和侧向辐射的屏蔽效果比这要好很多。这是一种真正的反常现象。后来证明，这就是麦凯勒、伽莫夫以及迪克所提到的辐射，温度为 $T = 2.725$ K。

多罗什克维奇和诺维科夫（1964）在莫斯科首先认识到贝尔这些测量结果对宇宙学的重要意义。他们知道德格拉斯等人（1959a）的论文，但没有认识到将多出的辐射归结为探测到了地面噪声是与事实不符的。他们认为这个实验为伽莫夫的辐射温度给出一个上限，他们在论文中的例子里将这个温度取为1K。他们建议：

今后在这一［频率］区域的更多测量（最好是在人造地球卫星上）将有助于最终解答伽莫夫理论是否正确这个问题。

的确，卫星上和火箭上所做的测量确定了贝尔实验探测到的那种辐射具有热谱，而对于源自大爆炸的残余辐射，这也正是伽莫夫和迪克预期的性质。

1963 年，刚加入新泽西州克劳福德山贝尔射电研究实验室（Bell Radio Research Laboratory）不久的阿诺·彭齐亚斯和罗伯特·威尔逊，开始对贝尔接收器上探测到的额外微波辐射之源进行一项彻底的搜寻工作。他们坚持这项工作，这是正确的，而贝尔的管理层能允许他们这么做，也是值得肯定的。彭齐亚斯和威尔逊还做了一件正确的事，那就是不断抱怨这个问题，直到有人听到后将他们介绍给普林斯顿那帮人。这些人正在寻找的东西，正是贝尔接收器上已经探测到的、源自热大爆炸的残余辐射。

我曾在约翰·霍普金斯应用物理实验室（Johns Hopkins Applied Physics Laboratory）就我在宇宙学方面的研究做过一次报告。就是从那次报告开始，人们逐渐认识到，贝尔接收器上的额外噪声可能就是罗尔和威尔金森正在寻找的。那次报告是在 1965 年 2 月 19 日，在马里兰。许多年后我才想到，伽莫夫的同事阿尔弗和赫尔曼 1948 年就是在那里工作的，而那一年伽莫夫发表了关于热大爆炸的那篇值得纪念的论文。也许那里的一些人当时还记得这些陈年旧事，他们或许听说了我正在做类似的工作，但我从没想着去问。我当时倒是问过威尔金森是否乐意让我在报告中提及他和罗尔的实验，以及我对他们的实验结果可能具有何种意义的看法。我想我清楚地记得他的回答："现在没人能赶上我们了。"我们当时并没有想到这个实验已经被人完成了，并且还探测到了反常现象。[1]

---

1　根据作者在私下通信中的解释，作者在询问威尔金森时，他们并不知道贝尔实验室的结果，并且威尔金森和罗尔的实验即将完成。因此，威尔金森认为，就算其他研究组得知他们的实验后立即开展类似实验，也不太可能在他们之前完成，于是也就不介意作者在报告中提到他们的实验，并回答说"现在没人能赶上我们了"。

　　研究生时期认识的一个朋友肯·特纳（Ken Turner）参加了我的约翰·霍普金斯报告。他当时在华盛顿卡内基研究所（Carnegie Institute of Washington），一个富有成效的自然科学研究中心。肯告诉了一位同事伯尼·伯克（Bernie Burke）。伯克知道贝尔接收器上的额外辐射问题，而他建议彭齐亚斯给迪克打电话。迪克、罗尔和威尔金森在1965年3月访问了彭齐亚斯和威尔逊，回来后的结论是，他们有很好的理由说明探测到了一片相当均匀地分布在全天的辐射之海，因为无论天线指向天空何处，贝尔接收器上这个额外的噪声几乎都是一样的。这正是一个近乎均匀的宇宙膨胀早期遗留下来的近乎均匀的热辐射之海理应表现出的样子。

　　那篇来自贝尔的关于额外辐射的论文，以及那篇来自普林斯顿的关于其解释的论文在1965年5月初提交，并于7月1日发表（Penzias and Wilson，1965；Dicke，Peebles，Roll，and Wilkinson，1965）。普林斯顿的那篇论文引用了伽莫夫小组的两篇论文（Alpher，Bethe and Gamow，1948；Alpher，Follin and Herman，1953）。我当时还没有认识到伽莫夫（1948a，b）那两篇论文的重要性，而经过更长时间之后我才明白，我们的第一篇文献，那篇阿尔弗、贝斯和伽莫夫的论文，作为首次探索并没有成功。详情可见皮布尔斯（2014）。

　　残余辐射的探测结果及其解释公布后，人们的反应不出所料地既充满了兴趣也伴随着怀疑。的确，贝尔实验只是在7.4厘米这一个波长上测量了辐射强度，据此就得出探测到热辐射之海这一结论，这样的理由辩解起来并不容易。然而，我们在那篇进行解释的论文中可以指出，如果这一辐射是源自早期宇宙的残余热辐射，那么热大爆炸理论将预言氦丰度很高，按质量算大约30%，而这与观测基本相符。一个理论同时符合两种令人费解而又迥然不同的观测，那它自然是值得认真对待的。

到了 1990 年，精确测量表明这一辐射非常接近热谱，此时人们对这个理论的兴趣就变得非常大了。回想一下，热辐射在每一个波长上的强度是由温度这唯一的一个量决定的。当前的宇宙在微波波段是接近透明的，因而现在没有什么过程会让一片辐射之海恢复成观测到的那种热态。在热大爆炸图像中，早期宇宙炽热而致密的状态下很快的弛豫速率会驱使这种辐射之海达到热平衡。

宇宙膨胀会使辐射冷却下来，但在三个条件下可以大致保持其热谱。第一，时空曲率涨落必须要小，或许是引力聚集形成星系及其空间结团所需的最小值。据我们当时所知，对均匀性的较大偏离可能是显著的，但如果真是这样的话，我们面临的将是温度在一定范围内的热辐射的混合，那也就不是真正的热辐射了。黑洞周围的时空曲率的确会显著偏离平均值，而黑洞对辐射的吸收原则上会让残余辐射偏离热谱，但这种效应十分微弱。第二，对于那些温度比这一辐射更高或更低的物质，以及那些在星风和爆炸中高速运动的物质，辐射之海与其发生的相互作用并没有显著干扰这些辐射。第三，必须要假设，对于被星光加热的尘埃，以及除了在射电波段也在微波波段辐射的星系，它们发出的辐射不会干扰残余辐射。我当时的估计表明这三种效应都不是问题，但我的估计也可能是错的。

要想准确地测量辐射谱，从而核实近似热态这一想法，并核实表明可能的干扰使其偏离了热谱的迹象，这并非易事，因为这需要将探测器放到大气层之外以避免大气层本身的辐射。从 1970 年到 1990 年这 20 年里对辐射谱的测量报告表明可能存在反常，即对热谱的偏离，这通常发生在辐射谱接近短波的一端。不同的测量得出了不同的反常结果，这让人想到系统误差，但我必须得考虑某种反常是真实存在的。如果是这样的话，那么对于富有创造力的理论家们，它所带来的有趣挑战就是去为宇宙结构的演化设想一种图像，让它来解释这种反常，然后找出一些预言来检验这种图像。这项有趣的挑战在 1990 年突然发生了变化，那时有两个小组公布了可靠结果，证明这片微波辐射之海的谱非常接近热谱。如果这些辐射从早期宇宙产生后，在到达我们的途中没有受到严重的干扰，那么它在全天的分布特性或许可以告诉我们早期宇宙的状况。这当然吸引了富有创造力的理论家们，并成为他们关注的焦点，正如我们将在第 6.10 节谈到的那样。

在这些完成了辐射谱测量的项目中，有一项是源自 1974 年提交给美国国家航空航天局（NASA）的一份计划，即宇宙背景辐射卫星（Cosmological Background Radiation Satellite）。这个名字后来变成了 COBE，即宇宙背景探索者（Cosmic Background Explorer）。约翰·马瑟（John Mather）被任命为 COBE 研究科学家与首席研究员来测量辐射谱。另一个项目是由英属哥伦比亚大学的赫伯·格士（Herb Gush）领导。这两个小组使用了相同的探测器技术（一种傅立叶变换干涉仪）。在马瑟及其同事向 NASA 提交计划的同年，格士（1974）也公布了一项提议，试图利用火箭将探测器送到大气层外对辐射谱进行测量。它并没有成功，因为格士发现火箭的重量限制不允许携带足够的设备以屏蔽来自地球的辐射。16 年后，NASA 的卫星组（Mather, Cheng, Eplee et al., 1990）和格士的火箭组（Gush, Halpern, and Wishnow, 1990）宣布，他们的结果清晰地证明了辐射谱非常接近热谱。第一个小组的结果于 1 月 16 日投到了《天体物理杂志快报》(*Astrophysical Journal Letters*)，第二个小组的结果于同年 5 月 10 日投到了《物理评论快报》(*Physical Review Letter*)。鉴于他们都是经过许多年才得到这一结果，我们可以说他们的项目实际上是同时完成的。其中任何一个实验都足以充分证明辐射谱是接近热谱的。[7] 这种独立性进一步增加了它们的可信度。

1990 年的这两项测量以及后来更为精确的测量还没有发现对热谱的偏离。但它们是必须存在的，因为宇宙并非处于热平衡，而一旦发现它们，将会给我们带来又一项有趣的挑战——去解释这种对热谱的偏离。毕竟，这种热谱是通过预言检验的，因而是可以相信的。

如果宇宙现在是不透明的，能够足够快地吸收和发出辐射迫使其恢复到热平衡，那么认为这种辐射必须在早期宇宙中热化的观点就不成立了。人们当时对此想法也进行了讨论。霍伊尔和维克拉玛辛赫 (Hoyle and Wickramasinghe, 1988) 给出了这样一种情景，详细地描绘了特定的星系际尘埃如何可以使宇宙在微波波段变得不透明，进而能够让辐射恢复到热平衡，同时在光学波段上仍然是透明的，使遥远星系的光不会被显著吸收从而可以被观测到。问题是，人们也在微波波段观测到了来自遥远星系的辐射，而那些尘埃在这个波段应该是不透明的，是能够让这片辐射之海热化的。有人可能会想到那些尘埃云中的缝隙可以让一些更远的星系被我们看到，但那会让辐射具有混合谱，在缝隙处的辐射不会充分热化，而我们并没有观测到这种现象。当时人们大致明白，现在就更明白了，星系际空间在微波和可见光波段几乎都是透明的。现在，我们有充分可靠的理由相信，这种微波辐射之海就是来自早期宇宙的残余。

我们的宇宙早期处于一种跟现在完全不同的状态，而我们现在得到有力的证据表明存在着从那样一个时期遗留下来的两种残余，这是非常了不起的。阿诺·彭齐亚斯和罗伯特·威尔逊因他们在发现宇宙微波背景辐射的过程中所起的作用而被授予1978年的诺贝尔物理学奖。COBE卫星证明了这种宇宙辐射具有热谱，而这表明这种辐射没有受到爆炸及类似现象的严重干扰；并且它还探测到了对于严格平滑辐射谱的微小偏离，而这正是宇宙结构增长导致引力扰动的一个特征。因为COBE卫星的这些成就，约翰·马瑟和乔治·斯穆特（George Smoot）分享了2006年的诺贝尔物理学奖。非常重要的贡献会赢得诺贝尔奖，但我们也应该明白，授奖的决定肯定是难以预料的，因为有更多确实伟大的贡献并没有赢得名归实至的奖金。赫伯·格士无疑是有资格获奖的。他受到了来自理解他伟大成就的同事们的敬佩，但他没有受到诺贝尔奖的青睐。残余氦的证认得益于太多人的贡献，谁能获奖也是难以预料的。

残余辐射具有热谱得到了证明，这就促使人们考虑另一种想法。广义相对论告诉人们如何计算引力对这片辐射之海的空间分布造成的扰动。正是这样的引力将星系内部以及星系在空间中成团分布的质量聚集在一起。这假设了引力让这些质量相互吸引而聚集在一起，而不是，比如说，让它们爆炸开来。这也假设了爆炸并没有严重影响这些辐射，当然还假设广义相对论本身是可以信赖的。但如果所有这些假设都是正确的，那么观测这种残余辐射在全天的变化就为我们打开了一扇窗，让我们得以窥探到早期宇宙的状态。对这一想法的探索就是下一章的主题。

# 第 6 章

# ΛCDM 理论

本章第 6.10 节将要讲述的两个伟大实验项目得出的证据，让我们有理由支持描述宇宙大尺度性质的所谓 ΛCDM 理论。CDM 代表冷暗物质（cold dark matter），这是一种假想的物质，与辐射以及构成我们的物质几乎没有相互作用。符号 Λ 代表一种假想的常数，它由爱因斯坦引入，后来又令他感到厌恶。但宇宙学家已经学会了去接受它。我们得到这个理论以及支持这两种假想成分的理由，经过了对一系列问题的思考，首先就是关于宇宙膨胀早期状态的性质。

## 6.1 初始条件

当前的星系和残余辐射的空间分布携带着一些关于宇宙结构如何从遥远过去演化而来的信息。为了明白这一点，首先回想一个不同的问题。管道中的水流变得不稳定而形成湍流。管道的尺寸以及水流的密度、黏滞性和速度决定了一个典型的倍增时间，在这个时间内，任何对严格均匀流的偏离都会不断地加倍再加倍。这种对平滑流的偏离会以指数增长，不可避免地开始形成湍流。完全形成湍流后，其性质不依赖于对平滑流的初始偏离。实际上，湍流会"忘掉"其初始条件。要研究完全形成后的湍流，其初始条件并不重要。当然，流体物理学是很重要的，而如何应用这门物理学找到满意的方法来可靠地分析湍流的性质，也是一个相当大的困难。

相对论性的宇宙膨胀会因对严格均匀质量分布的微小偏离不断增长而变得不稳定。与管道中的水流相比，最大的不同在于对均匀质量分布的偏离是以时间的幂律方式增长，而不是指数增长。这意味着当前的质量和残余辐射分布都携带着对初始条件的"记忆"，这种情况与湍流是非常不同的。特别是，要解释观测到的宇宙结构——星系及其成团分布，需要考虑初始条件。对于现已经过充分检验、描述宇宙演化及其结构的 ΛCDM 理论，在其发展过程中我们可以自由调节初始条件以便与当前的观测相一致。当然，如果只考虑这一点的话，它无非相当于一种"原来如此的故事"。但该理论远非如此，其证据就是它能给出大量各式各样的成功预言。这将在第 6.10 节讨论。由于这个理论已经得到了充分检验，这就给我们的问题带来有利的一面：我们正在了解初始条件的性质，即膨胀宇宙的原初状态。

对于在极早期宇宙中对严格均匀质量分布产生的那种原初偏离，我们该如何刻画其性质呢？在广义相对论中，对严格均匀性的偏离会扰动时空曲率。这意味着曲率对平均值的偏离是质量分布的一种度量。早先曾有一种基于简单性的想法认为，这些时空曲率涨落在所有尺度上都是相同的。如果是这样的话，确定那些对均匀性的原初偏离就只需要选择一个参数，即偏离均匀性的幅度。这个条件被称为标度不变性。[1]

这种由简单性出发而对标度不变初始条件所做的论证，由哈里森（Harrison，1970）、皮布尔斯和虞哲奘（Peebles and Yu，1970），以及泽尔多维奇（1972）给出。它恰好和 1/4 个世纪之后得到的测量结果大致相符。这个例子展示了这个世界有时会赐予我们的那种简单性。

## 6.2 空间截面的曲率

在一个均匀的膨胀宇宙中，从某个早期高密度状态开始经过一段选定的时间后，我们可以将所有的空间位置定义为四维时空中的一个三维空间。初始密度的值并不重要，只要它很大即可，因为膨胀在极高密度状态经过的时间很短。而且我们不需要停下来担心在那之前发生了什么。这方面的想法是有一些，但我们没有什么证据。

用这种方式定义的三维空间截面可以满足欧几里得三角几何：空间截面的一些平行直线永不相交，三角形外角和等于 360°，诸如此类。如果存在质量，那么就算空间截面是平直的，考虑到时间方向，时空仍然是弯曲的。这样的时空被称作是宇宙学平直的，尽管时空是弯曲的。

另一种可能是，这样的三维空间截面是闭合的，类似于球体表面的闭合二维空间。空间截面也可能是开放的，类似于马鞍面。原则上讲，开放的宇宙和宇宙学平直的宇宙可以延伸到空间无限远，但是我们的宇宙并非一定如此。我们只是知道，在理论上可以观测到的最大距离上，并没有迹象表明在我们这个包含了星系和辐射的均匀宇宙中存在边缘。或许更远的地方是一片混沌，这就不得而知了。

在广义相对论中，描述均匀宇宙演化的解可以按照类似地球上发射火箭的逃逸速率来分类。以逃逸速率发射的火箭可以运动到任意远，尽管它一直受到引力吸引作用而减速。如果这个火箭发射时速率小于逃逸速率，它将落回到地面；如果大于逃逸速率，它将逃脱地球引力而自由地离开地球。（此处我并没有将地球周围的所有其他质量也考虑进去。）为了将这个例子用到宇宙演化中，首先假设爱因斯坦的宇宙学常数不存在。那么，如果空间截面是闭合的，就像球面那样，宇宙就是在以低于类似逃逸速率的速率膨胀。这样的膨胀最终会停下来，而宇宙会坍缩成类似黑洞的状态。我们的理论现在不够先进，无法告诉我们那种大挤压（big crunch）之后会发生什么。一个开放的宇宙膨胀时的速率大于逃逸速率，这意味着它最终会逃脱不断减弱的引力吸引作用，而膨胀率会达到一个常数值。没有宇宙学常数时，按照广义相对论的现代表述，这种开放的宇宙会一直膨胀，直到某个任意遥远的未来，形成大冻结（big freeze）。一个宇宙学平直的宇宙也会膨胀到任意遥远的未来，只不过膨胀率会因不断减弱的引力吸引作用而一直减小。

关于这个世界将如何终结，是大挤压还是大冻结，我想人们对这类问题着迷是可以理解的，尽管目前并不需要为此而做什么准备。但我不会相信我们现有的理论可以外推到遥远的未来，这是因为，在利用物理学描述可观测宇宙到目前为止的行为时，对我们的标准物理学所做的极大外推令我印象非常深刻。这些检验看上去都不错，但要外推到任意遥远的未来，那就有些得寸进尺了。不管怎么说，对于世界将如何终结这一问题的兴趣起到了有效的作用，激发了人们通过研究得到以下这些结论：宇宙是宇宙学平直的或者非常接近于此，存在着两种物质——重子物质和暗物质（将在第 6.5 和 6.6 节讨论），存在着从炽热早期宇宙遗留下来的残余热辐射和中微子之海（在第 5 章讨论过），以及存在着令人困惑的宇宙学常数（接下来即将讨论的）。

## 6.3　宇宙学常数

　　第四章回顾了爱因斯坦（1917）的宇宙不变假设：宇宙除了一些微小的局域涨落外是静态的。这看上去足够自然，大概是每个人都会首先设想的。爱因斯坦发现，他的广义相对论不允许一个由正压强或零压强物质构成的静态均匀宇宙存在。为了修正这一点，他在他的引力场方程中添加了一项，具有使物质排斥分离的作用：分离得越远，斥力越强。给定间隔下的斥力强度由一个新的物理常数值决定，该常数被称为爱因斯坦的宇宙学常数 Λ。如果这个常数的取值刚好合适，那么它的排斥作用就可以与引力的吸引作用相平衡，使静态宇宙得以存在。爱因斯坦（1917）写道，他在其场方程引入这个带有常数 Λ 的"附加项"，"只是为了使准静态的物质分布成为可能，正如恒星速度小这一事实所要求的那样"。

　　一团准静态的恒星在渐近平直且别无他物的时空中可以具有

小的速度，这是与观测相符的。但我们在第 4 章看到，爱因斯坦是在寻找一种到处都有物质的分布，以符合他对马赫原理的思考。

爱因斯坦没有注意到，他让引力的吸引作用和宇宙学常数的排斥作用所达到的那种平衡是不稳定的。在他的静态宇宙中，如果一个区域内的质量密度刚好比平均值稍大，那么它具有的局部引力吸引作用也比其平均值稍大，也就是说，大于 Λ 项造成的排斥作用。局部的密度就会以指数形式增大。经过几十次的倍增时间，即便是对平均值特别微小的偏离都会变大。正如我们已在第 4.1 节看到的，詹姆斯·金斯（1902）在牛顿物理学中发现了这种指数式不稳定性。实质上相同的分析也适用于爱因斯坦（1917）的静态宇宙，但人们是十年后才意识到这一点的。

爱因斯坦后来因为引入了 Λ 项而后悔。1923 年 5 月他给赫尔曼·外尔写信说：

> 按照德西特的说法，两个相互间隔足够远的质点分开时会加速。……如果根本不存在任何准静态宇宙，那么就得去掉这个宇宙学项。[2]

乔治·勒梅特曾在发现宇宙膨胀的过程中扮演了主要角色（正如第 117 页指出的那样），此时他又看出了宇宙学常数的价值。在《阿尔伯特·爱因斯坦：哲学家—科学家》（*Albert Einstein, Philosopher-Scientist*，Schilpp，1949）一书中，他撰文表达了对此问题的看法。在此之前，他也就这个问题给爱因斯坦写过一封信。《乔治·勒梅特档案》（*Archives Georges Lemaître*）[3] 保存有勒梅特信件的副本，日期为 1947 年 7 月 30 日，也保存有爱因斯坦回信的副本，日期为 1947 年 9 月 26 日。以下是爱因斯坦回信中的第二段：

> 因为我引入了这一项，我总有一种负罪感。但当时为了应对存在着有限平均物质密度这一事实，我别无他法。引力场定律要由两个逻辑上无关的项通过相加的方式结合在一起，我当时就觉得这实在很丑陋。很难说清楚这种关乎逻辑简单性的感觉有什么道理。我总是禁不住会强烈地产生这种感觉，而我也无法相信这样一个丑陋的东西会在自然界中真实存在。

我们看到，在物理学中直觉有时候是很重要的，但并非总是可靠的。其证据就是，我们现在必须学会接受这个丑陋的东西。

给定当前的宇宙膨胀率，一个正宇宙学常数 Λ 的存在会增大宇宙的年龄，因为 Λ 要求宇宙在过去膨胀得较慢。也就是说，一个正 Λ 的存在会增加膨胀率，因此要想符合当前的膨胀率，和 Λ 不存在时相比，宇宙膨胀在过去就得更慢，而膨胀时间就得更长。勒梅特在他 1947 年给爱因斯坦的信中就指出了这点。这在当时看来是很重要的，因为目前的膨胀率，即哈勃常数，当时曾被严重地高估了，这使得不带有正 Λ 的宇宙年龄过小，难以和天文观测及地质学证据相符。爱因斯坦在回复勒梅特的信中说：

> 鉴于过小的 $T_0$［膨胀宇宙的年龄］，人们有理由尝试一些大胆的外推和假设，从而避免与事实发生矛盾。

但接下来的一段，也即前文引用的那一段，表明爱因斯坦此处不过是客套一下而已。

也有一些人同意爱因斯坦对于 Λ 的看法。沃尔夫冈·泡利（Wolfgang Pauli）在他的《相对论》（*Theory of Relativity*，1958，第 220 页）一书英译本补充附注中写道：爱因斯坦——

> 认为宇宙学项是多余的且不再具有合理性，因而完全否定了它。我完全接受爱因斯坦的这个新立场。

在《经典场论》中，朗道和栗弗席兹（1951，第 338 页）说：

> 我们的方程中都没有考虑所谓的宇宙学常数，因为目前人们最终还是明白了，对引力方程做这样一种改变是没有任何根据的。

你可能从这种说话方式中读出他们是留有余地的：也许他们并不排除将来会发现某种根据的可能。

勒梅特（1934）提出了一个想法，为宇宙学常数提供了一种根据。他认识到 Λ 实际上是一种能量密度，其压强等于能量密度的负值。这并不是那种常见的流体，后者在压强为负时会变得非常不稳定。一种处处相同且压强精确等于能量密度负值的流体则是个例外，Λ 表现得正像这样一种奇特的流体。在 1947 年给爱因斯坦的那封信中，勒梅特指出对 Λ 的这种解释提供了一种定义能量零点的方法。在量子物理学中，能量只能被计算到相差一个任意相加常数的程度。比如说，在计算电子对于原子的结合能（即电子脱离原子时能量的变化）时，只需算到这种程度即可。在这类能量交换中，那个相加常数就抵消了。但是总能量也即质量对引力来说是重要的。勒梅特的要点在于，Λ 定义了真空中的能量密度，而所有其他形式的能量都是在此基础上增加的。这也许与量子物理学的零点能这一难题有关，如下所述。

考虑一个氢分子：通过化学键结合在一起的两个氢原子。在经典物理学中，两原子间距可以振荡，而振荡频率与振幅几乎是无关的。在量子物理学中，原子间距振荡的能量取一些近乎等间隔的分立值。基态能级的值为能级间隔的一半。这一零点能具有十分明确的物理含义。氢分子处于其基态的结合能就是将这两个原子分开直到充分远后静止下来需要做的功。量子物理学对这个结合能的计算，必须考虑到存在这样一种与分子中两原子间距相关的零点能，而当两原子分开后它当然就不复存在了。计算出的结合能只有在考虑了分子的零点能之后才能与测量值一致。也就是说，这种零点能是物理的，是真实的。

约当和泡利（Jordan and Pauli，1928）写道，这种零点能对物质来说必须是真实的，因为有实验支持。但至于能否将其应用到电磁场，他们对此表示怀疑。他们写道：

多种考虑似乎都倾向于支持这样的事实，即在辐射场的自由振动中，每个自由度上的"零点能" $h\nu/2$ 并不是物理上真实的。这与晶格的自然振动不同（此处理论和经验上的理由都支持零点能的存在）。由于人们处理的是严格的谐振子，而且那种"零点辐射"既不能被吸收，也不能被散射或反射，它似乎不太可能被探测到，包括其能量或质量。因此，或许

一种更简单也更令人满意的观点是，电磁场中的零点辐射根本就不存在。（由我借助谷歌给出的翻译）

泡利在他的《物理学手册》（*Handbuch der Physik*，1933，第250页；Rugh and Zinkernagel，2002 英译版）的一篇关于量子力学的文章中，重复了约当和他的论证，并补充道：

从根本上更为合理的做法是在［电磁场的］每个自由度上都去掉零点能，因为根据经验，这种能量显然不会与引力场相互作用。

这个论证是错的。正如约当和泡利提到的晶体那样，与氢分子零点能 $h\nu/2$ 相关的能量或质量是真实的。这是一个实验事实。和晶体与氢分子的情况一样，量子物理学同样可以通过标准的做法成功地应用于电磁场。要么我们修改量子物理学，但是鉴于该理论当前的证据水平，这将是一个严峻的挑战；要么我们接受电磁场零点能的真实性。

恩兹和塞伦（Enz and Thellung，1960）回忆道：

相比晶格振动，辐射的零点能有一个独到之处：关于其引力效应的问题。泡利早就看出了这个问题。而且，他曾和我们开玩笑说，他年轻时就算过这种引力效应。其结果是，世界的半径（如果短波长截断在经典电子半径尺度）"甚至都到不了月亮那么远"。

泡利觉得电磁场的零点能应该不是真的，这当然是可以理解的。但为什么同样的物理学会让零点能只在特定的问题中是真的？如果它总是真的，而且局域性的物理学不依赖于观测者的运动，特别是电磁零点能密度不依赖于观测者的运动，那么，它的引力表现得就如同爱因斯坦的宇宙学常数。它会是勒梅特的那种流体，但人们期待其能量密度会大得不可思议。

20 世纪 60 年代，我们在迪克的引力研究组讨论过这个问题。它曾经令人深度困惑，现在依然如此，是宇宙学的一个"不可告人的小秘密"。其他人也意识到了这个问题。泽尔多维奇（1968）讨论过这个问题。人们试图通过调整物理学来对此问题做出合理解释，温伯格（1989）全面评述过这些尝试。这一次次的失败使温伯格产生了两种想法。一种就是希望某种有待发现的更深层的基础物理学对称性要求基态能量密度必须为零。随着宇宙以越来越慢的速率不断膨胀到任意遥远的未来，我们这个宇宙学平直的宇宙将会渐近地达到这种零能量密度。那将是各种场的零点能、早期宇宙相变潜热，以及一个可能的内秉宇宙学常数值三者之和。

温伯格考虑的另一种想法是一种人择论证。如果宇宙学常数 Λ 是负的，并且其绝对值很大，那么起初膨胀的宇宙就会在尚未演化出我们之前就坍缩回大挤压，我们也就不会在此为它担心了。如果 Λ 是正的而且很大，这会导致宇宙膨胀得过于迅速，使得引力无法形成星系。我们的存在要求星系的引力能够束缚住那些由恒星产生并抛撒出来的残骸，在经过几代恒星的循环后，产生那些构成我们自身所需的化学元素。我们可以把这种问题想成一种恰当性条件：如果 Λ 的绝对值远大于观测值，那么就不会有我们在这里测量它。这种思路最早源于迪克（1961）的观点，即发现我们处在一个年龄在几十亿年的星系中，这并不奇怪。这么长的时间刚好是这样一个过程所需要的：经过几代恒星演化形成化学元素，太阳系收集这些元素，一直到地球上的生物最终演化出我们来。要证伪这种弱形式的人择论证，所需的条件就是看它能否自圆其说、前后一致。这个条件至少在原则上是简单明了的。我们要么看到了一致性，要么没看到。

温伯格讨论了一种强形式的人择论证，它要求我们假想一种宇宙的统计系综。第 6.4 节将要讨论的宇宙暴胀图像促使了这样一种想法的产生，即暴胀可能是永恒的，并且可能已经核化形成（nucleate）[1] 了许多宇宙，从而产生出一种多重宇宙（multiverse）。可能不同的宇宙具有不同的宇宙学常数值。然后，这个多重宇宙中某一个宇宙具有允许我们存在的 Λ 值。我们才得以在其中繁衍生息。这种想法不容易评价，也不容易证伪。比如，有人可能会问：为什么我们的宇宙中有这么多的星系，有一个不就够了吗？但也有可能要形成像我们这样的生命，概率非常低，以至于需要由相当多的星系来增大我们存在的机会。我们假设这一点是真的。有人接受这种强形式的人择论证，认为它是合理的也是不可避免的；有人则弃之不理，视其为又一种"原来如此的故事"而已。

在 20 世纪 70 年代以前，对于宇宙学常数项是否值得考虑，天文学界和宇宙学界并没有一种共识。我们已经看到勒梅特（1934）

---

1  作者借用了物理学中描述诸如水沸腾或水汽凝结等相变过程中的"核化"（nucleation）这一术语，将从真空中产生出暴胀宇宙的过程类比于一种核化过程。

是支持它的。但是，在一个宇宙学检验范围非常有限的年代，一种实际的考虑是，如果忽略宇宙学常数，就可以在手头数据有限的情况下减少需要考虑的参数个数（Peebles，1971）。麦克维蒂（1956）的立场是，如果 Λ 为零的话，它将是"一种数值上的巧合，一旦发生将是非常不可思议的"。他的重点在于，在广义相对论中，给定哈勃常数，Λ 为零给出了一个恒等式，将空间截面的曲率与平均质量密度联系起来。麦克维蒂觉得，对这两种性质上截然不同的现象所做的测量结果不太可能满足这个恒等式。其他人认为宇宙学常数不过是在哈勃常数、空间曲率和平均质量密度之外的又一个待测参数，这相当于默认了麦克维蒂的观点。在广义相对论给出的一个限制条件下，通过这四个参数的调节可以拟合观测结果。例如，彼得罗森、萨尔皮特和塞凯赖什（Petrosian，Salpeter，and Szekeres，1967）考虑了 Λ 的取值将如何影响类星体计数作为红移的函数。冈恩和汀斯利（Gunn and Tinsley，1975）考虑了通过联合估计星系年龄、平均质量密度、宇宙膨胀率以及膨胀率的变化率来限制 Λ，他们评论道：

　　我们似乎再次处于这样一种状况，即数据可能要求我们重拾 Λ 并将其添加到场方程中……大多数相对论学者是从原理上而不是从观测上发现它是排斥性的。如果将它视为这一经典理论中的一个基本常数，这的确会让这个在其他方面都堪称漂亮的理论框架失去些许光泽……对此［探测到 Λ 效应的证据］的第一反应是，肯定有什么地方出了严重错误。

在 20 世纪 80 年代早期，随着一些新想法的引入，也随着一些旧想法被更多的人所了解，宇宙学常数变得非常不受欢迎。下面即将考虑这些想法。到了世纪之交，当观测发现需要一个取正值的 Λ 时，人们的思想又再度发生变化。

## 6.4  暴胀与巧合性

为什么宇宙近乎处处相同？爱因斯坦静态宇宙中质量分布的那种指数式不稳定性，在膨胀的宇宙中变成了增长相对缓慢的幂律式不稳定性，但这仍然意味着我们今天看到的近乎均匀的宇宙，必须产生于膨胀极早期时非常接近严格均匀的状态。我们能够理解这种初始条件吗？正如时常发生的那样，当一个有希望的回答突然出现时，人们就开始觉得这个问题是紧迫的。

关于阿兰·古斯（Alan Guth，1981）所谓的暴胀宇宙学，后来也被简称"暴胀"，其核心想法是，早期宇宙中一种假想的、近乎常数的高能量密度导致宇宙以一种巨大的速率膨胀。（根据引力物理学的预言，逃逸速率下的膨胀率随质量密度的平方根而变。大质量密度就意味着快速膨胀。）人们认为暴胀时期巨大的膨胀，可以拉开宇宙那种原初的或许还是混沌的状态。宇宙被拉伸了如此巨大的倍数，以至于初始条件在原初宇宙极小范围内只有极其微弱的变化，而这一极小范围正是暴胀结束很久后我们在今天所观测的。和我们颇为相关的一个结果就是，巨大的膨胀将空间截面的平均曲率半径拉伸为某个巨大的值。这就会在我们能观测到的那一小部分宇宙中产生近乎平直的空间截面。

有一些争论，是关于暴胀是否真的可以从某种原初混沌中为我们提供一个近乎均匀的宇宙。也有人抱怨说，这种假想的巨大早期质量密度缺乏明确的理论基础。对于这些争论和抱怨，我们可以置之不理。暴胀具有的一些有趣特征也是我们不必回顾的；对我们来说，重要的是学到了一课。这种暴胀的景象作为一个非常优美的想法受到人们的欢迎，它导致了这样的学界评价，即空间截面一定是平直的，是由暴胀拉伸所致。这是一种社会建构，它当时只涉及一些出于其他原因已被人们讨论过的预言，但没有给出新的预言，因而在这方面没有什么理由支持它。这并没有什么错，广义相对论在 1960 年也是一种缺乏经验支持的社会建构。但我们要记住这个情况。

在 1990 年左右，一种普遍接受的观点认为，还有一种理由也支持空间截面必须平直这一结论。首先假设宇宙学常数为零，而且宇宙膨胀速率低于逃逸速率，于是空间截面像球面一样是闭合的。那么，在这个闭合宇宙的演化过程中有一个特殊时期，此时膨胀停止而宇宙开始坍缩。一个负宇宙学常数的存在会使膨胀减慢，同样还会存在那样一个特殊时期，膨胀反转为坍缩。如果存在一个正宇宙学常数，这个特殊时期可以发生在质量密度变得足够小的时候。此时，宇宙膨胀从引力吸引作用下的减速运动，开始变为宇宙学常数效应下的加速运动。在一个没有宇宙学常数的开放宇宙中，这个特殊时期就是膨胀的宇宙逃脱引力吸引作用的时刻。在既没有宇宙学常数也没有空间曲率的特例中，情况又有所不同。从膨胀开始的那一刻起，不管它是何含义，宇宙的演化过程中没有特殊时期；宇宙以逃逸速率膨胀，直到永远。

在 20 世纪 60 年代，人们已经很清楚，我们的宇宙中质量密度的取值范围意味着宇宙膨胀可能即将达到这些特殊时期中的某一个：要么刚刚逃脱了引力的吸引作用——或许还得益于一个正宇宙学常数；要么接近于膨胀开始转变为坍缩的那个时刻。不管是哪种情况，我们都已经演化到了这样的阶段，需要我们关注这个即将到达某种特殊时期的宇宙。这将会是一种令人费解的巧合。我们的存在需要一个星系，而它又需要足够的质量密度来形成引力聚集。然而一旦形成聚集，广义相对论预言：除了可能有另一个星系撞上我们之外（就像接近大挤压时会发生的那样），我们的星系内发生的任何事情都将和宇宙整体的演化无关。那么为什么会有这种巧合？如果没有宇宙学常数，而且我们的宇宙正在以逃逸速率膨胀，所有这些就都不需要了。因为在这种情况下，无论我们何时开始繁衍生息，我们都会看到以逃逸速率进行的膨胀。这种没有空间曲率，没有宇宙学常数，也没有令人费解的巧合存在的宇宙，被称为"爱因斯坦–德西特模型"。

爱因斯坦和德西特（1932）为这个模型给出了一种不同的理由。在相对论理论中，由哈勃常数衡量的宇宙当前膨胀率通过代表平均质量密度、空间曲率以及宇宙学常数的一些项之和来确定。这三项中我们唯一确定其存在的是质量密度，于是他们论证说，在我们得到更好的证据之前，出于简单性考虑，我们应该将其他两项设为零。人们可以进一步论证说，既然我们的存在需要物质，而非空间曲率和 Λ，在最为优美的宇宙中这最后两项肯定就不应该存在。爱因斯坦和德西特倒没有走这么远。他们说：

> 然而，曲率实质上是可以确定的，而且观测数据精度的提高将来会让我们得以确定它的正负号和大小。

爱因斯坦当时已经开始厌恶宇宙学常数了。或许正是因为这个原因他们才会写道，一个恰当的宇宙"不需要引入 λ 就可以得到"（λ 是爱因斯坦最初用来表示宇宙学常数 Λ 的记号）。

那些反对一系列巧合时期同时又支持爱因斯坦-德西特模型简单性的理由是非常值得考虑的。物理学中的经验向来是，基础理论倾向于简单性，尽管这很难通过一个可证伪的陈述来表达。20世纪 60 年代初，我在迪克的引力研究组做博士后，我还记得关于以巧合性为由反对 Λ 和空间曲率存在的那些讨论。文献中对此有一些零星的记录，包括迪克（1970，第 62 页）、麦克雷（McCrea，1971，第 151 页），以及迪克和皮布尔斯（1979，第 506~507 页）。但这是宇宙学的另一个"不可告人的小秘密"。

对于爱因斯坦-德西特模型的观点已经有所转变，罗伯森（Robertson，1955）评论说它是"一时的兴趣"。邦迪（1960）在《宇宙学》第二版的附录中评论了"它那显著的简单性"。我们已经看到，冈恩和汀斯利（1975）在描述可能探测到 Λ 的证据时表达出特殊的警惕。在 20 世纪 70 年代这种巧合性的理由让我相信宇宙可能就是爱因斯坦-德西特模型所描述的样子。[4] 到了 20 世纪80 年代初，更好的统计度量揭示出平均质量密度远低于爱因斯坦-德西特模型的值，这促使我改变了想法。保罗·戴维斯和我（Paul Davies and Peebles，1983）以及我本人（1986）描述了这些理由。[5]

在 20 世纪 80 年代中后期，来自暴胀的理由支持平直的空间截面，而巧合性的理由也支持这一点，同时还反对 Λ 这个无论如何都很丑陋的项。这些理由促使学界感到宇宙肯定是爱因斯坦-德西特模型那样的。这是一种在许多人看来有说服力的社会建构，但当时有证据表明，质量密度是小于爱因斯坦-德西特值的。

奈塔·巴考尔（Neta Bahcall）领导的一项研究证明，星系团的巨大数量及其位置的空间成团性表明宇宙的平均质量密度小于爱因斯坦—德西特模型的值（Bahcall and Cen, 1992）。该研究还证明，必须用这种低质量密度来解释那些巨大星系团质量相对缓慢的增长（Bahcall，Fan，and Cen，1997）。然而，观点有时候是很有影响力的。我记得在一些会议上，奈塔·巴考尔的证据并没有得到应有的对待。我还记得一位聪明的年轻同事告诉我，说我实际上只是在通过主张低质量密度来捣乱，因为我知道这很撩人。我是严肃的，但我的确知道这很撩人。这便是人们的表现。

当然，好的证据比好的观点更具影响力。在世纪之交的那五年里，第 6.10 节将要描述的两个了不起的项目建立了清晰而令人信服的证据，说服学界接受了平均质量密度低于爱因斯坦—德西特值，但空间截面是平直的 [6]，因为存在一个正宇宙学常数 $\Lambda$。我们已经看到，和量子零点能求和给出的值相比，这个 $\Lambda$ 值非常不可思议，只不过 $\Lambda$ 已经改名为暗能量了（我想这是出自 Huterer and Turner，1999）。

我们该停下来考虑一下，在 1990 年左右很少有人讨论的是，我们这样认真地对待相对论是否算是一种自欺。这挺奇怪的，因为我们将只在太阳系及更小尺度上检验过的物理学理论外推到了极大尺度上。这么做的理由是，我们当时没有其他理论能够代替广义相对论，并且广义相对论提供了一个看似可行的框架，使给出的预言得以和当时正在考虑的多种检验进行比较。这是一种非常实际的考虑，但当然不是一个真正的理由。我们当时是幸运的。即将讨论到的那种预言和观测的一致性现在成为令人信服的理由，说明广义相对论加上爱因斯坦的宇宙学原理是一种有用的近似。

探测到爱因斯坦的宇宙学常数效应，说明我们繁衍于一个特殊时期，正值宇宙膨胀从由引力吸引导致的减速转变为由宇宙学常数效应导致的加速。这使那种巧合性论证失效。空间平直的证据符合暴胀导致拉伸的论证。平直空间截面的经验证据正是由于它支持暴胀而广为人知。我从未听到有人因失去反对 Λ 的那种巧合性论证而后悔。有得就有失。

# 6.5 重子与不发光物质

构成我们的质子和中子，以及其他强相互作用粒子，被称为重子。在宇宙学中，重子物质包括这些粒子及其电子。在 20 世纪 70 年代之前，人们很自然地认为重子构成了所有物质，但是早在那之前瑞士物理学家弗里茨·兹威基就已经发现最初的迹象，表明重子之外可能还有更多类型。

有些星系处在巨大的星系团中。仿照恒星构成的星系，有人倾向于称这些星系团为星系构成的星系。后发星系团（因其位于后发座而得名）是距离最近的一个相当大的星系团。兹威基（1933）将该星系团中八个星系的光谱测量结果汇总起来。这些光谱中的波长差别——被解释为由这些星系间相对运动的多普勒频移所致——表明，这些星系之间的相对运动如此之快，以至于要想将它们通过引力吸引作用束缚在一起，就需要比星系团中这些星系质量之和还要多很多的质量。这通常被说成是，将该星系团束缚起来所需的那部分质量丢失了。这可能意味着该星系团正在飞散开来，但兹威基（1937）证明该星系团中心紧致而规则的星系分布显然不支持这样的结论。兹威基（1933）指出这个星系团的质量可能大部分都是"暗物质"（dunkle Materie）。的确，这些不能被探测到的物质肯定不会是非常明亮的。为了避免与第6.6节谈到的非重子暗物质相混淆，我们将兹威基的那个词翻译为"不发光物质"（subluminal matter）[1]。

虽然有人记得兹威基发现的这个现象，但在20世纪90年代之前很少有人在文献中讨论它，直到非重子暗物质的观点流行之后，对它的讨论才多了起来。在此之前，它不过是物理宇宙学的又一个"不可告人的小秘密"。

人们对霍勒斯·巴布科克（Horace Babcock，1939）那篇文章的引用就更少了，直到不久前仍是如此。该文章讨论的是对四团重子等离子云速度的测量，它们位于我们银河系之外最近的大旋涡星系外层。该星系就是仙女星云，也被称为M31。巴布科克观测了该星系中炽热的年轻恒星电离了周围星际物质的那些区域。从这种等离子体中发出的复合辐射产生了光谱中的发射线，这些区域因此得名为发射线区（emission line regions；后来又称为H II区，即电离氢，而H I区包含的大多是中性原子）。这些发射线是测量多普勒频移的好目标。

巴布科克发现，这些区域相对于该星系整体的速度要求该星系外层具有大得出乎意料的质量，才能产生足够的引力吸引作用将这些区域束缚在星系中。巴布科克提到了兹威基对星系质量测

---

1    subluminal 一般用于表达"亚光速的"，但这里结合具体语境翻译为"不发光的"，等同于英文 nonluminous 或 underluminous。参见作者的另一部著作（Peebles，2020，第6章第一段）。

量的讨论，但是没有提到后发星系团中兹威基（1933；1937）说的那种不发光物质，也没有提到在更近、更小的室女星系团中史密斯（1936）发现的表明存在不发光物质的类似证据。巴布科克谈到了星云（也即星系）的这种暗特征可能是由星光的吸收造成的，同时他提出这种吸收可能会在 M31 的外层隐藏了大量以恒星形式存在的质量。关于这一点，现在还没有后继的证据。

巴布科克（1939）提到的另一种可能性是：

> 需要新的动力学方面的考虑，它将允许外层具有更小的相对质量。

不必过于在意巴布科克这么说究竟是何含义，我们应该指出的是，成功应用于太阳系的牛顿引力物理学，在巴布科克的观测中被外推到了更大尺度，比太阳系尺度大了约 10 个数量级。这种巨大的外推本应该受到更多质疑，或许巴布科克提到"新的动力学考虑"时指的就是类似问题。然而，现在已经发现这种外推是正确的，而且巴布科克发现的那种很大的速度意味着在旋涡星系 M31 外层存在着不发光物质。

天文学家谈论的是旋涡星系的旋转曲线。它是恒星和气体在盘面上做圆周运动的速率作为到星系中心距离的函数。在一个典型旋涡星系的中心附近可以观察到，旋转曲线随着到中心距离增加而增高。这大致可由该星系中那些可见恒星的质量所产生的引力来解释，这种引力正是维持物质圆周运动所需的。但是，在星系外层的暗淡部分，旋转曲线趋于平缓，也就是说，几乎与到中心的距离无关。如果质量真的是存在于恒星所在之处，那么星系外层的旋转曲线就会随着到中心距离的增加而降低。这种平缓的曲线表明存在着不发光物质，其引力甚至可以维持星系外层的恒星和等离子体做圆周运动。巴布科克（1939）对 M31 旋转曲线的探测首次给出了星系周围存在不发光物质的迹象，当然，这假设了我们的引力理论是足够有用的。在世纪之交宇宙学检验迎来革命性的进展之前，巴布科克的发现一直都没有得到广泛的宣传。

对于 M31 这个距离近而便于观测的旋涡星系，观测证据的不断积累揭示出其外层平缓的旋转曲线以及不发光物质的存在，而这个证据积累过程展示出技术进步与纯研究之间是如何相互促进的。沃尔特·巴德（Walter Baade，1939）报告说：

> 虽然市场上早就存在大量的正色红敏底片，它们在黄色和红色上的灵敏度与普通底片的蓝色灵敏度相比太低了，以至于想要拍到非常暗淡的天体所需要的曝光大得离谱。去年秋天，伊斯特曼公司（Eastman Company）的米斯博士（Dr. Mees）寄给我们一种称为 H-α 特别款的新型红敏感光乳剂，让我们试用。这款乳剂被证明在红色上反应非常灵敏，以至于你可以毫不夸张地说，它在直接天文摄影方面开辟了一些新领域。

氢是星际物质中丰度最高的元素。氢离子复合为氢原子会产生大量红色的 H-α（巴尔末线系）谱线（波长为 656nm = 6560Å）。巴德可以通过这种红线确定发射线区，因为它会使这些区域出现在那种新型红敏底片的星系成像中，而不会出现在蓝敏底片上。他将仙女星云的 688 个这类区域编成了表。

尼古拉斯·马亚尔（Nicholas Mayall，1951）测量了巴德的M31 发射线区中一些样本的红移，他的结论是：

> 从到星系核距离大于 65′—70′ 的地方一直到东北约 100′ 和西南约 115′，这一范围内有充分的证据表明旋转速度随着到星系核距离的增加而减少。也就是说，"回转"点显然发生在到星系核距离 65′—70′ 的地方，而大多数普通照片上旋涡的主体看起来就终结于此。

用现代的眼光来看，马亚尔的旋转曲线外部看上去是平缓的。马亚尔还是习惯于认为星系的质量分布终止于星光消失的地方，而且经过那个"回转"点之后旋转曲线就会随着距离的增加而降低。那就是他所看到的。至于马亚尔当时看到的和我们现在看到的二者之间的这种差异，我们可以将其视为库恩（1970）所谓常规科学中范式转移的一个例子。

作为另一种技术进步，坐落于荷兰德文格洛（Dwingeloo）的25 米射电望远镜因其尺寸足够大而具备了必需的角分辨率，从而可以探测到分布在 M31 盘面上的氢原子所发出的 21 厘米谱线的红移。范德胡斯特、雷蒙和范沃尔登（Van de Hulst, Raimond, and van Woerden，1957）公布了旋转曲线的测量结果，它们与马亚尔（1951）的光学测量结果一致，而且更加精确。他们并没有提到回转点。马尔滕·施密特（Maarten Schmidt，1957）利用这些数据估计了这个星系的质量分布。他的结论是，对结果的解释需要更好地测量星光的分布。在他的建议下，热拉尔·德沃库勒（1958）测量了该星系的表面亮度分布，并将它与红移测量得出的质量分布进行对比。他的结论是，质量与星光的比值随着到中心的距离增大而增加，就好像这个星系外层的质量是由不发光物质主导的。

从照相底片向更加灵敏的数字探测器逐步转化的初期，华盛顿卡内基研究所已经鼓励该研究所东海岸分部的肯特·福特（Kent Ford），去研究由位于宾夕法尼亚州兰卡斯特的 RCA 公司生产的成像电子管增强器（image tube intensifiers）。与单独使用照相底片相比，它们会提高探测效率。他的同事薇拉·鲁宾（Vera Rubin）带领团队使用了成像电子管光谱仪，对巴德发现的 M31 列表中的发射线区光谱进行了测量，其结果得到了极大改善。鲁宾（2011）回忆了获悉巴德列表时的情形："对我们来说，这份关于 M31 中恒星和发射区的非同寻常的礼物，简直是上天的恩赐。"这让他们能够利用可见的恒星帮助他们得到将望远镜指向这些看不见的发射区所需的偏移量。在另一项重要的技术进展中，鲁宾和福特（1970a）报道说：

> 成像增强器的使用让观测时间缩短为原先的 1/10，也使得一些雄心勃勃的观测项目得以在不多的几个观测季内完成。

他们更加准确地测得了 M31 的旋转曲线，清晰地展示出平缓的外层曲线。

位于西弗吉尼亚州的 300 英尺（约合 90 米）望远镜，其角分辨率相比那台开创性的 25 米望远镜有了显著提升。罗伯茨和怀特赫斯特（Roberts and Whitehurst，1975）利用这台望远镜，将 21 厘米谱线旋转曲线的测量在该星系的一端延伸到了更大的距离。（在另一端的测量更加困难，这是因为来自 M31 的 21 厘米谱线多普勒频移后的波长，与来自银河系的谱线在 M31 方向上的波长相近。）该旋转曲线在到星系中心的这一更大距离上仍然是平缓的。

与此同时，肯尼斯·弗里曼（Kenneth Freeman，1970）和塞斯·肖斯塔克（Seth Shostak, 1972）利用 21 厘米观测展示出了证据，表明另外两个旋涡星系 NGC300 和 NGC2403 外层也存在不发光物质。弗里曼似乎未曾注意到 M31 旋转曲线的测量结果，也没有注意到星团中不发光物质的证据。肖斯塔克引用了弗里曼以及鲁宾和福特之前得出的关于旋涡星系周围存在不发光物质的证据。

在同一时期，霍尔（Hohl，1970）、奥斯特里克和皮布尔斯（Ostriker and Peebles，1973）以及其他人都在试图证明，对于一个通过旋转来维持的像旋涡星系这样的盘面，如果通过引力而将其束缚在一起的那些质量都分布在盘面上并且与盘面一起转动，那么具有大致平缓旋转曲线的这样一个盘面是不稳定的。如果将大部分质量置于一个旋转得更慢从而更稳定的不发光物质晕中，就可以避免这种不稳定性。这种想法进一步支持了旋涡星系外层质量不发光的证据。

不发光物质的证据的出现，并没有被真正描述成一项发现。这是一个逐步认识的过程，从 1933 年发现星系团中不发光物质存在的迹象，到 1939 年发现星系周围不发光物质的最初征兆，再到 1975 年发现了出色的证据。但是，可以公平地说，1970 年由鲁宾和福特以及弗里曼分别独立给出的关于星系周围不发光物质的证据，连同霍尔以及奥斯特里克和皮布尔斯给出的大质量盘不稳定性的证据，这些都可以称得上是一种默顿多重发现，认识到星系中的质量似乎并非在星光所在之处。

不发光物质的存在是一个有趣的问题，但从 20 世纪 70 年代的证据来看，它并不一定是革命性的。罗伯茨和怀特赫斯特（1975）指出：

> 数密度为十分之几 $pc^{-3}$ 的 M 型矮星（太阳附近最常见的一种恒星）就足以解释所需的质量。

现在就让我们来考虑通向非重子不发光物质这一革命性观点的历程。

## 6.6 暗物质

20 世纪 70 年代，两组默顿多重发现引入了这样一些想法，即星系周围以及星系团中的不发光物质是某种具有非零静质量的中微子，而且这种非重子物质（并非我们所熟悉的质子和中子）可能具有宇宙学上有意义的质量密度。这就为确立已久的宇宙学带来了暗物质这一想法。直到本书写作时，暗物质的本质仍不为人所知。人们提出了许多想法，但这都是由具有显著静质量的中微子这一想法引出的。或许中微子就是答案。

20 世纪 70 年代初，人们知道至少有两种中微子及其相伴的轻子——电子和 μ 子。70 年代末又发现了 tau 轻子及其中微子。这些中微子会在宇宙膨胀早期的炽热阶段，通过与电子–正电子对发生高温驱使的相互作用而产生出来并湮灭掉。这意味着这些残余中微子当前的数密度由测得的残余热辐射温度（第 5.4 节）所决定。根据计算，当前宇宙的中微子数密度约为 $100cm^{-3}$。如果电子中微

子或 μ 子中微子具有几十个电子伏特（一个电子伏特的能量相当于约 $10^{-33}$ 克的质量）的静质量，那么这个数密度与中微子静质量的乘积就会给出一个质量密度，它与重子物质的质量密度相当或更多。这当然对宇宙学会有很大意义，而且它也是第一个描述非重子弱相互作用暗物质的模型。

这个中微子模型分别由美国的考斯克和麦克利兰（Cowsik and McClelland，1972）以及匈牙利的马尔克斯和萨莱（Marx and Szalay，1972）独立提出，是一种默顿双重发现。葛施泰因和泽尔多维奇（Gershtein and Zel'dovich，1966）已指出，结合由最近发现的残余辐射温度决定的热中微子数密度估计值，可以从膨胀率和膨胀时间为相对论宇宙学模型的质量密度给出一个合理的限制，而这个限制意味着 μ 子中微子静质量存在上限。由于当时实验室中对其静质量的测量尚未给出充分的限制，这一结果就显得很有意义，但也没有被认为与不发光物质的现象有任何可能的联系。马尔克斯和萨莱知道葛施泰因和泽尔多维奇的限制结果，考斯克和麦克利兰再次发现了它。这两个组都知道兹威基发现的后发星系团中不发光物质的证据，而且也都意识到，如果中微子具有合适的非零静质量，那可能就是热大爆炸遗留下来的中微子遗迹。他们似乎并没有注意到星系周围的大质量晕中存在不发光物质的证据。这些证据数量更多，但当时尚未得到大力宣传。

在关于后发星系团的一篇后续论文中，考斯克和麦克利兰（1973）假设其质量大部分是由中微子暗物质构成，并写道：

尽管这个想法无疑并不新鲜，但它以前似乎从未以发表的形式出现过。

　　刚好马尔克斯和萨莱基本上同时独立发表了这一想法。默顿多重发现屡次出现，意味着这种有质量中微子的想法可能已经被更多人想到了，正如考斯克和麦克利兰暗示的那样，只是不曾有人主动提出来。

　　具有几十个电子伏特静质量的中微子可能就是不发光物质，并可能对宇宙平均质量密度有重要贡献。这种想法当然是有趣的。人们当时知道中微子的存在。它们与重子物质只有微弱的相互作用，因而不难看出为什么这类不发光物质只有通过其引力作用才会被探测到。一份报告曾指出，实验室探测到电子中微子的静质量为几十个电子伏特，刚好是这类不发光物质所需要的，这就进一步增加了人们对这种想法的兴趣。这个证据来自氚，即氢的不稳定重同位素的衰变过程：它衰变为更轻的氦同位素，并发射出一个电子和一个反中微子。衰变能量由这两个衰变粒子共同携带。如果电子反中微子具有非零静质量，它就会减少电子所能带走的最大能量，因为反中微子必须获得至少相当于其静质量的能量。报告说这种影响电子衰变能的效应被探测到了，它当然产生了很大影响，但它后来被发现是错的。现在已知的中微子的确具有非零静质量，但它们都远小于 20 世纪 70 年代时所构想的。

　　在 1977 年，粒子物理学界流传的一些想法促使人们提出了非重子不发光物质的另一个候选者，即在已知的电子型、μ 子型和 tau 子型之外的一种新型中微子。这种新型中微子会具有更大的静质量，大约为 $3 \times 10^9$ 电子伏特，或者说 3GeV。这种较大的静质量意味着当这类中微子在早期宇宙的炽热状态产生出来时，大部分都已经湮灭了。但是，如果这些中微子和已知类型的中微子具有相同的弱相互作用——这可以将它们的产生率和湮灭率确定下来，那么在这样的静质量下，那些没有被湮灭掉的一小部分数密度乘以每个中微子 3GeV 的质量，就会给出一个对宇宙学有意义的质量密度。

关于第二种非重子物质的这一想法是在五篇论文中提出的，它们在两个月的时间内相继提交发表。按照杂志接收日期的先后顺序，它们是胡特（Hut，1977），李和温伯格（Lee and Weinberg，1977），佐藤和小林（Sato and Kobayashi，1977），迪克斯、科尔布和特普利兹（Dicus, Kolb and Teplitz，1977），以及维索茨基、多尔戈夫和泽尔多维奇（Vysotskii, Dolgov, and Zel'dovich，1977）。根据我的判断，它们都是独立提出的，从而构成了一种非同寻常的默顿五重发现。

这些作者都对粒子物理学有着共同的兴趣。那时，支持第三种中微子存在的证据正在浮现出来。它的伙伴粒子 tau 轻子的质量比 μ 子大很多，而后者质量又比电子大很多。这一证据就是，tau 子质量大约为 2GeV，而其相伴的中微子静质量可能有 0.6GeV 那么大（Perl, Feldman, Abrams et al.，1977）。现在，对 tau 中微子质量的限制更加严格，但在当时，更加宽松的限制可能会促使人们考虑第四种轻子族，它们具有更大的中微子静质量，或许高达 3GeV。所有这五篇 1977 年的论文，都引用了马尔克斯和萨莱或考斯克和麦克利兰的一篇或多篇论文，涉及的想法就是在已知类型的中微子中，有一种具有很小的静质量，但这个质量对宇宙学是很有意义的。这五篇论文的作者可能都注意到了电子中微子具有几十个电子伏特静质量这个实验证据，或者注意到了对该证据的反驳。他们都知道兹威基发现的后发星系团中不发光物质的证据，但可以看出他们都没有认识到大旋涡星系周围存在不发光物质的那一系列证据。除了这些迹象，这个五重发现的出现让我们感到"大家都觉察到了某些东西"。

关于非重子不发光物质的最初想法，即静质量在 30eV 左右的中微子，受到了宇宙结构（星系及其成团的空间分布）形成条件的严峻挑战。这些中微子在早期宇宙会以接近光速的速度四处运动。这导致人们后来称其为"热暗物质"（hot dark matter，HDM）。这种快速运动会将其质量分布对严格均匀性的那种原初偏离抹平，由此定义了一种星系团的特征质量。这将意味着，如果第一代质量聚集通过引力作用而增长，那么原星系团（proto-clusters）将最先形成，并且必须要碎裂而产生星系。这种情况基本上是由泽尔多维奇的小组进行了探究，但其他人对此也有兴趣。然而，它有一个严重的问题。年轻的原星系团必须要使这些碎片，即年轻的星系分散地非常广，因为大多数的星系并不在星系团附近。但是引力不会导致分散，它只会引起聚集。在这样的图像中，大多数星系将处于或接近星系团。人们当时就知道这与观测结果截然相反。

1977 年引入的第四种质量更大的中微子，在早期宇宙中会运动得更加缓慢。因此，它后来被称为"冷暗物质"（cold dark matter，CDM）。在这种图像中，原初质量分布几乎没有被抹平，这意味着星系可以先由引力聚合而成，而后才被集合成星系群或星系团。这在当时看来是更有希望的。今天我们仍然可以认为，这种假想的第四种大质量中微子就是建立已久的宇宙学中的暗物质，只要我们调整静质量及其与重子物质相互作用的强度，以便解释为何在实验室的寻找过程中没有探测到暗物质这一事实。关于暗物质的性质，也有一些其他的想法，但这些有质量的中微子为我们提供了五年后引入的冷暗物质宇宙学的原型。

1977 年的这种不发光物质可能是第四类有质量中微子的想法，引起了一些了解天文学证据的人们的注意：冈恩、李和勒驰等人（Gunn，Lee，Lerche et al.，1978），以及斯泰格曼、萨拉赞、奎因塔纳和福克纳（Steigman，Sarazin，Quintana，and Faulkner，1978）。他们指出，如果不发光物质是 CDM（尽管当时还没有这个名称），那么膨胀宇宙中一个星系的形成，就应该始于由引力将重子物质和非重子冷暗物质混合聚集而成的一个弥散的云团。重子物质会通过辐射使能量耗散，进一步稳定下来，形成一个更加致密的中心聚集区，即一个年轻的星系。这种聚集区接下来还是通过辐射耗散而碎裂形成恒星。这一景象似乎对人们当时所知的大旋涡星系及其不发光晕的行为提供了一种有希望的近似。这一点是重要的，但它在当时并没有增强支持非重子暗物质的理由，因为怀特和里斯（White and Rees，1978）通过假设不发光物质是上一代恒星暗淡下来不发光后的残余，独立地得到了实质上相同的图像。这两种图像的相似性使其成为一种默顿双重发现。重子或非重子的差别很重要，但当时并没引起很大争论，因为，如下所述，非重子冷暗物质的一些引人注目的特征很快就吸引了整个学界的注意力。

## 6.7  CDM 理论

非常平滑的残余热辐射之海与物质在星系、星系群以及星系团中明显的聚集现象，二者之间的显著差别使人们的想法逐渐发生了转变，最终促使人们普遍接受了非重子暗物质，即 CDM。如果引力将物质吸引在一起形成这些质量聚集，那么这个过程是如何得以避免对残余辐射造成显著干扰的呢？

对解答这一问题的初步尝试，受到 20 世纪 80 年代早期一些测量结果的启发。这些结果给出了初步证据，表明残余辐射温度在全天的变化为万分之几（$\delta T/T \sim 10^{-4}$）。我当时一定得关注这一点，因为它是由法布里、圭迪、梅尔基奥里和纳塔利（Fabbri, Guidi, Melchiorri, and Natale，1980）以及鲍恩、郑世康[1]和威尔金森（Boughn, Cheng, and Wilkinson，1981）这两个组作为一种尝试而独立提出的。鲍恩等人是普林斯顿大学引力研究组的同事。我（1981）提出了一个模型来使这种各向异性与星系中质量成团分布相一致。它实现这个目的的方法并不自然[7]，但说来也不是没有道理。当菲森、郑世康和威尔金森（Fixsen, Cheng and Wilkinson，1983）撤销了之前声称的探测结果，同时表明那片辐射之海比我的模型所允许的还要更加平滑时，我（1982）又想出了另一个模型。那是在菲森等人公布他们的新观测之前，但我已经知道结果了，毕竟我们是同事。

当我引入第二个宇宙学模型时，我已经将很多时间投入这个迷人的领域（对我与我志趣相投的同行来说），即星系的空间与速度分布的统计度量的发展和应用。许多结果都收集在格罗斯和皮布尔斯（Groth and Peebles, 1977）以及戴维斯和皮布尔斯（Davis and Peebles，1983）的论文中，更多的则收集在我本人（1980）的论文中。我开始从事这项计划时只有一个模糊的想法，我认为它

---

1　感谢郑世康博士告知译者其姓名的中文写法。

或许会揭示出一些统计模式，从而启发我们理解为什么星系分布一定是现在这种形式。在我看来，如果星系及其成团的空间分布是在引力的作用下，由早期宇宙中对严格均匀性的微小偏离增长而来的话，我们就理应得到这些结果（Davis，Groth，and Peebles，1977；Peebles，1984a）。残余辐射的平滑分布与物质的成团分布之间的巨大差异，似乎让我对此的看法受到了挑战。这促使我（1982）设想了一种后来被称为 CDM 模型的新宇宙学。我当时是希望它作为一个反例来针对这种论断的，即宇宙结构的引力增长这一想法是有问题的。

我提出的方案一开始先假设大多数物质是非重子的。它们是暗淡的，而且它们与重子物质和辐射最多只会发生弱作用。这就使得当引力将物质结合起来形成代表星系的那些质量聚集时，热辐射之海会自由地穿过这些非重子物质。这些辐射会受到重子等离子体的阻力影响，但大多数的质量应该是非重子的。这些辐射也会受到不断增长的质量聚集所产生的引力影响。这个效应可以用广义相对论计算出来。

对于第 6.1 节中讨论的宇宙结构增长，我还是出于简单性而采用了标度不变的初始条件。这只需要选择一个参数：由对严格均匀性的偏离产生的时空曲率涨落的大小。对于这两种物质和原初辐射，其原初的空间分布可能并不相同，然而简单性原则再一次要求这三者的分布是相同的。（这被称为绝热初始条件。）我认为星系是相当好的质量分布示踪物。正如我提到过的，我们有一些经过充分验证的统计度量来描述星系如何分布、如何运动，而我将这些度量用于研究质量。最后，我采用了所有那些看起来合理的相对论宇宙学中最简单的一种，即第 6.4 节讨论的爱因斯坦—德西特模型。这个模型不含宇宙学常数，也不含空间曲率。我提到过我的统计分析结果已经给出在我看来相当好的证据，表明质量密度小于爱因斯坦−德西特值，但要把这个结论也考虑在内的话就需要引入另一个参数——空间曲率或者宇宙学常数，而这样的麻烦在反例中是应该避免的。

可以预言，宇宙结构在引力作用下的增长会在残余辐射上造成引力扰动。计算这种扰动所需的理论要素是现成的，可以从萨克斯和沃尔夫（Sachs and Wolfe，1967）以及皮布尔斯和虞哲奘（1970）那里找到。巨大的困难摆在了实验家面前：发展出一些方法进而能够探测到所预言的那些描述偏离严格均匀辐射之海的统计模式，而这种偏离程度预计只有百万分之几。出乎我的意料，这种效应后来被探测到了，并且现在的测量结果比当时要精确很多。

斯穆特、本内特和科格特等人（Smoot，Bennett，Kogut et al.，1992）宣布首次探测到了残余辐射温度在全天大尺度上的变化。他们所用的设备安装在 COBE 卫星上，同时装载的还有第 160 页谈到的证明了该辐射具有热谱的那种设备。在所有不确定度内，我在 1982 年给出的预言与十年后的这些测量结果是一致的。这由多种原因所致。我当时一直在建立一些我可以信赖的统计度量来描述星系的分布。我假设了质量是随星系分布的，现在证明这是个合理的近似。这些质量决定了扰动这些辐射的引力，而这是可以计算的。此外，我在 CDM 模型中的其他一些假设也都被证明是大致正确的，这是在我能想到的可行方案指引下，好运气加上精心筹划共同导致的结果。

特纳、维尔切克和徐一鸿（Turner，Wilczek，and Zee，1983）也独立地引入了这个 CDM 模型中的元素。他们感兴趣的是粒子物理学在宇宙学中可能起到的作用，而并非残余辐射的平滑分布与物质成团分布之间的差异。他们对于引力对残余辐射的效应所做的计算不太详细，这导致他们的结论是：该模型没有多大希望。

我当时觉得，作为一个例子来展示引力如何在形成宇宙结构的同时保持一个非常平滑的辐射之海，CDM 模型是没有什么问题的，但我可以想到其他一些模型也能做到这一点，因此，看到人们对 CDM 模型寄予的热情，我当时多少有些不安。当时还存在第 6.4 节中提到的那个问题，即直接从观测证据来看，平均质量密度比我用的爱因斯坦−德西特模型给出的值要小。这种低质量密度的证据在我看来是有利的，于是在第二篇关于 CDM 想法的论文中，我（1984b）讨论了低质量密度以及增加宇宙学常数 Λ 的好处——前者可以与证据相符，后者可以保持空间截面平直从而与暴胀相符。这后来被称为 ΛCDM 理论。

## 6.8　ΛCDM 理论

在最初的 CDM 和后来的 ΛCDM 模型中，宇宙结构形成所需的初始条件是标度不变的。后来对残余辐射分布模式的精确测量结果要求对这种初始条件进行调整，从而倾向于在更大的尺度上产生略微偏大的时空曲率涨落。这意味着对标度不变性的偏离程度，即后来所谓倾斜（tilt），成为一个自由参数，可以通过调节它来拟合测量结果。[8] 这使得我们的理论在形式上具有 7 个自由参数。我们可以把它们取为：

1. 当前的重子物质质量密度。

2. 当前的非重子冷暗物质质量密度。

3. 爱因斯坦的宇宙学常数值。

4. 空间截面的平均曲率。

5. 原初时空曲率涨落的幅度。[9]

6. 曲率涨落谱的倾斜程度。

7. 残余辐射被自由星际电子散射的光学深度。[10]

给定这些量，广义相对论就可以确定哈勃常数的值。

通常默认的假设是，我们可以应用爱因斯坦的广义相对论。到了 20 世纪 90 年代，广义相对论已经被证明通过了一些利用太阳系内光脉冲计时所做的严格检验。将这个理论应用到宇宙大尺度结构上，这在当时是一个很自然的做法，然而仍是一种假设，实际上是一种参数选择。而且，从范围在 $10^{13}$ 厘米内的太阳系内所做的测量结果，外推到大约 $10^{28}$ 厘米的宇宙学尺度，跨越了 15 个数量级，这种外推尺度之大令人惊叹。除了不发光物质的迹象之外，没有什么证据反对它。然而，直到下面即将讨论的宇宙学检验方面的进展出现之前，也很少有经验证据支持它。

让我们也来考虑从社会学家那里学到的一课。他们像观察所有人类活动那样观察自然科学中循环建构的倾向。在 20 世纪 80 年代，当我引入 CDM 和第一代 ΛCDM 模型时，我从星系的分布和运动中看出它们像是通过引力作用而增长起来的，于是我就假设了这一点。这意味着，这个理论可以相当好地拟合星系分布和运动的测量结果，这一点并非完全出乎意料。实际上，我当时对宇宙结构的引力增长所做的假设就是一个自由参数，而我选择这个参数，使它与我在数据中认出的值相符。但此处的循环论证程度是有限的，我的印象只是基于少许数据而得出的定性判断，而这里和第6.10 节所要探讨的那些 ΛCDM 的检验则是对大量精确测量结果进行定量分析，从而对经过可靠计算得出的预言进行检查。这是很大的差别。

当然，能够将预言和可靠的测量结果相比较是很重要的，但要是预言本身并不可靠的话，测量结果也就没什么用。因此，很重要的一点就是，ΛCDM 的一些关键预言是通过微扰论可靠地计算出来的。这包括对于已经在全部角尺度上测得的残余辐射分布的统计性质所做的成功预言，也包括对于在相当大范围的较大尺度上星系空间分布的统计性质所做的成功预言。星系在较小尺度上的情况则有所不同，因为星系形成是一个复杂的过程，需要通过建立模型并引入一些自由参数来近似地描述恒星如何形成，如何影响年轻星系中已经由引力聚集起来的那些结构。这意味着，对星系形成的成功模拟可以作为论据来支持 ΛCDM，但这种支持并不充分。关于残余辐射分布以及星系大尺度分布的理论和观测是更加可靠的，而且到目前为止它们是与测量结果相符的。

对上述内容给予必要的关注后，我的结论是，ΛCDM 成功地使理论与大量的观测结果相符，其数量远大于模型的可调参数，包括那 7 个明显的参数，以及一些更加难以计数的隐含参数。这些检验将在第 6.10 节回顾。首先还是让我们来考虑一下 1990 年前后，那时的学界在如下问题上产生了分歧：CDM 模型的哪些调整有可能对我们所认为的实在做出很好的近似。

# 6.9 困　惑

在 1990 年前后，随着一系列证据的积累，人们开始积极地寻找一种足够有趣的宇宙学。这些证据看起来是有启发性的，但却可能有不同的解释。尽管会引起一些困惑，但还是有一些原因可以解释为什么很少有人质疑非重子物质这一假设。

一开始，伽莫夫（1948a，b）关于热大爆炸中元素形成的想法（在第 5.3 节中讨论的）基于经过充分检验的核物理学，并且对于观测到的氢和氦这些轻元素同位素丰度，理论拟合结果看起来也是令人满意的。但这种拟合要求重子质量密度约为学界更加青睐的爱因斯坦—德西特模型中密度的 5%。这个重子密度值比大多数动力学方法得到的总质量测量结果还要小，后者大概分布在爱因斯坦—德西特值的 20% 或 30% 附近。非重子暗物质可以弥补这个差别，因为它不会参与伽莫夫理论中的那些核反应。这里假设了，从残余辐射温度比当前值高 10 个数量级左右的那一时期开始，核物理学一直都没变。这是将现有的理论向过去做了相当大的外推，其合理性的检查，也即通常的目标，就是要看它使得所有明显相关的信息在多大程度上是相互一致的。

关于星系周围存在暗物质的证据看来是清楚的，同时也有理由认为它是非重子物质，而并非一些小质量恒星。支持非重子这一方的一个心理上的因素是，这种图像对于探索星系如何形成并发展出观测到的那种成团模式，提供了一个容易的入手点。回想一下，假想的非重子 CDM 只不过是一团具有极长平均自由程的粒子气体。它们的行为可以相对容易地通过数值计算来把握。星系中的重子物质显示出激波和湍流这样的复杂现象，同时还伴有恒星形成以及星风和恒星爆炸等效应带来的麻烦。这意味着质量和尺度在星系水平上的重子聚集体的行为很复杂。如果大多数的质量都源于简单得多的 CDM，那么在分析星系形成及其空间成团分布时，就可以很容易地从以下方面入手：先是忽略掉重子，然后追随引力聚集暗物质的过程。20 世纪 80 年代得到的那些结果看来是很有希望的。接下来很自然的一步就是引入一些模型来描述重子的行为，并逐步增加模型的细节，只要这些细节导致的结果能为星系给出看起来合理的近似描述，这就有助于保持人们对非重子物质的兴趣。

当然，简单性并不足以成为支持 CDM 的证据，但它是一个很好的理由来探索这一假设。这种思维方式有时也曾将研究引向富有成效的方向。麦克斯韦当初决定暂时不去寻找以太的力学模型，而是前去探索场方程的表述，这极大地简化了他的工作，从而使他得到了一个成功的理论。在 1990 年前后，人们对于能够通过相关检验的宇宙学物理理论会具有何种性质争论不休，非重子 CDM 则凭借其简单性在这些争论中赢得了显著的地位。当时我们并不确定这种简单性一定会让 CDM 成为一个值得探索的有益方向，但我们运气很好。

关于我 1982 年提出的那个 CDM 模型，我不喜欢的一个特征就是其大质量密度。我认为它与那些重要证据的直观解释是相悖的。我在 1984 年提出的 ΛCDM 版本修正了这个问题，但其他人当时不喜欢宇宙学常数。残余辐射角分布的测量对于解决这些问题是至关重要的，但直到世纪之交，对于这些测量结果的初步评估还是令人感到困惑。我们的确有一些可靠的统计度量来描述星系分布与运动中的那些模式，但人们对于星系在多大程度上可以示踪质量有所怀疑，因为要是果真如此的话，那就意味着质量密度会小于备受青睐的爱因斯坦−德西特值。除此以外，有时还有一些对星系和星系团性质的误解。结果，面对关于如何改进最初的CDM 模型的众多想法，人们产生了困惑。让我们略过我在《宇宙学的世纪》（*Cosmology's Century*, 2020）一书中介绍到的那些细节，相反，让我们集中关注那些各种各样的想法本身，而不必关注它们是由谁提出的。我们关注的是大局。

在温暗物质（warm dark matter, WDM）模型中，暗物质粒子随机的初始剧烈运动设定了一个平滑尺度（smoothing scale），该尺度会对第一代质量聚集体的质量定义一个下限。这个最小质量可能在观测上是有意义的，或许是一个代表星系特征的质量。这一想法源于粒子物理学中的思想，但在粒子物理学思想朝着其他方向发展的过程中，原初最小质量的这个取值成了一个自由参数。

倾斜冷暗物质（tilted cold dark matter, TCDM）模型假设，包括重子和非重子在内的质量密度取值为爱因斯坦−德西特值，因而无需宇宙学常数来保持空间截面的平直。在 CDM 的其他假设下，对于残余辐射大尺度各向异性测量结果的拟合将会预言出一些质量大到不可思议的星系团。为了摆脱这个问题，相对于 CDM 中假设的标度不变性，该模型假设原初质量涨落具有相当大的倾斜，正如第 6.1 节所讨论的那样。近似的标度不变性这一假设确实可由宇宙暴胀通过一种相当自然的方式得到，但是人们也可以论证TCDM 中的倾斜在暴胀中也是可以自然实现的，只要对该情景做出适当调整即可。这个模型并不解决如下问题，即为什么更直接的动力学测量结果会构成合理的理由来支持质量密度小于爱因斯坦−德西特值这一论断，然而人们通常认为动力学质量测量结果肯定是受到系统偏差影响才给出更小的值。

在混合暗物质（mixed dark matter）模型 MDM，即所谓"冷 + 热暗物质"（cold + hot dark matter，CHDM）中，非重子暗物质是由以下两种成分混合而成的：一种是 CDM，另一种就是由最初设想的那种具有几十个电子伏特静质量的中微子构成的 HDM。一开始，冷暗物质成分会构成聚集在星系周围以及星系团内部的那些不发光物质。热暗物质成分会弥散在更广的范围内。较小尺度上的观测结果因而可能就会给出这样的印象，即 CDM 就是所有的暗物质，而漏掉了 HDM。也许总的质量密度，即 HDM 加上 CDM 就是爱因斯坦－德西特值。DDM（即衰变暗物质，第一个 D 代表 decaying）图像也可以得到非常相似的结果，其实现过程为：一部分暗物质衰变成快速运动的暗粒子，成为热暗物质成分，而剩下的冷暗物质则聚集在星系周围。我们再次看到，这里可能还是不需要宇宙学常数。

我于 1984 年引入的 ΛCDM 模型接受了低质量密度的证据，并且加入了宇宙学常数来保持空间截面的平直。τCDM 模型增加了一些参数使人们可以探讨对 ΛCDM 的适当调整。

在 20 世纪 90 年代，对这些模型的探索是合理的，其中的某个想法可能会碰到正确的方向。然而，值得注意的是，人们的讨论很少会比大多数物质是非重子的这一想法走得更远。奥斯特里克和考伊（Ostriker and Cowie，1981）则另辟蹊径。他们首先注意到，观测发现恒星通过核燃烧和爆炸所释放的能量会重新排布重子，就像在从正在形成恒星的星系发出的等离子风中那样。也许更为剧烈的爆炸过程会使物质聚集而形成星系。等离子体对辐射分布的影响是一个复杂的问题，但这个提议刚好是在非重子暗物质加入宇宙学模型之前发表的。这种爆炸的观点肯定是值得考虑的，但它难以解释如下观测结果，即相邻星系间较小的相对运动以及它们较大的流注运动（streaming motions）。这种结果用引力聚合形成星系的观点可以很容易地想象出来，但用爆炸的观点则不然。

我（1987a,b）引入了PIB模型[代表原初等曲率重子（primeval isocurvature baryon）]，目的是给出一个反例来证明我们也可以不需要我引入宇宙学中的这种假想的非重子暗物质，只要你愿意接受一个低得令人不安的重子物质质量密度和一个相当不自然的初始条件。这个模型假设所有物质都是重子物质，而重子物质在早期宇宙已经处于一种结团的状态，同时也假设辐射的分布方式刚好使得宇宙总质量是均匀的。[11]这种PIB模型一直是可行的，直到20世纪90年代，对残余辐射各向异性在大约一度的角尺度上不断改进的测量证伪了它。在这个角尺度上，CDM一类的模型预言出了在各向异性中观测到的凸起，而PIB错误地预言了一个凹陷。

一位非专业人士如果要调查20世纪90年代的宇宙学研究的话，可能会感到不知所措，因为针对我们唯一的宇宙有这么多不同的想法都在探讨描述它的理论，而且每个想法都可以说是有希望的。这种情况或许可以作为《勾勒姆》（1993）一书中第58页上的一个条目。他们给出的那些自然科学中的异常想法，无论果真如此还是看似如此，都是正常研究过程的一部分。宇宙学的各种想法之间存在争论是有益的，而不愿意探索更新奇的想法才是无益的。在20世纪90年代是否还有些更加异想天开的猜想给出了其他可行的、无需非重子物质的宇宙学模型呢？我们不得而知，因为世纪之交时正在进行的观测项目取得了两大重要进展，这使得物理宇宙学界对这个问题不再感兴趣。

# 6.10　解　决

世纪之交的两个宇宙学研究项目平息了 20 世纪 90 年代的众多争论。其中一项将哈勃定律的观测结果，即距离和红移之间的红移—星等关系（在第 4.2 节中讨论的）推广到更大的距离上，以至于退行速度成为相对论性的，而且所预言的红移和视星等之间的关系依赖于时空的曲率。[12] 另一项描绘出了残余辐射在全天的分布模式。通过这两种截然不同的方法探测宇宙，得出的测量结果都与 ΛCDM 理论相符，而这一点正是由我们下面即将介绍的那些检验所确立的。[13] 从这两个截然不同的项目得出了一致的结果，这就促使 ΛCDM 理论得到了广泛的认可。下面我们就来详细讨论一下。

## 6.10.1　红移—星等关系

要想可靠地应用这些实验中的第一种，即红移—星等关系的测量，就需要证认那些距离很远的天体。它们得亮得足以被人看到，而且还得有足够一致的本征光度，从而使得它们在不同红移处的视星等可以和预言值进行比较。阿兰·桑德奇（Allan Sandage）就此问题写过一篇著名的论文《200 英寸望远镜区分特定宇宙模型的能力》（"The Ability of the 200-Inch Telescope to Discriminate between Selected World Models"，1961）。桑德奇指出，南加利福尼亚州帕洛玛天文台的这架大型望远镜能够探测到一些最亮的星系，它们距离足够远，从而其退行的视速度达到了相对论性速度。这意味着红移和视星等的测量有可能区分出，比如说，稳恒态宇宙学和相对论爱因斯坦—德西特模型，只要在不同红移处观测到的星系可以转化到一个共同的本征光度标准。这在稳恒态宇宙学中是给定的，因为不同红移处的星系从统计上讲总是相同的。但在大爆炸理论中这确实是个问题，因为我们看到的遥远星系是它们年轻时的样子，该效应由光的传播时间所致。将遥远的星系和更近而更老的星系进行比较，需要针对它们当中恒星的产生与演化对其光度的影响进行修正，而这是一项复杂的工作。

超新星，即爆炸的白矮星中有一种特殊的类型被证明适合做这种检验。它们的峰值光度并不相同，但可以通过观测到的光度与光度变化率之间的关联来转化到一个共同的标准。用天文学家的术语来讲，超新星绝对星等作为其光度的度量，可以通过观测到的视星等变化率而修正为同一个值。对于在一定距离范围内的超新星，其红移和经过修正的视星等的测量值可以用来和宇宙学模型的预言值进行对比。

自 20 世纪 30 年代以来，准确测量红移在 1 附近的红移-星等关系就一直是宇宙学的一个目标。70 年后，通过观测这些超新星，两个研究组终于实现了这个目标。这并不是一种默顿多重发现，这两个组一直在激烈地竞争。任意一方都能确立这个结论，但两个组通过不同的方法得出了一致的结果，这就增加了其可信度。相对论宇宙学模型对这些测量结果的拟合，揭示出我们宇宙的平均质量密度大约是爱因斯坦-德西特值的 30%，同时也表明是宇宙学常数保持了空间截面近乎平直——大多数人认为这是宇宙暴胀要求的。这一成就得到了诺贝尔物理学奖的认可，该奖项授予了这两个组的领导者：索尔·珀尔马特（Saul Perlmutter）、亚当·盖伊·里斯（Adam Guy Riess）和布莱恩·施密特（Brian Schmidt）。珀尔马特和施密特（2003）回顾了这些结果，并就所有促成这些结果的工作介绍了相关文献。

　　这项红移–星等测量给出的结果是可靠的，但人们必须警惕的是，测量结果及其分析过程中那些难以察觉的意外可能隐藏了一些系统误差。天文学家早就在担心这种对处于不同红移的、名义上类似的天体所进行的比较：不同红移意味着处于大爆炸宇宙学中的不同演化阶段。这两个超新星团队当然认真考虑了这一点，而团队之外的专家也一致认为他们的论据是可靠的，然而要想完全证明演化的影响得到控制是不可能的。因此，由另外一类截然不同的测量得出同样的结论是非常重要的。这类测量也存在其自身系统误差的风险，但这类误差肯定不同于人们在超新星观测中可能料想到的误差。

### 6.10.2　物质与辐射分布中的模式

　　第 5.4 节回顾了人们是如何认识到我们身处一片辐射之海，即宇宙膨胀早期炽热阶段遗留下来的残余。它所具有的热谱以及在全天的平滑分布都符合这样的想法，即在我们所能观测到的整个空间上宇宙在膨胀早期是非常近乎均匀而一致的。在已建立起来的相对论宇宙学中，对严格均匀性的微小初始偏离，通过引力吸引作用而增长为我们在周围的星系、星系群和星系团中看到的团块状物质分布。广义相对论给我们提供了这样一种理论，它描述了在宇宙结构增长的过程中，物质受引力作用而进行的重新分布，也描述了结构增长导致的引力扰动对残余辐射分布的影响。在这个理论中，预言出的残余辐射角分布以及星系空间分布中的统计模式携带着有关初始条件和宇宙演化中结构增长的信息。

　　这个项目所面临的一个挑战是，星系及其成团分布的形成必

定以一些难以分析的方式影响了残余辐射之海。这些辐射在空间
中传播时会遇到等离子体，比如在星系风和星系爆发（galactic
explosion）中，这会加热并阻碍这些辐射。它们还会遇到质量聚集
导致的对平滑时空的偏离。这些质量聚集可能几乎是静态的，也
可能是像在爆发中那样快速变化，而这会更加直接地影响这些辐
射。如果能量足够大的话，爆发也会使物质重新分布，从而使我
们希望在星系空间分布中发现的那些信息变得更加复杂，甚至被
掩盖起来。事实上，我们必须在第 6.8 节所列出的那些 ΛCDM 理
论假设中再加上一条：希望宇宙结构形成过程在后期不是特别
剧烈。

如果我们能够忽略这些复杂的问题，那么 ΛCDM 理论的预
言就是可信的，因为它们是通过将微扰论应用到我们熟知的物理
过程而得到的，而对于此目的来说，该方法看起来是非常可靠的。
并且我们确信，用来跟这些预言做比较的那些测量结果是可靠的，
因为它们都是经过多个团队充分检查过的。但这里有两个前提条
件：一个是，某些剧烈的过程没有严重地影响到物质和辐射；另
一个是，我们的基础物理学理论是可靠的。这个要求很高，意味
着一个有力支持该理论的理由需要许多检验。让我们现在就来考
虑一下存在许多检验这一理由。

图 6.1 展示了残余辐射角分布的统计涨落如何随角尺度变化，
以及星系空间分布的统计涨落如何随空间尺度变化。那些曲线是
ΛCDM 的预言，是同一个理论与这两个截然不同的数据集归算后
进行对比的结果。（ΛCDM 的参数在这两个子图中略有不同，因为
人们对于这些测量值的看法稍有不同，但这些参数足够接近，就
我们的目的来说可以认为是相同的。）

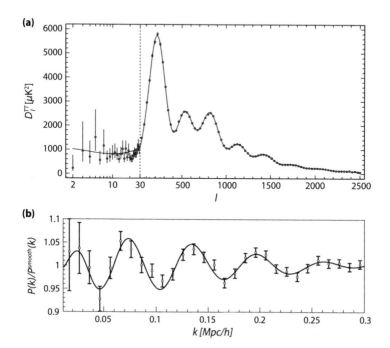

图 6.1 原初压强波或声学波的特征。子图（a），印在残余辐射角分布上的特征。子图（b），印在红移 0.4 < z < 0.6 范围内的星系空间分布上的特征。实线是预言的结果。子图（a）源自普朗克合作组（Planck Collaboration，2020），其复制得到©ESO 许可。子图（b）由弗洛里安·博伊特勒制作（Beutler，Seo，Ross et al.，2017），所用的数据源自重子振荡光谱巡天合作组（Baryon Oscillation Spectroscopic Survey collaboration）。

在两幅子图上，理论和测量结果表现出的波动是早期宇宙中重子等离子体和辐射振荡留下的遗迹。这种振荡可以进行如下理解。早期宇宙中的辐射很热，足以使重子一直处于电离状态，一直到辐射温度随着宇宙膨胀下降到 3 000K 左右。这发生在红移 $z \approx 1\,000$ 处。在此之前，重子是电离的，自由电子对辐射的散射以及离子对电子的散射导致辐射和等离子体一起运动，表现得就像是一种可压缩流体，其压强由辐射提供。对严格均匀性的微小偏离导致该流体以我们可称之为压强波、声学波或声波的方式进行振荡。这一行为在红移 $z \approx 1\,000$ 处突然终止，此时辐射已经冷却下来，足以使等离子体复合形成中性原子。这就让重子从辐射中解放出来，在双方都留下压强振荡的痕迹，也就是图上见到的那种波动模式。这种现象早在它被观测到之前，就由皮布尔斯和虞哲奘（1970）发展出的理论所预言。

子图（a）中的角尺度是 $180°/l$，其中球谐指标 $l$ 是子图（a）中的横轴。子图（b）中的线尺度是 $\pi/k$，其中波数 $k$ 是子图（b）的横轴。这个下方子图中的功率谱是在去掉谱随波数的缓慢变化之后，星系空间分布的傅立叶变换的平方。子图（a）是基于数据在球面上的类似傅立叶变换。它是残余辐射温度的球谐变换的平方。在功率谱相对较大的地方，在角尺度 $180°/l$ 或线尺度 $\pi/k$ 上平滑后的辐射温度或星系计数的涨落就特别大。

两幅子图中的小圆圈为测量值，其不确定度由竖线表示。残余辐射分布在大角尺度上即小 $l$ 值的测量结果并不确定，因为在大尺度上这种模式在全天的统计样本并不多。在更大的 $l$ 值即更小的尺度上样本更多，测量结果也更精确。这些精确的测量结果在各种细节上都与子图（a）中预言给出的那条实线相当符合。这是个了不起的结果。

对星系分布中统计模式的测量结果的精确就略逊一筹，因为全天的星系要比残余辐射的样本更少。然而，对于星系分布的这一统计度量，我们也明显看到了理论和观测之间的一致性。这种一致性也是一个了不起的结果。

更了不起的是，通过对物质与辐射的分布进行观测和分析，参数相同的同一个 ΛCDM 理论可以拟合这两种由截然不同的探测宇宙的方式所得到的统计度量。

还有一些其他的检验，其中包括第 6.10.3 节将要讨论的那些测量结果。然而图 6.1 表达出了核心观点：鉴于星系和残余辐射分布中的统计模式在理论和观测上的一致性，ΛCDM 理论通过了严格的检验。是否可能有另外一个物理上不相同的理论也能符合图 6.1 中展示出的测量结果呢？这是永远无法否认的，但这种想法看来肯定是不太可能的。

### 6.10.3 定量检验

表 6.1 宇宙学参数的检查

| | 物质 $\Omega_m$ | 重子 $\Omega_{baryon}$ | 氦 $Y$ | 哈勃常数 $H_0$ | 宇宙年龄 |
|---|---|---|---|---|---|
| $z \lesssim 0.1$ | ~ 0.3 | ~ 0.05 | $0.245 \pm 0.004$ | $74.0 \pm 1.4$ | $13.4 \pm 0.6$ |
| $z \sim 1$ | $0.26 \pm 0.06$ | — | — | — | — |
| $z \sim 10^3$ | $0.32 \pm 0.01$ | $0.049 \pm 0.001$ | $0.24 \pm 0.03$ | $67.4 \pm 0.5$ | $13.80 \pm 0.02$ |
| $z \sim 10^9$ | — | $0.044 \pm 0.001$ | $0.24 \pm 0.01$ | — | — |

表 6.1 通过比较不同的独立限制给出的 ΛCDM 理论参数值，对一些检验结果进行了总结。表格中各行从上到下的顺序是按照一些物理过程发生的时期回溯的。这些过程产生了我们所观测到的现象，而我们利用这些现象推断出表中的那些量。特定时期由红移 $z$ 来标记。从该时期开始宇宙膨胀的倍数为 $1 + z$。第一行中我们象征性地选择 $z \lesssim 0.1$ 来表示当前的时期，它相当于到今天为

止宇宙膨胀过程的后 10%。在表中第二行 $z \sim 1$ 的时期，星系之间的平均距离是当前值的 1/2。在红移 $z \sim 10^3$ 时可能还没有星系，所以我们可以想象守恒的质子和中子之间的平均距离。平均来说，它们在红移 $z \sim 10^3$ 时的接近程度是现在的 1000 倍。$z \sim 10^9$ 时粒子的接近程度是现在的 10 亿倍。这些向过去所做的巨大外推之所以受到我们关注，是因为它们有助于展现出一种关于宇宙演化的一致描述。

这种证据就是，空间截面是接近平直的，这与通常对宇宙暴胀的解释中所预期的零空间曲率是一致的。因此，为简单起见，我将约定，我们检验的这个版本的 ΛCDM 理论具有平直的空间截面。将其视为一项附加的假设，它可以简化讨论，同时又不会掩盖我们将要论述的要点。哈勃常数值 $H_0$ 出现在一些度量中。作为另一种简化，当无法通过其他方式得到时，我取 $H_0$ = 70km/s/Mpc。（这可以方便地简写为 $h$ = 0.7。）我们可以相当肯定，这样做并不离谱。

表中第二列开头的参数 $\Omega_m$ 值是当前宇宙平均质量密度与爱因斯坦－德西特模型中质量密度之比。该模型中，宇宙正在按照观测到的膨胀率以逃逸速率膨胀。[14] 自从 20 世纪 80 年代以来，对当前时期或接近当前时期发生的现象进行观测后，从中得出的证据可明确解读为：质量密度约为爱因斯坦－德西特值的 1/3，$\Omega_m \sim 0.3$。这一证据在 1990 年左右并不受欢迎，因为在广义相对论中要么需要空间曲率，这就与通常对暴胀的理解相悖；要么需要一个宇宙学常数，而我们已经看到这会导致更加令人困惑的问题。到了世纪之交，当时的检验要求人们接受宇宙学常数和平直的空间截面。这二者也是我们为了简化上述表格而采用的。局部的观测结果继续支持这一证据，即当前平均质量密度接近上表中的那些数值。[15]

　　表中第二行的 $\Omega_m$ 值是由第 6.10.1 节讨论的超新星红移−星等测量项目得出的。这一关系的形式对于 $z \sim 1$ 时的物质密度值很敏感，此时宇宙只有当前大小的一半左右，而宇宙膨胀率正在从由物质的引力吸引作用导致的减速行为转变成由正宇宙学常数的排斥效应导致的加速行为。

　　表中第三行的 $\Omega_m$ 值所基于的理论描述了如下时期，即残余辐射温度降至 $T \sim 3 \times 10^3 K$，冷却到足以让重子等离子体结合成中性原子，从而将重子从辐射的掌控中释放出来（第 6.10.2 节讨论的）。这被称为退耦。重子和辐射的这种类似流体的阶段突然结束，就在星系和残余辐射的分布中产生了图 6.1 所示的那些统计模式。这些模式的具体形状依赖于物质的质量密度，因为这有助于决定宇宙膨胀中重子和辐射退耦的时刻。就像风琴管的长度决定其音高，图 6.1 中那些振荡的准波长依赖于声速以及膨胀从高密度状态向退耦转变的时间。

　　当残余辐射穿过由质量聚集增长所致的演化的引力势时，作用在残余辐射上的效应可作为 $\Omega_m$ 的另一种度量。这可以通过在红移 $z < 0.8$ 处观测到的星系聚集与辐射温度对均匀性的偏离之间的关联而测出：$\Omega_m = 0.30 \pm 0.01$（Hang，Alam，Peacock et al.，2021）。

　　在这些 $\Omega_m$ 的度量中，有些并不是特别精确，但它们看起来都是可靠的。它们在不确定度内的一致性令人惊叹，因为它们基于的观测是针对一些在宇宙演化过程中截然不同的时期发生的事件所产生的现象：当前时期，是通过星系相对运动的动力学；时间上溯到 $z \sim 1$，当宇宙只有现在的一半大时，是通过红移−星等关系的测量以及增长的质量聚集对辐射的效应；继续上溯到 $z \sim 10^3$，那时重子物质从辐射中脱离出来，而压强振荡的特征给双方都留下印记。还要考虑到，这些截然不同的探针针对着在宇宙演化中相隔甚远的不同阶段所发生的事件，而对这些探针的测量也是通过不同的观测方法得到的。这些数据通过 $\Lambda CDM$ 的应用得到归算。假如这个理论有什么严重错误，或者这些观测结果有什么严重缺陷的话，我们就不会指望这三个数值之间有任何关联。这些 $\Omega_m$ 值之间的这种一致性可能只是一种巧合、一种普特南奇迹吗？这看起来当然是不太可能的。相反，通过这些如此迥异的方法观察宇宙却得出一致的估计值，这就构成了一个出色的经验证据，支持描述宇宙演化的相对论性热大爆炸 $\Lambda CDM$ 理论。

一个世纪前，珀斯表明对于光速 $c$ 也存在类似的情况（在第 5~10 页回顾的）。我数了一下，珀斯共列出了四种测量 $c$ 的方法，利用的是由天文观测和实验室测量给出的结果。从那时起，这些测量的精度已得到改进，而且我们有了更好的理论：相对论取代了经典力学。我期待表中的三个 $\Omega_m$ 值也会随着测量的改进而得到修正，而且我希望当我们找到一个比 $\Lambda CDM$ 更好的理论时，它们也将得到修正。但珀斯的要点仍然有效。通过不同方式探测我们周遭的世界却得出一致的结果，正如珀斯的时代光速的四种度量以及今天 $\Omega_m$ 的三种度量所展现的那样。如果那些用来还原观测结果的理论对于我们周遭世界的运行是一些有用近似的话，那么我们就理应得到这种一致性。

表中第三列的 $\Omega_{baryon}$ 是重子物质质量密度对 $\Omega_m$ 的贡献，而剩下的部分在标准理论中就是 1982 年引入宇宙学的非重子冷暗物质。从接近当前时期的观测结果中，我们对 $\Omega_{baryon}$ 有两个估算结果。一个是基于对富星系团中重子质量分数的测量。人们认为这些星系团大得足以获得重子质量分数的一个合理样本，而数值模拟也很好地支持了这一观点。团中的重子大多数位于团内的等离子体中，而 X 射线谱的测量对这些等离子体质量做出了一些合理的度量。人们对于星系团中恒星内的重子质量估计得不那么确切，但它对于整体的贡献较小。重子和暗物质的质量是从将星系团束缚在一起所需的引力中推导出来的。星系团重子质量与其总质量之比可以用来估计宇宙重子质量分数 $\Omega_{baryon}/\Omega_m$。该比值乘上从局域动力学观测得出的 $\Omega_m$ 就给出了对 $\Omega_{baryon}$ 的估计。接近当前时期的第二种测量，是基于对来自其他星系的快速射电暴进行的观测。在穿过视线方向的星系际空间内的自由电子导致在更长波长上探测到的脉冲到达得更晚。（这一时间延迟正比于波长的平方，可以衡量自由电子密度从观测者到源沿视线方向的积分：单位面积上的电子。）该时间延迟并不受束缚在原子中的电子影响，但是，在视线方向上的中性原子对来自遥远星系的紫外光吸收得非常少，这说明星系际物质几乎处于完全电离的状态。对于远至红移 $z \sim 0.5$ 的星系，人们已经测得了时间延迟作为波长的函数。我把这些结果也大致归在 $z \lesssim 0.1$ 那一行。

在相对小的红移处对 $\Omega_{baryon}$ 的这两个估计值并不十分精确，但可以认为它们都是可靠的，而且这些结果也是一致的。这种接近局域的重子密度是一个重要的基准，可用来比较通过其他更为间接的方法推断出的重子密度。

$\Omega_{baryon}$ 在 $z \sim 10^3$ 的估计值是通过图 6.1 中的那些统计度量得出的。这些统计度量描述了重子–辐射退耦时在物质和辐射分布中留下的那些模式。耦合了辐射的重子等离子体质量密度有助于决定压强波的速度，而后者又有助于决定图中那些曲线的具体形状。

表中最下面一行的 $\Omega_{baryon}$ 是通过追溯宇宙膨胀一直到 $z \sim 10^9$ 而得到的。根据理论,那时的热核反应产生了今天氢和氦的大部分同位素。预言给出的氘(氢的稳定而较重的同位素)丰度敏感地依赖于重子质量密度:$z \sim 10^9$ 时的重子质量密度越大,氘核聚变形成更重同位素的效率就越高,而残余的星前氘丰度就越低。对于星前氘丰度的那些最佳测量值都是来自对红移 $z \sim 2$—$3$ 的年轻小星系所做的观测。它们具有的那些由恒星产生的较重化学元素的丰度很低,人们推测这意味着氘丰度几乎不受恒星演化的影响。这些星系的氘丰度是通过氘吸收线测得的。这些吸收线相对氢线有所移动,因为氘核具有两倍质子质量。

$\Omega_{baryon}$ 在 $z \sim 10^3$ 和 $z \sim 10^9$ 的测量值之间的差别比标称不确定度还要大,这是由即将讨论到的哈勃参数的不一致性所致。在 $z \sim 10^3$ 的度量使用了从退耦时留下的模式中得到的 $h = 0.67$。在 $z \sim 10^9$ 的度量使用了 $h = 0.7$ 这一形式值。然而,考虑到向过去所做的巨大外推,这种差异也并不算大。

让我们列举一下要点。对于重子质量密度,我们有三种度量。第一种是该密度在当前宇宙中的值。它基于对星系团中重子质量分数的观测,以及对星系际空间中自由电子造成的快速射电暴时间延迟的测量。通过这些相互独立的方式观测重子密度所得结论是一致的。第二种是通过如下理论得出的。该理论描述重子和辐射在 $z \sim 10^3$ 时退耦并且形成在辐射和星系分布中观测到的那些统计模式。第三种是利用观测到的氘相对氢的丰度,并通过 $z \sim 10^9$ 的更早期宇宙中轻元素形成的理论进行解释,最终推断得出。对 $\Omega_{baryon}$ 的这些估计值基于不同的理论,它们描述的是宇宙演化过程中三个间隔很远的时期所发生的事情,而相关现象也是通过三种不同的方法观测到的。假如理论是错的，或者观测结果被错误地解读了，那我们是不会期待在表中所列结果中看到这种相当好的一致性的。这还是珀斯（1878a）的要点。随着测量的改进，而且或许是当更好的理论被发现时，表中那些 $\Omega_{baryon}$ 值肯定会发生变化，但这样一种包含暗物质和宇宙学常数的相对论大爆炸的图像，看上去不太可能发生太大变化。

表中的第四列展示了氦丰度 $Y$ 的估计值，是通过在重子质量中所占比例给出的。第一行 $z \lesssim 0.1$ 的值是从对天体物理等离子体中氦复合线的观测中得出的。第三行的值是从描述氦如何影响等离子—辐射流体声速的理论中得出的。该效应影响着 $z \sim 10^3$ 退耦时冻结起来的那些重子物质和辐射分布中的模式。在第四行，氦丰度是根据描述 $z \sim 10^9$ 时轻同位素形成的理论以一种截然不同的方法计算出来的。

让我们再次列举一下要点。我们从氦丰度 $Y$ 的这三种估计值中看到了相当大程度上的一致性。它们基于宇宙演化过程中以三种不同的可观测到的方式发生的现象，并且这些现象是通过截然不同的方法观测到的。$Y$ 估计值的这种一致性本身就是支持 ΛCDM 理论的一个很好的理由。这和 $\Omega_m$ 以及 $\Omega_{baryon}$ 的测量一起构成了一个有力的论据。

表中第五列第一行的哈勃常数值 $H_0$，衡量的是当前的宇宙膨胀率，是通过对星系距离及其红移的观测得到的。第三行的值是从退耦时残余辐射角分布中的模式推断出来的。在百分之几的精度下，二者都可被认为是可靠的。直到本书写作时，二者之间的差别比仔细评估测量不确定度后所预期的要大。学界对此有三种看法。

有人认为，ΛCDM 通过了如此多的其他检验，以至于我们可以期待它也能通过这个检验，错误肯定是在测量结果中。但测量结果已经被仔细检查过，于是很多人认为这种不一致性是一种真正的反常。包括我在内的许多人同时持有这两种观点以及第三种观点。在 $z \sim 10^3$ 和 $z \sim 0$ 发生的那些过程之间，宇宙膨胀了 1 000 倍。这些过程产生的现象表明 $H_0$ 的值相差了大约 5% ~ 10%。将宇宙膨胀向过去倒推到当前尺度的 1/1 000 后才得到了 10% 的不一致性，这样的结果是非常好的。如果 ΛCDM 理论对实在是一种很好的近似，正如对 $\Omega_m$、$\Omega_{baryon}$、$Y$ 和 $H_0$ 的检查所揭示出的那样，那么就应该出现上述情况，只不过这种近似还有待改进。

对这一理论的改进当然是不会让人感到意外的。特别是，暗物质和宇宙学常数这样的图像看起来过于粗糙，就好像它们只不过是在当前水平的证据下我们能够得到的最简单的近似。至于我们考虑过的这些检验，它们总体上的成功使我能够预料到，尽管不难想象该理论会得到改进，但它是丝毫不可能被推翻的。假如它真被推翻了，那我们将如何看待这些检验所得出的这么多正面的结果？因此，更可能的解释是，ΛCDM 理论只是需要一些调整。我打赌会有一个更好的模型来描述这些暗成分，那将是一些行为比暗物质和 Λ 更有趣的东西。

表中的最后一列展示了宇宙的年龄，是从宇宙处于炽热而致密的那一刻算起。第一行的值是通过将恒星演化理论应用到我们银河系中最年老的恒星得到的。在红移接近 $z \sim 10$ 的遥远星系中也可以观测到恒星，而那时的宇宙还年轻。这意味着我们银河系中最年老的恒星可能只比宇宙从高密度状态膨胀而来所经过的时间稍微年轻一点儿。第三行是从描述 $z \sim 10^3$ 退耦时残余辐射行为的理论中推断所得。直到本书写作时，通过这两种截然不同的方式来估计或限制宇宙膨胀时间所得的结果是一致的。这是我们研究宇宙的又一种探针,它给出的结果与 ΛCDM 相符,在表 6.1 中所有其他证据之上又增加了一种。

更加直接地去检验相对论也是重要的,因为我们的物理宇宙学就是基于爱因斯坦的广义相对论。然而情况已经很清楚:ΛCDM通过了相当多类型的检验。让我们继续考虑关于物理科学本质以及客观物理实在假设的一些经验。

# 第 7 章

# 从科学进步中学到的经验

宇宙学的发展过程为我们提供了一个关于物理科学研究方式的有解示例。众所周知，它是精心筹划加上好运气共同导致的结果：从其他情况下的那些现象和已奏效的方法中，从直觉和机智的猜测中，以及从所犯过的并已基本改正的错误中获得指引。ΛCDM 理论并不完备，然而我们所有的理论都是如此。这一理论已被第 6.10 节回顾的那些预言检验验证过。它们数量众多，足以构成有力的理由来说明 ΛCDM 是一种很好的可靠近似。当然，支持物理学理论的理由是永远无法被证明的，但此处的这个理由对我们这些熟悉该学科的大多数人来说是极具说服力的。

有些理论是通过实验室中的实验在周密控制的情况下得到检验的。物理宇宙学是通过观测而得到检验的。对于观测情况我们是无法控制的，但我们还是有一定把握能够解释这些观测的，因为这些情况看起来挺简单。这种显而易见的简单性是连同该理论一起，通过观测结果的可再现性及其与理论预言的一致性得到检验的。

当前物理科学前沿要求人们重视受控实验（controlled experiments）[1]或者物理状况的简单性，但这与我们周遭世界的复杂性形成鲜明的对比。这是否已让我们的物理学理论产生偏差？要检查这个问题是一项非常吸引人的挑战，它会在我们逐渐学会应对复杂物理状况的过程中得到解决。至于它将在何种程度上得到解决，让我们拭目以待。

## 7.1 ΛCDM 理论的发现看似是必然的

宇宙中大多数质量是非重子的这一想法得到学界认可，这或许可以算作是库恩（1970）引入的那种范式转移。实际上，当天文学家和宇宙学家考虑一个星系时，我们现在习惯于将它想成含有少许重子——恒星、气体和等离子体——的一团暗物质。但大家依然对重子非常感兴趣，而暗物质也应该被更恰当地描述为一种范式增加，是通往建构和检验 ΛCDM 世界观的众多步骤中的一步。

ΛCDM 理论的建构与获得认可是必然的吗？还是说，它是一种意外，是一次偶然的机会碰巧让人们注意到了这个理论而不是另外完全不同的理论？在 20 世纪 60 年代初，一场与苏联就古巴危机产生的核武器冲突本来可能在毁掉更多东西的同时也毁掉我们发现这个理论的机会。然而鉴于那个时期的技术水平，以及与之相伴的相对稳定的科学和社会文化氛围，ΛCDM 看起来肯定是

---

1    也称对照实验。但此处为强调与"物理状况的简单性"相应的"实验条件的可控性"，故翻译为"受控实验"。

要被发现的。为了论证这一点，我给出可以将我们引向该理论的多种途径。先从炽热早期宇宙这一想法开始。

早期在经验上支持大爆炸理论的两条线索是辐射之海和高氦丰度。现在我们有了令人信服的理由表明这二者都是宇宙膨胀早期炽热阶段留下的遗迹。就算罗伯特·迪克当初继续开展实验室量子光学方面的研究而没有组建引力研究组，那么，其他人如果熟悉那些表明氦丰度高得出奇的天文学证据，也仍然会意识到它们可能和乔治·伽莫夫的大爆炸理论有关。唐纳德·奥斯特布罗克和杰弗里·伯比奇就在 20 世纪 60 年代初看出了这一点。更为人所知并且难以忽略的是，弗雷德·霍伊尔在 1964 年也独立地认识到了这一点。就算霍伊尔当时关注的是他的另一个兴趣，即恒星的结构与演化，天文学家当时不断积累的证据表明，在一些较重化学元素丰度很低的年老恒星中氦丰度很高，而这样的证据也越来越难以被人忽视。弗雷德·霍伊尔和马丁·史瓦西在 1957 年就明白这个问题，并视之为一项有趣的宇宙学检验（正如在第 140 页所描述的）。高氦丰度的消息肯定也传到了莫斯科的雅可夫·泽尔多维奇那里，并纠正了他关于年老恒星中氦很少的想法。在这种情况下，他和他的小组就具备了充分的条件去追寻热大爆炸这一想法。就算伽莫夫在 1948 年一直思考的是基因编码而不是宇宙学，其他人也能发现热大爆炸理论。在迪克的建议下，我当时就独立于伽莫夫而发现了它。莫斯科的尤里·斯米尔诺夫肯定也有条件做出同样的发现，这不需要他从伽莫夫那里得到启发，只需要注意到高得出奇的氦丰度这一线索。

至少早在 1959 年，热大爆炸遗留的残余辐射就被贝尔实验室的微波通信实验探测到了。就算阿诺·彭齐亚斯和罗伯特·威尔逊没有下定决心坚持努力并在五年后找到了那些过剩辐射的来源，普林斯顿小组开展的对残余辐射的搜寻工作也会在那一年内探测到它。如果没有这两个组，大家都认识不到探测到过剩噪声这一烦人的事实，微波通信工程，比如在手机中用到的，也不会有长远的发展。正如对过剩的氦那样，有些人能够看出这种过剩的噪声可能就是热大爆炸的残余。他们包括莫斯科的泽尔多维奇组、普林斯顿的迪克组，以及剑桥的霍伊尔及其同事和学生。霍伊尔知道探测第一激发能级上的星际氰分子所得到的令人困惑的结果：那看起来就好像这些分子是由于一片微波辐射之海的存在而受到了激发。加拿大自治领天体物理台（Dominion Astrophysical Observatory）的麦凯勒估计其有效温度为几开尔文。当许多年后贝尔接收器上几开尔文的过剩噪声被宣布发现时，一些记忆力非凡的天文学家立即指出了它们之间可能存在的关联，其中某一位可能就会最先提醒学界注意这个辐射之海的证据。霍伊尔可能就会这样做：他知道来自星系氰的证据，尽管他在20世纪60年代已经忘掉它了。

鉴于霍伊尔不相信大爆炸的图像，他或许应该建议说这种微波辐射源是一类新的在微波波段上明亮的星系。在这种替代的或反事实的历史中，就像在真实的历史中一样，受好奇心驱使的天文学家会坚定而努力地探究，在具备更好角分辨率的观测中这种辐射是否会分解为星系中的致密源。这种情况发生在波长更长的射电背景观测中，而非此处。好奇心驱使的研究就是这样，人们一定会测量微波辐射的强度谱，并且会发现它是接近热谱的。它就是一片辐射之海，可以很简单地解释为热大爆炸的一种遗迹。另一种遗迹是大量的氦。

对氦丰度的这种简单解释假设了广义相对论。如果在这段反事实的历史中，爱因斯坦决定成为一个音乐家，那么基础物理学界的共识是，人们也会通过在局域能量动量守恒条件下经典场论的那些更加平淡无奇的方法发现广义相对论（Feynman，Morinigo，and Wagner，1995）。

我给出这一系列可能是为了表明有多种途径可以通向这种热大爆炸的图像。还有一点很重要，即很难看出是否可能存在一些有趣的弯路，它们本来可能将我们引向别处，而并非相对论膨胀宇宙的炽热早期状态。我之所以难以发现有趣的弯路，可能是我的想象力受习惯限制所致吗？就我目前的情况来看，这是非常可能的。然而，无论现在还是过去，都有一些像我当年那样如饥似渴的年轻人，他们应该会很高兴指出掩盖在这一成就背后的那些线索。

当时也有多种途径将我们引向不发光物质。弗里茨·兹威基在 1933 年看到了后发星系团的质量问题。1939 年，霍勒斯·巴布科克无意间发现了 M31 星系外层等离子体的高速运动，这暗示着存在有助于将星际聚集在一起的不发光物质。通过对星系的性质进行系统的探索，热拉尔·德沃库勒给出的报告表明，相对于 M31 中的星光分布，在接近其边缘处存在额外的质量。这是基于人们在荷兰对氢原子运动的测量以及推断出的星系质量分布，也是基于德沃库勒对星光分布的测量。这是在 1958 年，巴布科克的发现公布 20 年后。又过了十年，到了 1970 年，肯·弗里曼基于他自己对 21 厘米观测结果的分析方法发表了一项证据，表明另一个旋涡星系的大多数质量一定是分布在发光区域之外。同年，薇拉·鲁宾和肯特·福特（1970a，b）公布了他们关于得到显著改善的 M31

星系盘中等离子体运动测量结果。

鲁宾和福特得益于巴德对发射线区的证认结果，但鲁宾（2011）回忆说他们在得知巴德的发现列表之前就已经开始从事他们的项目了。鲁宾和福特拥有更加灵敏的新一代探测器。只用红敏照相底片本来就可以让他们得到那些结果，而无需那份发现列表，然而这个过程要慢得多，但天文学家是能够持之以恒的。他们那精确的旋转曲线产生于好奇心驱使的研究，而这正是合格观测者的惯常做法。他们对物理宇宙学并没有特别的兴趣，但他们给宇宙学家提供了重要的证据：不发光物质。旋涡星系外层那大得出乎意料的旋转速度是存在的，是肯定会被人发现的，只要观测天文学家得到支持，能够按照他们的意愿进行观测并发现不发光物质的迹象。

一条未被广泛探索的弯路就是去考虑修改引力的平方反比律。如果引力加速定律在适当大的距离上反比于距离的一次方，而非通常的距离平方，这就可以无须假设不发光物质的存在。这当然是值得探索的，因为平方反比律只是在太阳系动力学的应用中（包含微弱的相对论修正）得到了充分检验，而将其应用到星系结构上则是一种很大的外推。米尔格罗姆（Milgrom，1983）提出了他最著名的想法，即修改版的牛顿动力学（Modified Newtonian Dynamics，MOND）。人们今天仍然在讨论这一想法。而且，寻找基于 MOND 的宇宙学，或是寻找其他方式来避免假设某种行为类似暗物质的成分，这都是很好的科学问题。然而，一个不含某种等价于暗物质成分的理论看起来非常不可能通过第 6.10 节中回顾的多种检验。我们来特别考虑一下图 6.1 中星系空间分布功率谱的振荡。测到的这种幅度是很小的。在暗物质理论中，这是因为占主导的暗物质质量并不参与 $z > 1\ 000$ 时的声学振荡。如果没有一种行为上类似暗物质的成分，那这种小幅度振荡该如何理解？说得更宽泛一些，如果一个不含暗物质的理论像 ΛCDM 那样通过了表 6.1 中的那些限制，那将意味着有太多普特南奇迹，其数量之多让人难以置信。然而，就像我一直在说的，这是一种判断，而不是证明。

这种不发光物质并非重子的想法，源自第 6.6 节讨论到的两组默顿多重发现：非零中微子静质量和第四类中微子。这些多重发现告诉我们，这一想法在很大程度上是肯定会被发现的；它只需要有人了解人们对于完善粒子物理标准模型所做的探索，并能从宇宙平均质量密度的合理界限中认出中微子静质量所受的那种有趣限制。我们已经看到，在认出这一点的人当中，至少有些人还知道另外一项有趣的证据：星系团中的不发光物质。如果他们理解天文学家关于星系周围不发光物质的证据就更好了，那将会大有帮助，但那不是必须的。

非重子物质这一想法作为来自粒子物理学的馈赠，是宇宙学家们无法拒绝的。从不发光物质发展到 ΛCDM 的这条途径是由我（1982）建立起来的。这是一种默顿单一发现，但也要考虑到，冈恩、李和勒驰等人（1978），以及斯泰格曼、萨拉赞、奎因塔纳和福克纳（1978）已经一直在思考后来被称为 CDM 的成分对于帮助人们理解星系性质所具有的价值。他们知道大爆炸宇宙学及其唯象学，这些组中的成员已经在这方面写过一些有影响力的论文。他们是有能力将 CDM 和宇宙学结合在一起的。特纳、维尔切克和徐一鸿（1983）独立地探索了包含 CDM 的宇宙学这一想法。我之前提到了，他们懂粒子物理学，但是对唯象学掌握不足，这导致他们的结论认为 CDM 的想法是没有前途的。当然，他们是有能力学会的。

同时，泽尔多维奇和他的研究组正在苏联研究含有另一种非重子物质 HDM 的宇宙学模型。这种 HDM 是已知类型中微子中的一种，其静质量被假设为几十个电子伏特。这一非重子暗物质候选者在星系形成方面具有第 194 页讨论的那种严重问题。皮布尔斯（1983）以及梅洛特、埃纳斯托、萨尔等人（Melott, Einasto, Saar et al., 1983）分别独立地认识到这一点，构成了一种默顿双重发现。梅洛特等人建议将 HDM 替换为从早期超对称时期残留下来的那种稳定超对称伙伴。它可以充当 CDM，也能充当有质量的第四种中微子。梅洛特等人当时与泽尔多维奇和他的研究组是有联络的。如果我当初没有最先做出来的话，梅洛特等人和泽尔多维奇等人的研究组是有充分的能力认识到从有问题的 HDM 转变为有希望的 CDM 理论所带来的益处的。我并不是在谦虚，而是在试图理解这段往事本可能如何发展。它揭示出有相当多种方式会导致热大爆炸宇宙学中非重子物质这一概念的发现，也揭示出没有什么迹象暗示存在不同结论的可能性。

在 1990 年左右，天文学家的不发光物质就是粒子物理学家的非重子物质这一想法已成为宇宙学界普遍接受的图像，在大多数关于如何才能最好地将想法和证据结合在一起的那些激烈争论中都涉及它。在经验方面有两个很好的理由来考虑非重子暗物质这一假想的概念。首先，宇宙膨胀早期阶段的元素形成理论要求，重子质量密度比星系运动的动力学分析所揭示出的质量密度要低。非重子物质可以补充剩下的质量，而不会影响到描述氢和氦同位素形成的成功理论。其次，暗物质质量密度大于重子密度这一假设，使人们得以简单地解释为什么残余辐射远比物质分布得更平滑。当然，这二者加起来还不足以构成极具说服力的经验论据。非重子物质在 1990 年时是一种具有显著经验支持的社会建构。

直到 20 世纪 90 年代末，对于非重子物质，我们至少还有一种可行的替代方案，即 PIB 模型。它对残余辐射各向异性做出了错误的预言，因而被有力地证伪了。但是，为什么学界对于非重子物质这一猜测性的想法没有去积极寻找其他的替代方案？我已经提到过（在第 201 页）这种考虑，即通过解析近似和数值 N 体模拟，分析星系尺度上纯 CDM 云的形成和演化并不是特别困难的。这是当时要做的事情，而其结果看上去也是有希望的。若要寻找替代方案，我们的从众本能就增加了这样做所承受的社会压力。在 20 世纪 90 年代，几乎所有思考物理宇宙学的人都是在思考非重子物质，因而几乎所有人都继续思考它。

20 世纪 90 年代，学界正密切关注的是残余微波辐射角分布的测量，因为它限制着关于宇宙结构——星系及其成团——能否形成的一些想法。早在之前，当人们最初认识到这种辐射的存在时，立即意识到要做的一件事就是去检查一下该辐射是否来自星系。改进后的角分辨率没能显示出这片辐射之海可分解成一些独立的源，而其辐射谱又被证明是接近热谱，这就让人们对局域源这种想法不再感兴趣。在 20 世纪 90 年代，人们之所以要寻找在一片严格光滑的辐射之海上产生的偏离，一部分动机是出于这样一种想法，即这种辐射无法完全摆脱团块状物质分布的形成所产生的影响。不同类型的 CDM 模型（在第 6.9 节回顾的）预言了残余辐射所受的这种影响，而皮布尔斯、佩奇和帕特里奇（Peebles，Page，and Partridge，2009）在《发现大爆炸》的第 5 章描述了国际上对于旨在检查这种影响的研究所做的努力。在我的印象中，对于许多致力于测量这种各向异性的人来说，更重要的动机来自这种非常吸引人的挑战：设计一项实验，能够探测一种看上去可能在物理上十分有趣的现象，同时该现象看起来一定是存在的，而且可能是刚好能够被探测到的。这样的动机最终产生了一些大科学项目，其中就包括了 WMAP 和 PLANCK 这样的卫星任务。

图 6.1 子图（a）中数据的搜集是受理论驱使的，但我想，就算在另外一种没有 ΛCDM 理论的历史中，人们也很难拒绝这样一种对这片辐射之海的角分布进行测量和统计分析的项目。我当初开展这个项目来研究星系空间分布与运动的统计度量时，只是想着有意思的东西可能会出现，此外没有其他动机。就算当时没有理论去描述这种辐射可能会受到何种影响，只要观测者得以尽情投入他们热衷的事情，不断做出更好的测量，他们肯定还是会得到导致图 6.1 的那些测量结果。由这些观测结果得到的两点函数中的那些波动就在那里，在常用的统计度量中就能发现它们。要解释从空间中的星系以及天球上的辐射中看到的这些波动，就需要注意到压强的振荡。即便不是被我的理论预言到，所有这些也都是非常显然的。而且，回想下另一点：如果没有暗物质的话，这些波动应该会比现在观测到的大很多。当时，对于一个聪明的年轻科学家来说，这样的机会是明摆着的：通过假设暗物质来解决这个问题。

在 1990 年前后，搜集并分析关于星系相对位置和运动的数据在宇宙学界的活动中占据了相当大的部分。我建议读者参考我的《宇宙学的世纪》（2020）一书表 3.2，其中列出了相当长一串测量结果来说明这种活动。该研究的目标就是要改进宇宙平均质量密度的统计度量，之后还要检验它和预言给出的星系分布中那种从退耦时遗留下来的模式是否一致。但我还是认为，对许多人来说，他们个人最看重的事情就是对有趣的现象尽可能做出最佳的测量。我当初领导这项研究时，它只是一个小的科学问题；我们的论文没有一篇列出过四个以上的作者。而今，对于图 6.1 子图（b）中的那些数据点，它们所依赖的观测结果由多篇论文给出，而这些论文的作者共有 30 多个。这些观测至少有一部分是理论驱使的，但我认为，即便理论不存在，好奇心驱使的研究也会及时给出包含角位置和红移的星系表，而且标准统计方法的应用也会揭示出图 6.1 中那些很有启发性的波动。

　　人们在 20 世纪 70—90 年代期间，也就是刚开始建立物理宇宙学的阶段，所讨论的那些种类繁多的想法，经过筛选后在越来越多的关注下逐渐形成少数有希望的想法。这也是常见的发展过程。这门日趋成熟的科学具有的一个特征是，通过一些研究项目来对一些定义明确的问题开展研究，而这些项目是学界一致认可值得为其花费相当多资源的。考虑到社会愿意支持这些日渐昂贵却又看来一点儿都不太可能赢利的研究项目，在物理宇宙学的建构过程中取得的那些出色的进展看来也就是必然的。社会资助了这些项目，但很难看出社会如何以其他方式影响这些研究结果。

　　有一种观点认为，我们错误地解读了建构和确立 ΛCDM 理论时所用的那些证据。我们不用理会这种观点：考虑一下那需要人为制造出的理论与观测相符的事例之数量和种类将会有多大。作为替代，我们可以问的是，在众多本可以带我们通向 ΛCDM 宇宙学的途径中，是否有其他我们没走的会将我们带向与经验证据相符的另一种宇宙学。我已详细解释过为什么这看上去是极不可能的。我必须要补充的是，从现实的层面来看，学界不会转而去寻找唯象学中另外的一个吸引盆地，除非 $\Lambda$CDM 理论的那组基本假设被证伪了。目前没有什么大家公认的线索表明这是可能发生的，但时间会给出答案的。

向来有种说法，声称数学定理以及像广义相对论和 $\Lambda$CDM 那样成功的理论就在那里，等着被人发现。我刻板的头脑使我对此感到困惑，因为我不知道所谓的"那里"可能在哪里。我习惯的是这种说法：残余的氦和辐射就在那里，图 6.1 中的那些波动就在那里，在某种常用的统计度量中。它们都是一些有启发性的现象，等着被人们发现。由于好奇心可以成为强有力的研究动机，而且社会也愿意让我们中的一些人沉浸其中，那么我已给出的这些论证就相当清楚地表明，我们会明白如何以这些线索为基础去建立我们的理论。有时这会多次发生。它让我们得到了图 6.1 和表 6.1 中展示出的那些与理论预言相符的测量值之间出色的交叉验证。

我在本节的开头提出了这样的问题：$\Lambda$CDM 理论的建立是必然的吗？此处回顾的这些证据说明，它的发生几乎是无法抗拒的。同时我们要注意到，如果我们当前的物理宇宙学是对客观实在的良好近似而非一种社会建构的话，那么这正是我们理应期待的。

## 7.2　建构与科学大战

社会和经验建构的想法将我们引向科学大战。那是各种观点之间坦率而全面的交锋，一方是一些社会学家和哲学家，而另一方是物理科学家，交锋的议题是关于双方视为用来反对在各自眼中对方所作所为的那些理由。伊恩·哈金（Ian Hacking，1999）为我们提供了一个例子来了解这种思想，他"尽量在用词上对双方不偏不倚"：

> 建构主义者坚持一种偶然性论题（contingency thesis）。以物理学为例，（a）物理学（理论的、实验的、材料的）本来可能沿一种例如不含夸克的途径发展起来，并且，按照随着这种替代物理学而形成的具体标准来看，它可以和最新的物理学（按照其相应的具体标准来看）一样成功。而且，（b）这种假想的替代物理学在任何意义上都不等同于当前的物理学。物理学家否定这一点。物理学家喜欢说，要么行动要么闭嘴。有什么替代的发展过程，展示出来让我们看看。他们忽视或反对皮克林关于旧物理学的持续生命力所做的讨论。

哈金指的是安德鲁·皮克林的书《建构夸克》（1984）。阿兰·富兰克林（Allan Franklin，2005，第 210 页）说：

> 在皮克林书中提到的那 20 年的大部分时间里，基本粒子理论家一直在许多方向上进行探索，这让实验家不确定该做哪些实验，该测哪些参数。

社会压力确实会影响这一正常而健康的研究阶段。这包括认真考虑一些社会建构，它们被更委婉地称为"有待检验的假设"。我描述过广义相对论在 20 世纪 60 年代那种经验支持相当匮乏的状况（在第 3.2 节）。它后来就变得很好了，就像粒子物理学中的情况一样——粒子物理学已经从建构阶段发展成为一个定义很好的标准模型、一种理论。这一粒子理论有许多自由参数，但它产生了更多明确的预言和通过充分验证的检验，这就构成了一个有力的理由，说明它也是实在的一种有用而可靠的近似。

或许是通过不同方式获得的那种现成的唯象学，可能会为粒子物理学或宇宙学提供另一个吸引盆地吗？当然，不太可能会有人去着手处理这个"要么行动要么闭嘴"的问题。社会学家和历史学家是没有能力去做的。物理学家也并不打算马上尝试去做，除非他们发现他们的标准模型出了什么严重的错误，而这看起来是件极其值得怀疑的事情。这些相对论和量子物理学的标准模型并不完备，而且它们也一定会得到改进，但它们看起来是丝毫不可能被取代的。当然，这并不是一个定理，而是一个看上去很可能正确的观点。

皮克林关于粒子物理学的思路用在宇宙学中是更容易评价的，因为这里的理论和观测都更加简单。我们已经看到，支持 ΛCDM 的理由是容易说清楚的，而且可以很明显地看出有多种可能的途径都通向唯一的吸引盆地，即相对论性热大爆炸理论。

这场科学大战的核心，当然就是具有不同文化和传统的学科之间在沟通上存在的困难。我要举的例子就是《实验室生活》一书第二版序言的最后一句话。这本书讲述的是布鲁诺·拉图尔身处索尔克生物学研究所时所做的观察。哲学家拉图尔和社会学家伍尔加（1986）写道：

> 对于忍不住得出结论说本书正文复制了第一版内容的读者，建议参考博尔赫斯（Borges，1981）。

我想这句话在某些文化中包含着有用的内涵，并且我认为拉图尔和伍尔加指的是备受尊敬的阿根廷作家豪尔赫·弗朗西斯科·伊西多罗·路易斯·博尔赫斯（Jorge Francisco Isidoro Luis Borges），但我并不打算去查阅他那些出色的文学作品来寻找这种含义。与之不同的是，自然科学的文化要求的是一种简洁而陈述性的说法。这种差异导致误解丛生。

## 7.3 ΛCDM 的多重发现

在第 7.1 节的讨论中，我们论证了热大爆炸宇宙学的发现是必然的。本节将通过重复其中的一些讨论——它们是值得重复的，来阐明科学发现过程中的多重发现这一现象（Merton，1961）。

伽莫夫于 1948 年发表了他的新物理宇宙学，即热大爆炸理论。同年，邦迪、高德和霍伊尔引入了他们的稳恒态宇宙学。我没见过任何证据表明双方当时注意到了彼此。看起来他们各自非常独立地引入了两种有影响力的世界观。

不久后，迪克和泽尔多维奇分别于 20 世纪 50 年代末和 60 年代初组建了引力物理学、相对论和宇宙学方面的研究组。我记得迪克说他当时隐约知道霍伊尔和伽莫夫，但并不十分感兴趣。泽尔多维奇对伽莫夫的热大爆炸感兴趣，但认为它肯定是错的。我不知道有任何证据表明迪克和泽尔多维奇在 20 世纪 60 年代末以前是知道彼此的。当时的社会状况鼓励这方面的研究，除此之外，泽尔多维奇和迪克是各自独立地做出决定要在这个方向开展研究。他们的两个组基本上是独立地为物理宇宙学的发展同时做出了相似的主要贡献。

对于这种经历，即明显独立但又肯定是相关的发展，物理科学家是不陌生的，尽管他们很少过多考虑它。社会学家视之为一种已被我擅自称为默顿多重发现的现象。我将物理宇宙学发展历程的事例分为四类。

第一类：有些多重发现可以说有着明确的起源。二战后，聪明才智的大量涌现、新技术的出现，以及对纯学术研究的支持，导致了——我更想说驱使了宇宙学的复兴。当时在美国，企业和军队对物理学家为战时研究所做的贡献十分钦佩，并且在力所能及的情况下非常乐意去资助一些好奇心驱使的研究，想看看科学家在其他方面还会产生什么新想法。[1]战前对于引力物理学和宇宙学的研究给人们留下了很大的改进空间，可以将新技术以及对膨胀宇宙中各种过程的新想法用于其中。当然，对迪克、伽莫夫、霍伊尔和泽尔多维奇来说，这就足以促使他们去抓住这个机会而无需更多激励。这便是第一类中的一个默顿四重发现。

作为第二个例子，考虑勒梅特（1927）的证明，即一个空间均匀的膨胀宇宙的相对论解预言了星系的距离和红移满足哈勃定律：星系的退行速度正比于其距离。两年后哈勃宣布发现了勒梅特这种关系的证据。至于哈勃当时是否知道勒梅特的结果以及何时知道的，目前尚有争论，但我们可以肯定的是，他对广义相对论毫无兴趣，而他非常感兴趣的是在观测上探索他所谓的星云王国。自20世纪10年代中期以来，对这些天体感兴趣的人们一直想要知道的是，为何星系的光谱趋向于向红端偏移。到了20世纪20年代，关于星系红移与距离及其角分布方面的证据不断积累，使这个问题变得紧迫起来。这就成为一个合适的时机，使人们基本上同时而独立地得出了这些预言和证据。

第二类：有些默顿多重发现需要更微妙的解释。1933 年，弗里茨·兹威基指出后发星系团中质量缺失的问题。次年，恩利克·费米（1934）发表了他的弱相互作用模型，涉及电子与核子，以及一种新提出来的粒子——中微子。到了 20 世纪 70 年代初，人们提出，在费米的中微子中有一种静质量为几十个电子伏特的中微子可能就是兹威基的缺失的质量。这个想法基本上是同时由匈牙利和美国的学者独立提出的。它促使人们提出具有更大静质量的第四种中微子，其质量约为 $3 \times 10^9 \mathrm{eV}$。这一想法是于 1977 年在五篇显然相互独立的论文中提出的。这五篇论文所体现出的，充其量是对某些现象的一种朦胧兴趣，而这些现象已发展成揭示星系周围不发光物质，即后来所谓暗物质的重要天文学证据，尽管它们在当时并没有得到很好的宣传。这五篇论文中的这一想法成了非重子暗物质的原型，非重子暗物质则是我在 1982 年引入宇宙学的，后来成为现已得到充分检验的 $\Lambda$CDM 理论的重要部分。

20 世纪 30 年代的那两篇论文或许只是凑巧出现在同一年中，但是看到 20 世纪 70 年代早期和末期分别再次出现一个默顿双重发现和一个五重发现，还是挺让人感到惊奇的。我们用多种方式来交流：发表论文，在会议和研究中心作报告，过去写信如今发电子邮件或在网站公布，以及通过随意的言语和肢体语言。所有这些都会传递信息，而这些信息可能会经过许多人并最终到达某些人那里，他们刚好具备条件对所传递的想法进行更深入的思考。时代思潮中的概念以及"飘在空中的想法"是模糊不清的，但是这些例子中给出的证据表明了这种现象的真实性。

第三类：第 7.1 节回顾了从二战后的社会与科学状态通向

ΛCDM 理论的多种可能的途径。通向这一重大科学发现的实际途径是偶然的结果，但这一发现几乎是必然的。读者在这一发现过程中可以找到许多实际发生的或潜在的默顿多重发现。

第四类：由于默顿多重发现是具有巧合性的一些认识，我把涉及认识到某些现象的巧合归为多重发现的一类。我们不相信巧合，因为它们可能纯属偶然；如果发生的事情多了，它们是一定会偶尔发生的。我们之所以关注涉及现象的巧合，是因为它们被证明有时会提供一些线索，揭示出某些物理上重要的东西。回忆一下第 5 章和第 7.1 节的内容，在 1960 年，有些人知道行星状星云中氦丰度比人们期待的要大，其他一些人知道贝尔实验室微波接收器探测到的能量比那些工程师期待的要大，还有些人记得处于第一激发态的星际氰这一意外得到的探测结果。五年后，人们认识到所有这三者看起来可能都是关于同一个东西的证据，即一次热大爆炸。在目前的物理宇宙学中，还有更多这类关于现象的巧合等待人们的发现吗？通过回顾往事可以更容易地发现它们。

一些具有明确目标的实验或观测研究项目会同时取得相同的进展，我将这类巧合归为第四类中的一个子类。在宇宙学的发展中，有两个例子起到了主要作用。二者都经过了多年的努力，然而在这两个例子中，两个独立研究组所做的工作都在大致相同的时间取得了成果。第一个例子是对微波辐射之海具有热谱的证明。它之所以重要，是因为它证明这种辐射很可能是早期宇宙的残余，而且除了宇宙膨胀导致它变冷之外，它几乎是以最初的状态到达我们这里的。这个证据是由两个小组在 1990 年得到的。它们利用了相同的探测器技术，一个将设备装在火箭上，另一个装在卫星上。卫星组在 15 年的时间里一直从事这项测量工作，火箭组在这方面的工作持续了更长时间。为了避免可能的混淆，我强调一下，在这个例子中并不是一个组得到的证据要比另一个更重要。双方都独立地得到了明确的测量结果，任意一方的结果都足以构成论据。这两项测量本来可能会在完全不同的时间完成，然而在开展了 15 年或更长时间后，他们在几个月的时间里先后得到了同样的结论。我们不能认为这一巧合是竞争所致：两个组都是在尽量抓紧时间独立地工作。[2]

　　另一个例子就是人们展示出有力的证据，表明在一个宇宙学平直的宇宙中存在宇宙学常数。得到这一证据所做的那些检验是基于两种不同类型的测量：超新星的红移与视星等，以及残余辐射的角分布。这些现象由不同的观测与分析方法探测得到，而这些方法都是为了应对完全不同的困难而设计的。在世纪之交，两个项目组几乎同时宣布了他们的结果，这立即平息了 20 世纪 90 年代那些激烈的争论。那是关于在第 6.10 节中回顾的那些各式各样的想法中哪个更有价值。这两个截然不同的研究项目需要经过多年的发展，而且其结果的取得本来可能相隔多年，但事实并非如此。

　　在这两个例子中令人信服的结果几乎同时出现，这看起来不可能纯属意外，但我们该如何看待它呢？也许我们可以从 ΛCDM 理论的发现与建立的过程中得到一点提示。它揭示出物理科学界的一种集体组织形式，它不同于人们所熟悉的那些正式或非正式（但也明确公布的）合作研究形式。我指的是人们对一些现象的理论与观测明显地或隐含地表现出的一些共同兴趣，而这些现象看上去正是某个学术圈当前的思考所涉及的。这种共同兴趣是一种社会现象：我们倾向于对一些有趣的研究方向达成一致而无须直接相互咨询，其原因也许和默顿多重发现的时常发生所揭示出的原因类似。在观测方面，可能不止一个组在关注着同一批理论家，就像其他观测者所做的一样。我再大胆补充一句：如果这些现象一直在为客观实在的近似提供有用的线索，那么我们就理应看到上述情况。

## 7.4 疑 问

对一般自然科学特别是宇宙学的进展所做的思考引发了一系列疑问。首先就是，我们周遭世界的本质可由相对论和量子物理学很好地描述，而一些物理科学可以得出大量的证据揭示这一本质。那么，是什么将人们引上通往这些物理科学的道路的呢？在珀斯的时代，达尔文关于物种起源的主张是新鲜而令人兴奋的。珀斯暗示说我们这一物种可能已经被经验和适应性训练得习惯于寻找诸如牛顿力学这样的东西。这似乎是有道理的：杠杆以一种可靠的、合乎逻辑的方式在起作用，这是一个确凿的事实。其他例子还包括从岩石上切下一些碎片可以用来做箭头，以及只要具备技巧就完全可以再现箭或矛的飞行。对静电和天然磁铁现象的好奇心导致人们开展实验并最终在电磁学方面得到一些可精确重复的事实。在直觉的带领下，麦克斯韦没有去寻找光以太的力学模型，转而寻找那些场方程。它们与实验室中的检验以及大量广泛的实际应用一致，这又是一个确凿的事实。我估计这些事实会促使人们认为，我们周遭的世界是按照一定规则运行的，而这些规则是我们可以期待去发现的，并且我视这些规则为对客观实在本质的近似。

有人可能想知道 ΛCDM 理论在以下两方面的一致性。一方面是声称这个理论通过第 6.10 节所列举的大量种类繁多的严格检验，已经令人信服地确立了起来。但另一方面，这个理论是不完备的，我们不能把握十足地说出暗物质是什么，或宇宙在膨胀之前是什么样子。这两方面并不矛盾。证据表明，这个理论是一种有用的近似，近似程度很好，足以通过严格的预言检验，但它毕竟是一种近似，还有改进的余地。我们所有标准的、已被认可的物理学理论也都如此：它们都经过了充分检验并且是有用的，但它们都是一些近似。

在将来一定会得到改进的基础理论物理学中，非重子暗物质和宇宙学常数居于何种地位呢？如果这种理论上的地位看起来顶多是人为造成的，那么结论会是什么？如果除了暗物质的引力效应之外，持续的寻找没有探测到暗物质，也没有发现揭示宇宙学常数性质的任何特征，甚至连 Λ 有效值演化的迹象都没有找到，那么结论又会是什么？在这种情况下，ΛCDM 的这两个暗成分可能仍然被视为一些假想，但对这两个已通过严格检验的概念来说，那只不过是个名称而已。如果除了引力效应之外，没有发现暗物质和 Λ 的任何特征，那也不会削弱支持 ΛCDM 的理由。我们现有的证据是很有说服力的。我们从未得到过任何保证，说我们一定可以更好地理解这两个成分，或是自然科学的任何其他方面。然而，我们在不断地进步，并且没有理由认为这种进步很快就会停下来。

我们的存在需要重子物质，而重子物质带有各种极为有趣的场，它们可以解释中子和质子的存在及其行为方式。人们宣扬这门物理学是简单的，但这种简单性通过一种有趣的方式导致了我们这个世界中广泛的复杂性。ΛCDM 理论中的那些暗成分是非常简单的。其中一种成分是宇宙学常数，它看起来具有一个非常奇特的数值。另一种成分是一团粒子气体，它们参与引力相互作用；但它们相互之间，以及与我们这样直接经历到的这些成分中的重子物质和辐射之间，如果有任何相互作用的话，也是弱相互作用。ΛCDM 这两个部分在物理性质上的巨大差异看起来是合理的吗？因为我们对这些暗成分所知甚少，也许我们对其保持一种简单的认识也没什么太大问题？

如果这些暗成分比 ΛCDM 更让人感兴趣，与物质的差别足够大，那么它们终将被人发现。这一发现可能得益于实验室中或天文事件观测中对暗物质的探测，可能会从对 ΛCDM 理论继续检验时出现的经验反常中受到启发而产生，也可能源于某个好想法。

人们自然想要知道，一些明显奇怪的数值巧合是否具有什么意义。在 ΛCDM 理论中，物质中大约 1/6 的质量是非重子的。为什么重子和非重子这两种成分有大致相似的质量密度？后者有什么用处？如果这些非重子物质不存在，而所有其他条件和我们宇宙中的相同，那么星系将会不一样，但也会存在，而它们的恒星也会和我们的一样是重子的并带有重子构成的行星，为像我们一样的生物提供家园。我们可以在那种情况下生存。设想一下另一种极端：一个假想的宇宙，它和我们的宇宙只有一点儿差别，即重子的质量分数大于零但远小于我们宇宙中的值。导致重子最终形成恒星的能量辐射耗散过程在这个宇宙中将会慢很多，但还是会有熟悉的暗物质聚集现象，而其中的重子物质会及时地通过辐射耗散能量，收缩并坍缩成恒星。[3] 这个宇宙中存在的恒星在任何时期都会远小于我们所观测到的，但这对于我们生存的机会来说应该不会有什么问题，因为即便出现像我们这样的生命是极其罕见的，我们可观测的宇宙在寿命足够长的恒星周围肯定包含着大量的行星，远多于我们所需要的。那么，为什么重子物质和暗物质恰好会有相似的质量呢？也许在某种更深层的基础物理学中，暗物质和重子一样有着重要的地位。

另外一个数值上的奇特之处是，在 $\Lambda$CDM 理论中我们繁衍于宇宙演化进程中的一个特殊时期。以宇宙的时标来看，直到不久前，宇宙的膨胀率受物质的引力吸引作用一直在减慢。这一状况在宇宙学红移 $z \sim 0.7$ 时发生了变化。那时，质量密度下降得足够低，使宇宙学常数得以开始增加宇宙的膨胀率。这个转折点发生在大约 60 亿年前。太阳系形成于 46 亿年前，在宇宙转变为加速膨胀不久后。碰巧了？还是说，我们可能刚好还有些东西没发现？

时空曲率会随位置改变而有所变化，基本上与不均匀的质量分布有关。这些曲率涨落几乎在所有的地方都非常小。反应这一点的一个迹象就是星系中恒星的特征速度以及星系团中星系的特征速度，$v \sim 100 - 1\,000 \text{km/s}$。这对应的时空曲率涨落量级为 $(v/c)^2 \sim 10^{-7} - 10^{-5}$。另一个迹象是理论对精确测得的全天残余辐射分布模式的出色拟合。这一辐射在向我们传播的过程中受到所过之处时空曲率涨落的扰动，但这种扰动特别小，只有通过极其精确的测量才能探测到。时空在中子星周围会被严重地扭曲，在黑洞附近更是如此，但这都是一些罕见的特例。我们的存在需要有一个星系包含并循环利用恒星演化的残骸去产生构成我们所需的那些化学元素，但需要的肯定不是这样一个光滑而平静的时空。一个更深层的物理学理论会要求我们周围的这种宁静吗？或者说这又是一种巧合？

我们将如何看待量子零点真空能密度呢？在物质的标准量子物理学中，这个能量是真实的，并且是引力的一种源，这两点都得到了实验的充分检验。同样的量子理论应用到电磁场给出了一些新的预言，它们都通过了严格的检验。似乎完全有理由认为，电磁场的零点能也是真实的，并且是引力的一种源。如果这种量子能量密度与观测者的运动无关，那么它表现得就像宇宙学常数。这种情况将是值得考虑的，但会有这样一个问题：对宇宙学常数的这一贡献给出的数值比人们观测到的总数值要大几百个数量级。我们的存在意味着某种东西压制了这一常数值，但没有将它完全消除。难道只能通过人择解释的方式来理解这个问题吗？人择解释认为，我们存在的宇宙是一个多重宇宙中的罕见宇宙之一，其中的宇宙学常数绝对值非常小，足以让我们与之共存。如果是这样的话，为什么我们发现我们自己存在于这样一个宇宙，其中有如此多的星系，星系中一些恒星的行星都适合做我们的家园？要满足人择原理的话，这似乎太多了。难道我们应该只在需要的地方才用人择原理吗？

要对 ΛCDM 理论的那些重大论断保持谨慎，并且要记住该理论的那些检验所面临的挑战，这样做是很有道理的。首先就是，我们无法将基本的可再现性检查用于宇宙。我们只有一个宇宙，只能在其演化中的一个特定时期来对其进行观测。更重要的是，我们观测的只是我们认为存在的整个宇宙中很小的一部分。从人类开始关注宇宙起，在这一极其短暂的时间跨度内，从遥远的地方到达我们这里的辐射和高能宇宙线所经过的路径在时空中构成了一层薄薄的锥面。[1] 我们拥有这层锥面内的时空探针。我们也拥有从与我们相邻的空间里沿时空中的类时路径到达我们这里的那些信息。一个例子就是那些轻同位素，它们形成于距我们目前所在空间中的位置相对较近的地方，但时间上形成于很久以前的极早期宇宙。我们通过这些极其狭窄的窗口获得的这些信息能给出宇宙的一个合理样本吗？我们必须依靠来自可预言性检验的合理性论据，依靠第 6.10 节回顾的那些支持描述宇宙大尺度性质这一确立已久的理论所用的论据。

物理科学界已经从几个世纪的经验中学会习惯于相信理论和实践一致性检验的重要性。但是，回想一下，电磁学将我们引向相对论物理学，后者使我们明白必须学会接受相对的时间和位置这些修正的观念。电磁学以及关于热的理论——热力学和统计力学，迫使我们接受量子物理学中预言的概率性本质。我们对实在运行的图像所做的这些调整不应该被认为是破坏了第 55 页文本框中列出的那些工作假设；这些调整应该这样理解，即它们意味着我们正在学习实在是如何运行的。但要记得波普尔（1935）的要点，即一个可以通过调整而符合任何发现的理论是没什么意思的，除了或许可以作为一种"原来如此的故事"的反面例子。物理宇宙

---

1　辐射和高能宇宙线以光速或接近光速到达我们这里，这样的路径称为类光路径（lightlike path），而下文的类时路径（timelike path）则表示那些信息到达我们这里的速度低于光速。观测者在给定时刻能接收到的所有类光路径在时空中构成一个以该时刻观测者为顶点的锥面，也称为光锥（light cone），或该观测者在该时刻的过去光锥（past light cone）。从人类开始关注宇宙的时刻起，直到当前时刻，这些光锥在时空中扫过薄薄的一层。之所以说它薄，是因为这样的时间跨度和宇宙的历史相比是极其短暂的。

学可能作为一个"原来如此的故事"而被否认吗？反对这种适应程度的论据就是第 6.10 节展示出的那些大量证实了的预言。这个理由看起来是有说服力的，但目前设计的那些用来改进宇宙学检验的研究项目，无论是正在进行的还是计划中的，都将会带来更多重要的证据。我无法预计 ΛCDM 理论的基本想法将会遇到何种挑战，但经验检验比我们的任何想法都更重要。

我们已经看到，建立物理宇宙学的经验论据相对来说曾是比较容易的，因为观测和理论都可以约化为一些充分控制下的测量结果，它们可以可靠地检查从广义相对论和 ΛCDM 宇宙学中得出的预言。化学实验可以被熟练的化学家重复，这是一个令人鼓舞的确凿事实。但化学的复杂性使得从基本原理到检验的约化变得更加困难。在建立化学概念的基础方面所取得的进步有可能导致与当前的标准物理学，甚至更好的话，与改进后的某种基础理论一致的结果吗？这是一个极其诱人的前景，它将随着化学从头计算法（methods of *ab initio*）的改进而得到验证。

布鲁诺·拉图尔和卡林·诺尔—塞蒂娜对于更加复杂的、生命物质产物方面的研究进行了观察。将来人们是否会证明，这些现象依赖于一种基础理论，它与我们目前的理解一致，或者也许是在此基础上进行的推广？要探索这个问题看起来是十分困难的，但是鉴于科学中可以做到的事情已经多次令我感到震惊，因而我会建议你不要那么坚定地否定它，即便对此问题的争论看起来是丝毫不可能在短时间内得到解决的。

一个世纪前，人们对于我们的思想"理解真实事物的性质"（Einstein，1922b）的能力大为惊叹，"因此，看来无可争辩的是，人的意识是非常适应于理解这个世界的"（Peirce，1878a）。从那时起，科学的进步为这种让人深感惊叹的现象增添了更多事例。也许要理解它就需要更加完善地理解人类大脑的运作机制，我想同时也要理解神经系统的其他部分，或许还需要理解它所连接的所有其他系统：我们周遭的世界。罗杰·彭罗斯（Roger Penrose，1989，第 9 章）论证说：要理解所有这一切的物理基础，我们还有很长的路要走。

我们关于世界的图像是由经典和量子理论的规则所支配的。就人们目前对这些规则的理解而言，这种图像足以描述大脑和意识吗？对于我们大脑的任何"寻常的"量子描述，肯定存在一种疑惑，因为"观察"这一举动被视为传统量子理论有效解释中的一个重要组成部分。只要一种想法或感觉在意识中出现，就应该认为大脑在"观察其自身"吗？

在该书的下文中，彭罗斯补充道：

然而我也坚持这样的希望，即，正是通过科学和数学，在理解意识方面最终一定会出现某些深刻的进展。

保罗·戴维斯（2020）被问及相关问题时，是这么说的：

物理学是否能够解释生命，大多数物理学家会回答是。然而，更相关的问题是，是否已知的物理学就足以胜任，还是说需要基础领域的一些新突破。

我们有一个很好的开端，但也为自然科学研究留下许多未解的疑问和大量的难题，吸引着一代又一代的人们投入其中。

## 7.5　未　来

物理科学研究的历史可能会给我们提供一些关于未来前景的线索吗？宇宙学向我们提供了一幅清晰的图像，展现出一门科学的发展历程。这一图像会因其简单性而有所偏差，但仍可作为一个有解示例来指导我们。1940 年时的宇宙学是一个充满各种诱人想法的空壳，而这些想法几乎没有什么经验方面的考虑。1970 年时的宇宙学研究包括了对各式各样物理过程所做的分析，尽管分析结果大多数时候只是用作一些推测，因为限制我们那些假想过程所需的经验证据，当时虽然正在得到改善但仍十分缺乏。2000 年时的宇宙学已经成长为一门大科学，其中不乏一些具有明确实验目标的大研究组，这些目标被学界认定为具有很好的动机而得到大家的支持。一些小研究组作为思想之源也有着重要的地位。他们可以产生一些大胆的想法，涉及 ΛCDM 宇宙学中暗成分的性质，也涉及宇宙在大爆炸之前的状态。小研究组开展的观测也在为当前宇宙的状态带来更多的限制，正如他们在仔细检查一些单个邻近星系及其周围星系际物质时所做的那样。这样手工得到的结果就提供了一种至关重要的基准，用以比较从大科学搜集到的证据中推断出的结论。这些证据涉及的是宇宙在高红移处的性质，即宇宙曾经的样子。

那么，到了 2030 年，在本书完成十年之后，物理宇宙学在指导式的研究和猜想式的研究之间[1]，在大研究组和小研究组之间，可能会达到何种平衡呢？这一点会从参数的预言值和测量值之间的比较中反映出来，就像第 6.10 节的那张表格一样。如果测量值的不确定度比较小，并且仍有一些引人关注但又难以服人的迹象表明它们与 $\Lambda$CDM 理论的预言存在不一致性，我们可以预计大研究组将会致力于一些旨在改进这一理论的经验检验精确性与准确性的大科学项目。如果在 2030 年这些检验已经明显表现出与 $\Lambda$CDM 预言的不一致性，并且没有现成的方法来调节理论从而拯救这种状况，那么我们可以预计人们将积极寻求新想法，而小研究组往往在这方面做得最好。理论家是很有创造力的，一定会出现一些看起来大有希望的想法。观测者将会忙于检验这些想法，并寻找暗示下一步方向的线索。如果在 2030 年之前找到了一个更好的理论，能够消除当前物理宇宙学中所有的不一致性，那么我预计到两件事。第一，这个改进后的新理论给出的预言将会非常类似于 $\Lambda$CDM，因为后者已经通过了严格的检验。也就是说，我预计这个新理论会与 $\Lambda$CDM 有许多共同之处。第二，我预计不会存在一种依据，让人据此宣布得到了一个终极理论。经验表明，如果一个新理论能够更好地拟合 2030 年时那些质量改善后的数据，那么随之而来还会有新的担忧，针对的是关于不完备性与不一致性的一些更加微妙的问题。这正是庞加莱（1902）当初预想的情况：研

---

1　根据作者在与译者通信中的解释，指导式的（directed）研究是指在现有标准理论指导下进行的研究，其目的在于对这些理论进行预言检验，并发现可能需要的调整。猜想式的（speculative）研究则是指为了发现标准理论预言之外的现象而开展的研究。这些新现象可能与现有理论相符，也可能超出现有理论的解释范围从而带来革命性的进展。

究的进展表现为一系列接连不断而永无止境的近似。由于物理宇宙学依赖于诸如恒星形成这样复杂的物理学，也依赖于对膨胀前的宇宙进行的那种缺乏数据支持的探索，我预计物理宇宙学中周而复始的寻找与发现过程会因资源耗尽而终止，而不会以宣称一个终极理论的经验确立而结束。

物理宇宙学这一百年的发展历程并不是自然科学其他分支寻找与发现过程的模板，因为条件是不一样的。然而，对于我们的科学方法之可行性，它是一个有用的存在性证明。

## 7.6 关于实在

虽然科学的威力从它的实际应用中清晰可见，并且由来已久，但关于这种威力可能意味着什么，我们已经见到了两种思考方向。自然科学研究是在产生描述客观物理实在的有用近似吗？还是说，它是在建构一些图像来描述世界的某些特定的方面，而这个世界过于复杂，以至于客观实在的概念都是无意义的？是否科学家宣称的那些事实是对实在的可靠近似，之所以得到确立是因为无论谁决定去观察它们，都会发现它们是一样的？还是说，科学家的这些事实只不过是一些社会建构，是为了方便而从我们周遭这个令人困惑的世界中选取一些零星碎片构造出来的，并且按照由这套说辞的建构者的文化传统决定的方式进行解读？对于自然科学领域的工作者一直在做的事情，有人对其性质和意义都很感兴趣；这些人早在一个世纪前就产生了分歧，现在仍是如此。你可以读一下《斯坦福哲学百科》中"科学中的模型"（Models in Science）

这个条目（Frigg and Hartmann，2020），从中体会一下从哲学家的观点来看这类问题的微妙之处。

我看到四点理由偏向于支持社会建构主义这一方。第一，科学家通过增加范式来不断改变他们的说辞。1/4 个世纪之前，通过增加一种大质量的非重子暗物质晕，我们对银河系的认识发生了变化，因而在今天这一理论认为这种暗物质正在快速穿过你的身体。你如何能相信一套不断变化且乍看起来又难以置信的说辞？第二，有人质疑科学家的实在观念，并暗示说我们的理论都是一些社会建构。尽管自然科学家对这些人感到不悦，但他们日常所用的显然正是一些社会建构。这样的例子包括 1960 年时的广义相对论和膨胀宇宙的大爆炸理论，1990 年时假想的非重子暗物质，以及现在的宇宙暴胀概念。研究的进步致使这些例子中除最后一个外，所有其他的都升级为经验建构：科学家的说辞有了更多变化。第三，我们周遭的世界的确是极其复杂的。这使得人们很容易提出一些科学家难以回答的简单问题。布鲁诺·拉图尔作为一名人类学观察者置身于索尔克生物学研究所时，他观察到的生长抑制素和促甲状腺激素释放激素就属于这种问题。如果物理学家的理论这么好的话，为什么物理学家无法解释这些激素的性质？苏珊·哈克（Susan Haack，2009）对这一情况的评价是：

　　　　没有理由认为，它［科学］掌握着一种特殊的调查方法，而这种方法是历史学家或侦探，抑或我们所有其他人都不具备的，也不能认为，在时尚和潮流，政治和宣传，以及所有人类认知活动所倾向的偏见与对权力的寻求等方面，科学对其影响都有所免疫。……但是，科学已经取得了显著成功。

第四点：我该如何看待这种现象，即，我想我可以表述为，察觉到所有这一切的含义并对其形成一些看法？这一现象深刻的复杂性有可能让客观实在性的观点变得毫无意义吗？历代的人们对此进行过思考，而我也没有什么更新的贡献。

在《斯坦福哲学百科》条目"科学实在论"（Chakravartty，2017）第 2.1 节提到的另外一种观点是：

> 既然没有什么独立的方法能够知道近似为真的理论具有的基础比率，那么它近似为真的机会是无法评估的。

尽管我们为 ΛCDM 理论通过的那些广泛又充分的检验而欢庆，但我们并不能证明不存在另一种关于宇宙大尺度性质的不同理论，而且它也能通过它自己的一系列广泛检验。我们必须依靠直觉：这种想法在我看来是极不可能的。

为客观实在辩护的论证中，我一开始就指向了事实经验。我估计十个世纪前，威尼斯的造船人会十分注意这种事实，即一艘新建的船要么平稳，要么不稳且容易翻船沉没，而后者对于所有在场看到它的人来说就是一个事实。六个世纪前，伽利略观察到给定长度钟摆周期的规律性。这并不是一种由精英阶层强迫人们接受的建构产物，它是伽利略和其他人都可以在需要的时候去演示的一种事实。在斯蒂芬·温伯格（1996）所举的例子中，"当我们踢到一块无人注意的石头"，我们可以确信，检查现场的目击者会看到这块石头——一个确凿的事实。描述行星及其卫星运动的牛顿理论可以由数据来检查。这些数据来自对这些行星和卫星位置所做的长期观测，它们是由一些好奇心驱使的观测者得到的。

这些人在观测时另有所想，而并不在意某种未来理论的前景。当牛顿理论提出时，它与这些古老数据的一致性是一个确凿的事实。

在这些例子中，人们有相当大的机会受到哈克所谓"时尚和潮流"的影响。我们都倾向于此。但是，我们能否想象，公布出的牛顿物理学与较早的观测结果之间的一致性，以及与后来的观测结果（除了微小的相对论修正）之间的一致性，不过是一个虚构的故事？这看上去是极不可能的。相反，这种一致性看起来就是哈克所谓"显著成功"。

图 6.1 中所示的测量结果无法由早期那些兴趣不在这一领域的观测者获得的证据来验证。然而，通过比较由不同地基设备以及两项卫星任务 WMAP 和 PLANCK 得出的测量结果，那些对可再现性的仔细检查构成了一种有说服力的理由，说明图中这些数据是可再现的（当然总是在测量不确定度内）。

ΛCDM 理论与图 6.1 中那些充分检查过的测量结果之间一致性的证明，依赖于偶然想到这一理论的那些人。第 7.1 节中回顾的那些从经验线索通向这一理论的多重途径，使这种偶然性看起来几乎变成一种必然性。这些证据清晰地揭示出，ΛCDM 理论和第 6.10 节回顾的那些观测之间的一致性是物理科学的又一个"显著成功"。

寻求更好的物理学，即马赫认为的那种"不协调的形式发展"，这样的过程在一个多世纪前为我们带来了电磁场，之后是原子和电子，之后又是量子物理学的态矢量，以及 20 世纪末描述宇宙演化和大尺度性质的一种标准理论。这些越来越详尽的也可以说是越来越形式化的理论，是由社会上一直愿意支持的一些精英群体建构出来的，但他们当中肯定有足够多的人非常愿意并且也有能力去相互检查并形成有力的理由，来说明这些理论的一系列成功是更多的确凿事实。当然这从来不是一种证明，但如果你不愿意应对这么多普特南奇迹的话，那么这是难以忽略的。

寻找确凿事实所用的科学方法依赖于实验和观测在不受外界干扰时对可再现性的检查，而外界干扰就像一个捣蛋鬼在目击者检查现场之前就把绊了温伯格的那块石头拿走一样。我曾提到（在第8、103、209页）那种我们几乎无法摆脱的担忧，担忧由一些未探测到的干扰造成的系统误差。对于科学家关心的可再现性检查，控制好系统误差是至关重要的。这些检查——重复测量，让其他人去重复，或许还可以使用其他方法，反过来也是一种重要的探针，可以发现那类可能会因不同测量方法而异的系统误差。当结果和预期相符时，对系统误差的寻找似乎就不那么紧迫了。这是人性使然，是常有的事。出于对这种情况的担忧，人们提出了盲检法：一些相互独立的组同时进行测量，测量结果相互保密，直到所有的组都得到确定的结果后才公开进行比较。你明白我想要说什么了吧：通过可再现性检查以及对系统误差的检验，我们得到了一个有说服力的理由来支持一些确凿的事实。这些结果揭示出的是这样一种实在，它以一种我们可视为理性的方式运行。

自然科学家并非始终如一地保持理性。通过增加范式并对一些社会和经验建构进行升级和降级，我们一直在改变着我们的说辞。当我在20世纪60年代初开始研究相对论大爆炸宇宙学时，我因为几乎看不到任何经验支持而感到沮丧。在那些日子里，宇宙学的状况甚至连我后来学到的所谓社会建构都不是，因为当时学界没有多少人确信宇宙学是一门"真正的科学"。我继续研究宇宙学，因为其中有许多有趣的物理学思想可以去分析，并可以和我当时能找到的任何经验限制去对比，而这正是我喜欢做的一类物理学。但是，在当时一些观察我的外行人来看，他们可以找到一些合理的原因来怀疑，是否他们正目睹着一些原来如此的故事的建构过程。在寻求更完备的物理学的那些卓有成效的过程中，包括了对一些大胆想法的探索，但这些想法当然不能与经验检验过的事实相混淆。一些像多重宇宙这样的大胆想法可能是优美的，或值得宣传的，或建设性的，或令人困惑的，也可能是错的。回想一下 1948 年稳恒态宇宙学的那种优美。然而，大胆的想法已经帮助人们发现了一些自然科学的事实，而且科学家也并不打算放弃对它们的探索。

　　大胆的理论被分门别类，有些可以通过预言的经验检验而提升为事实，这又是一个我们无法抗拒的习惯。一个世纪前，珀斯（1878a）给出了一个很好的例子来描述这是如何进行的。电磁学理论当时正改变着社会的运行方式：电灯、电车、电报和无线电通信。这一理论对光速值做出了预言，而这个预言值与人们通过截然不同的方法测得的值是相符的。这些方法将牛顿物理学运用到对金星凌日、火星大冲以及木卫掩食的观测中。这些都是在天文学上和在实验室中开展的、由好奇心驱使的研究得到的结果：光速是大多数从事观测和实验的人们在主要研究兴趣之外顺便得到的。这些人会不会以某种方式串通好了，从而对数据和分析结果进行挑选并最终得到相同的光速值？这种设想是很荒谬的。同样荒谬的是设想光速的各种度量之间的这种一致性是一种普特南奇迹。这种一致性展现给我们的是支持物理学理论预言能力的一个出色的理由。

　　能够说明这种预言能力的一个较新的例子是第 209 页的那幅

图，它展示出的是刻画残余辐射角分布和星系空间分布中那些模式的一些统计度量。对它们的解释基于 1970 年时我们所知道的物理学以及 1984 年时我们手头的模型，它们比那些测量结果要早很多年。这一过程本来并非必须如此，但它就这样发生了。实际上，这样的理论和模型告诉了观测者该寻找什么，而那正是他们后来发现的。

第 211 页的表格比较了一些参数值，它们是用 ΛCDM 理论拟合一系列种类广泛的测量结果而得到的。它们包括：物质和辐射大尺度分布的统计数字，最轻同位素丰度的测量结果，超新星观测结果，以及快速射电暴的频散量（dispersion measure）。这些测量结果被解释为理论预言中不同时期发生的现象，在不久前红移接近零时，倒推到红移 $z \sim 1$，再到 $z \sim 10^3$，直到很远的过去 $z \sim 10^9$。理论和观测之间的这种一致性是令人瞩目的。在第 217 页的讨论中，我比较了哈勃常数的两种度量。它们基于当前观测到的结果，以及从物质和辐射在红移 $z \sim 10^3$ 退耦时的分布模式中推断出的结果。直到本书写作时，这两种度量的结果相差约为 5%~10%。如果得到确认的话，这一差别将是令人兴奋的。它将是一条线索，启发我们如何改进宇宙演化的理论。然而，此处讨论的要点在于，这一 10% 左右的不一致性所基于的，一个是当前发生的现象，另一个是当粒子平均间距为当前值的 1‰ 时发生的现象。这种精确性是令人瞩目的。同样令人瞩目的是表 6.1 中其他参数的独立度量之间那种同等程度的一致性。这些度量所基于的现象发生在宇宙演化进程中一些截然不同的时期。

图 6.1 用到的那些对星系和残余辐射分布的观测，当初是为了检验一种特定模型（不包括为谱倾斜所做的那种微小调整）的预

言而设计的。有人可能会否认我们找到了我们一直在寻求的东西。但是，人们很难想象测量这些分布的多个研究组会在不经意间合谋而得到一致的结果。这不是我们的做事方式。回想一下出于两种不同考虑而得到的哈勃常数值之间那 10% 的差别所带来的兴奋。如果发现 ΛCDM 理论的那些参数符合图 6.1 子图（a）中辐射的测量结果而不太符合子图（b）中物质的测量结果，考虑一下这将会带来什么样的兴奋。你又明白我想要说什么了吧。这些确凿证据揭示了不同理论给出的预言与观测之间那种非常明显的一致性。这符合这样一种假设，即实在以一种我们可视为理性而规律的方式运行，并且也符合这样一种论断，即我们的理论看来对这种假设的实在是一种足够好的近似，以至于在用以发现这些理论的现象之外可以预言新的现象。

　　物理科学中支持客观实在的这些理由是从一些相对简单的情况中得到的，并且在这些情况中，我们可以对相对论和量子物理学等基础理论进行明确的检验。生命系统的性质也是基于同样的基础物理学吗？或者说，它们是否可能基于一种更好的理论，它能通过我们现有的检验，也能通过将来有待发现的更严格的检验？可能是这样的。其经验上的理由就在于生命科学实验的严格可再现性这样一个确凿的事实。理论上的理由在于，如果物理科学中那些更简单的例子可被认为是实在的近似——这一点是难以否认的，那么它一定会促使人们认为复杂事物也是基于相同的客观基础而运行的。这些系统在结构与环境上的复杂性，使我们无法利用现有方法进行物理科学中那种清晰的检验。假设社会条件一直允许的话，未来一代又一代的科学家将会继续探索，不断寻求对更复杂现象背后的基础理论进行检验。

经过所有这些思考，我们该用何种方法给实在下个定义，使其有助于我们为这一概念进行辩护？珀斯（1878a）的定义是（在第 5 页讨论的，这里再次引用）：

> 那注定终将被所有研究者一致认可的观点，便是我们所谓的真理，而该观点描绘的对象，便是实在。这就是我对实在的解释。

这个定义是可操作的，这一点很好。如珀斯（1869，第 208 页）所言，它是实用主义的，因为"其合理性就在于它在使任何行动符合合理性时的不可或缺性"。珀斯隐含地假设了实在按照一种我们所谓的理性方式而运行，并且"所有研究者"都将得到同样的结果。从那时起，我们还从未遇到过任何证据让物理科学界重新考虑这一假设。

我提到过这样的想法，即那些指引我们思考的经验证据可能汇集于不止一个吸引盆地。假如那些研究者可以得到两个物理上不同的理论，且二者都能通过证据的预言检验，那就会证伪我们能够理解实在这一假设（Hoyningen-Huene，2013）。我没有看到任何迹象表明这会对自然科学的方法造成威胁，但我们应该注意这些问题。

哲学家布鲁诺·拉图尔和社会学家史蒂夫·伍尔加（1979，本书第 41 页引文）提出"不能由意志来改变的即为实在"。和珀斯的定义一样，这也是可操作的，同时和马赫的观点一样，它也忽视了物理学理论在用于那些预言和检验都可信赖的情况时体现出的出色预言能力。但拉图尔和伍尔加不具备从拉图尔对索尔克生物学研究所里开展的研究所做的观察中得出这一经验的充分条件，因为生命物质的研究太复杂了。

人们假设实在具有一些性质。通过在不同尺度上利用众多不同方法对我们周遭世界进行研究，人们将会获得众多线索，进而可以从中发现那些性质。通过在这种假设下开展研究，自然科学界巧妙地处理了定义客观物理实在这一困难的问题。这个方案并不新鲜，一个世纪前珀斯就以电磁学和牛顿物理学那出色的预言能力为例表达了类似的想法。如果实在是按照一些规则运行的，而电磁学和牛顿物理学是这些规则的有用近似，那么人们就理应看到这样的预言能力。今天的自然科学所及的范围更远，而那些充分检查过的预言检验所及的范围也更广。预言能力在如此大范围内取得的成功就构成了支持客观实在的首要理由。

自然科学中获得发现的方法有很多。比较一下马赫对于严格经验方法揭示出的自然经济性（economy of nature）的追寻，以及爱因斯坦对于在他看来直觉上正确而恰当的理论的追寻。伽莫夫关于早期炽热宇宙的想法是一种非常聪明的直觉猜想：高氦丰度是一条具有启发性的经验线索。通过这些方法，我们已经学到了很多，而关于我们周遭的世界以及看来肯定存在的客观物理实在的本质，还有更多诱人的前景等着我们去了解。

# 注　释

第 1 章　关于科学与实在

[1]　至少到目前为止，这本杂志还在以《大众科学》(*Popular Science*)为名继续发行。

[2]　布兰特 (Brent, 1993) 描述了珀斯的创造力与聪明才智，以及他不太值得称道的个人生活。从我习惯的角度来看，珀斯的思想是非常有道理的，但肯定也有例外。比如，我在第 15 页论证说珀斯对自由意志的讨论非常有洞见，但我不太理解珀斯由此得出的观点，即布兰特在他书中第 208 页所述的如何"将意识置入我们的体系"(insert mind into our scheme)。然而，比起大多数人的观点，珀斯想法的价值更具持久性。

[3]　由于我欣赏珀斯思想的好多方面，我不得不提及珀斯在这一段及其他引文中对性别代词的使用。如果被质疑要考虑一下证据，珀斯是否会同意这里适用无性别代词? 鉴于他的创造力，我希望他能被说服接受这一想法——我们好多人也只是不久前才认识到它的。

[4]　这个版本见于 *Collected Papers of Charles Sanders Peirce,* edited by

Hartshorne and Weiss (1934), Vol. 5, Book 2, Paper 5, § 4, par. 407。

[5]    这段话出自 *Writings of Charles S. Peirce: A Chronological Edition*, Volume 2: 1867—1871, page 272. Bloomington: Indiana University Press。

[6]    更详细地讲，勘测员可以得到两观测者在垂直于太阳视线方向的直线距离 $d$。牛顿力学给出地球到金星和地球到太阳距离之比 $r_v/r_s$。那么，两观测者看到金星的两条弦之间在垂直于视线方向的距离就是 $d(r_s-r_v)/r_v$。这个结果再结合一些几何学就可以得出太阳半径，再测出太阳张角大小就可以给出 $r_s$。

[7]    两个电荷元之间的受力表达式定义了静电单位。两个电流元之间的受力表达式定义了静磁单位。二者的比值 $c$ 具有速度的单位。这是实验得到的结果，而它与电磁波传播速度的关系是后来才被人们认识到的。

[8]    Hartshorne and Weiss 1934, Vol. 7, Book 2, Ch. 5, § 3, par. 333.

[9]    *Writings of Charles S. Peirce: A Chronological Edition*, Volume 3: 1872—1878, page 254.

[10]    珀斯是实用主义的奠基人之一。他记得曾在私下讨论中使用过这个词，而且在讨论测量光速的独立方法时也表达过类似想法，但他是后来才在著作中使用这个词的（Hartshorne and Weiss 1934, Vol. 6, Book 2, Ch. 3, § 5, Par. 483）。梅南（Menand, 2001，第 350 页）认为詹姆斯是 1898 年在加州大学伯克利分校的一次讲座中，首次让大家注意到了珀斯的实用主义的。

[11]    在哲学文献中，你会发现有观点认为珀斯是一个反实在论者，原因如哈金（Hacking, 1983）所言，是珀斯认为"实在和真理"（the real and the true）可以是"知识和推理最终得出的"任何结论。对于这方面的思考，《斯坦福哲学百科》（*The Stanford Encyclopedia of Philosophy*）是非常有用的指南，只要你能上网就

可以免费访问。"科学实在论"（Scientific Realism）（Chakravartty，2017）这一条目解释说，这门哲学建议接受"这个世界由科学所描述的所有可观测的和不可观测的方面"。对于我们的理论，反实在论者会支持一种更加谨慎、实用主义的态度。这一微妙的差别挺有意思，但"反实在论"一词有可能让一位实用主义科学家感到困惑，这样一位科学家会认为一个经过充分检验的理论是非常近乎真实的。我尽量避免在哲学家的专业意义上使用"实在论者"和"反实在论者"这些词。

[12]　Hartshorne and Weiss 1934，Vol. 7，Book 3，Ch. 3，§7，Par. 506.

[13]　我用的是霍尔斯特德（Halsted，1913）的翻译。

[14]　戴维·I. 凯泽（David I. Kaiser）在私人通信中写道："库恩特别关注被不同理论作为实在的一部分来描述的那些实体之间的明显不对应。例如，在麦克斯韦那个年代，并没有证据支持一些基本的、具有确定电荷的微观电荷载体——它们后来被等同为电子［和离子］。然而，量子电动力学的计算却是基于一种假设，即电子是存在的，而且属于用来解释电磁现象的那类基本实体。鉴于对世界最终由什么构成这一问题存在非常不同的假设，以及麦克斯韦理论和量子电动力学在各种极限下都能给出一致的预言这一同样引人注目的事实，一些科学哲学家已逐渐形成一些论据主张'结构实在论'：也许自然科学揭示出了在自然中真实存在的关系，即便不同理论对特定理论实体的论断是不相容的。参见《斯坦福哲学百科》中的条目'结构实在论'（Structural Realism）（Ladyman，2020）。"

[15]　珀斯（1878a）这篇文章是文集《科学逻辑的说明》（*Illustrations of the Logic of Science*）中的第二篇。珀斯（1878b）是其中的第五篇。

[16]　这很显然，但我还是得说，我不是哲学家。我提到的那些传统形
　　　成于一般自然科学的实践中，特别是形成于简单到足以展现理论
　　　与实践之间紧密联系的那类科学。我给出了一些有一定历史依据
　　　的名称，但读者可以从梅南（2001）和米萨克（Misak，2013）那
　　　里对各种各样科学哲学和社会哲学获得更加全面的了解。

## 第 2 章　物理学的社会本质

[1]　　在本书讨论的这些物理科学话题中，我不难区分这三种建构。关
　　　于生命物质的物理科学要更为复杂。

## 第 3 章　广义相对论

[1]　　对于时空中坐标间隔为 $dx^\mu$ 的两个邻近事件，其物理的、坐标无
　　　关的间隔 $ds$ 可表示为 $ds^2 = \Sigma_{\mu,\nu}\, g_{\mu\nu}\, dx^\mu\, dx^\nu$。指标 $\mu$ 和 $\nu$ 取值 0、1、2、
　　　3，对应时间和空间位置的分量。$ds^2$ 可正可负，对于一个观测者，
　　　若其运动状态使得两事件对其同时发生，那么 $ds^2$ 绝对值的平方
　　　根是该观测者测得的两事件所在地点的间距；或者，若其运动状
　　　态使得两事件对其是在同一地点发生，那么 $ds^2$ 反号，绝对值的
　　　平方根是该观测者测得的两事件之间所经过的时间。

[2]　　作为经典力学中的一个例子，考虑一个质量为 $m$ 的粒子在势能
　　　$V(x)$ 下做一维运动。在试探解中，位置作为时间的函数是 $x(t)$，
　　　粒子的速度是 $dx/dt$，拉氏量是 $L = m\,(dx/dt)^2\,/\,2 - V(x)$，即动能减
　　　势能，作用量是 $S = \int dt\, L\,(x, t)$。变分原理是说，运动方程的解是
　　　作用量的稳定点，意思是 $S$ 不会因粒子路径的无限小变化而改变。
　　　因此，考虑将粒子运动所走过的路径从 $x(t)$ 改变为 $x(t) + \delta x(t)$，
　　　其中无限小变化是 $\delta x(t)$。我们可以把作用量的变化写成：

$$S[x+\delta x]-S[x]=\int dt\left[m\frac{dx}{dt}\frac{\delta dx}{dt}-\frac{dV}{dx}\delta x\right]=-\int dt\left[m\frac{d^2x}{dt^2}+\frac{dV}{dx}\right]\delta x.$$

最后一步利用了分步积分，其中 $\delta dx/dt = d\delta x/dt$，因为求导数取哪种顺序都一样。我们要求作用量在路径的任意无穷小变化下变化为零，最后一项方括号中的表达式必须为零。因此，运动方程就如通常所写的那样：

$$m\frac{d^2x}{dt^2}=-\frac{dV}{dx}.$$

[3]  之前提到过，洛伦兹协变理论给出的物理预言与狭义相对论的平直时空中如何使用坐标无关。

[4]  *Collected Papers of Albert Einstein*, Vol. 5, Doc. 69.

[5]  讨论见 *Collected Papers of Albert Einstein*, Vol. 4: The Swiss Years, pp. 344–359。

[6]  *Collected Papers of Albert Einstein*, Vol. 8, Doc. 177.

[7]  克罗特科夫当时是迪克的引力研究组成员。下面将谈到，这个研究组当时正致力于改进引力物理学的经验基础。布里尔当时是普林斯顿大学惠勒的相对论理论组成员。贝尔托蒂当时是新泽西州普林斯顿等离子物理实验室（Plasma Physics Laboratory）的访问学者，此前是普林斯顿高等研究院的访问学者。他们对引力红移以及引力物理学中大量其他类型检验所做的评价得益于迪克的帮助，他们对此表示感谢。

[8]  如果测量不确定度真是随机的，那么平均值在真值上下的差别高于一个标准偏差的概率约为 30%，而这一差别超过三个标准偏差的概率约为 0.3%。

[9]  《斯坦福哲学百科》中关于科学实在论的文章（Chakravartty,

2017）在第 3.1 节讨论了这种危机的可能性，那需要对理论的某些部分进行调整。这在广义相对论中尚未发生过。它在一些特别有趣的实例中的确发生过，那就是为了将相对论和量子物理学都包括在内而对经典理论所做的一些调整。这些调整照样是在通过了充分而严格的预言检验后才变得可信的。

第 4 章　爱因斯坦的宇宙学原理

[1]　　此处和以下讨论中关于信件的引文，依次来自《爱因斯坦文集》，第 8 卷，文档 219、272、273、293 和 321。

[2]　　更严谨地讲，我们应该注意到这个关系 $v = H_0 r$ 是在修正了由局域质量聚集区的引力对运动造成的影响后才适用的。$r$ 是两个星系之间的物理距离，由一种理想化的方式得到。它是两星系之间的一系列观测者测到的长度之和。其中每一位观测者都配有皮尺，每一位都按照约定在给定的宇宙时刻测量他到下一位之间的距离。速率就是这一物理距离在某个物理时钟衡量下的变化率。当距离足够大，以至于相对论效应变得重要时，这种对两星系瞬时间距的理想化测量结果增长得比光速还快。这是符合相对论的。单个观测者不会看到这样的分离速率。观测者对膨胀的度量是红移–星等（或 z-m）关系。红移 $z$ 作为退行速度的度量，由第 205 页注释 12 所定义。视星等 $m$ 作为距离的度量，由第 124 页注释 7 所定义。

[3]　　来自一个星系的星光强度可由单位时间单位面积上接收到的星光能量 $f$ 来衡量，这就是能流密度。为了看出亮度大于 $f$ 的星系计数如何随 $f$ 变化，我们首先假设所有星系具有相同的光度 $L$。如果一个星系距离为 $r$，那么我们观测到的星光能流密度就是 $f = L/(4\pi r^2)$。给定 $L$，如果能流密度是 $f$，那么距离就是 $r \propto f^{-1/2}$。

如果这些星系均匀分布在空间中，那么数到的亮度大于 $f$ 的个数是数密度与距离 $r$ 内的空间体积的乘积，或说 $N(>f) \propto r^3 \propto f^{-3/2}$。由于对所有星系的光度都是这样的幂律形式，它对于所有星系光度之和也一定成立。这里假设了平直空间的欧几里得几何，这在哈勃当时能够探索到的距离范围内是非常好的近似。

[4]　也就是 350Mpc，其中一个兆秒差距，即 1Mpc 等于 $3.086 \times 10^{24}$ 厘米，大约 300 万光年。哈勃长度大约是 4 000Mpc，在这个距离上由红移–距离关系外推出的退行速度等于光速。

[5]　特别重要的《利克星系表》中的数据由沙恩和维尔塔宁（Shane and Wirtanen，1967）编纂，由塞尔德纳、西贝斯、格罗斯和皮布尔斯（Seldner, Siebers, Groth, and Peebles, 1977）进行了归算，并且与另外两个星系表一起由格罗斯和皮布尔斯（1977）进行了分析。

[6]　定量地来讲：随机取一个半径为 10Mpc 的球，其中包含的星系个数在平均值 $N$ 附近波动的方均根为 $\delta N = N$。在小于这一半径的尺度上，星系分布明显成团。在大得更多的尺度上，其分布平均后给出均匀分布，正如奥尔特和哈勃分别在 1958 年和 1934 年公布的那样。

[7]　恒星或星系在天空中亮度的一种度量，是单位时间单位面积接收到的星光能量 $f$。天文学家还用到以下两种度量：给定能流密度 $f$ 下的视星等 $m$，以及给定光度 $L$ 下的绝对星等 $M$。

$$m = -2.5\log_{10}f + 常数；M = -2.5\log_{10}L + 另一常数$$

我们不需要在意那两个常数。

[8]　在一个标度不变的分形质量分布中，一个有质量的粒子在距离 $r$ 内的质量平均值为 $M(<r) \propto r^D$，其中 $D$ 是分形维数。一个有质量

的粒子在距离 $r$ 内的平均引力势为 $U \sim GM(<r) / r \propto r^{D-1}$。如果 $D = 1$，那么引力势可以很小，在所有尺度上近似为牛顿引力势。

第 5 章　热大爆炸

[1]　亚瑟·米尔恩（Arthur Milne，1932）和奥斯卡·克莱因（Oskar Klein，1956）考虑了另一种图像：束缚的质量在别无他物的空间中剧烈爆炸。在这种图像中，热辐射会逃离物质的边界。

[2]　电磁辐射谱的微波波段的波长范围从 1 毫米到 1 米。这种残余热辐射之海的谱在 2 毫米左右达到峰值（取决于你如何定义它），而且它是在 0.5 毫米到大约 1 米的波长上被人们探测到的。

[3]　对于质量密度 $\rho$，热大爆炸宇宙学中膨胀时间的量级为 $t \sim (G\rho)^{-1/2}$，其中 $G$ 是牛顿引力常数。密度 $\rho$ 高，膨胀时间就短。

[4]　$T_c$ 时的这种突然的变化假设了粒子数密度远低于 $\gamma$ 光子数密度。这一点在伽莫夫设想的情况中是充分满足的。

[5]　我们说过，天体物理等离子体的复合线说明其中存在着氦。猎户座星云是一团被炽热的年轻恒星电离的星际物质。这些恒星是由星云中的这些物质形成的。这一等离子体中的氦丰度揭示出星际物质中该元素当前的丰度。行星状星云中心的恒星已经将其核心的大多数物质由氢转化成了氦，然后使氦聚变形成碳、氮和氧。它正向着白矮星演化。行星状星云中的氦源自恒星的外层。人们不认为它们是在恒星中形成的，而认为是当恒星形成时它们就已经在那里了。

[6]　伽莫夫的这个假设是，在宇宙膨胀过程中有一段时期，其间物质的质量密度、辐射的质量密度以及空间曲率项这三者在膨胀率方程（第 212 页注释 14 中）中有相同的贡献。其实并没有什么理由支持这个假设。

[7]　　为了避免疑惑，我们要指出，尽管没有理由怀疑普朗克的黑体谱理论，这个理论还没有通过测量来充分检验过。这种残余辐射谱之所以被证明为热谱，是因为我们将它和一些温度明确可知的辐射源进行了对比。

## 第 6 章　ΛCDM 理论

[1]　　用行话来讲，对严格均匀性的原初偏离被假设成一种平稳高斯随机过程。它具有幂律功率谱，其幂指数取特定值，从而使时空曲率涨落在所有尺度上几乎相同。我们观测到周围的时空曲率涨落很小。这是件好事，因为大的曲率涨落倾向于形成黑洞。幂指数的倾斜（tilt）若使时空曲率涨落在某个很大尺度上变大，这将是一种奇怪的情况：如果大尺度曲率涨落一般较大的话，为什么在我们可观测的尺度上时空曲率会很小？倾斜若使得在很小尺度上具有大的曲率涨落，那将意味着存在大量小黑洞。如果只是轻微的倾斜，因而这些小黑洞质量不太大，那么它们或许会通过霍金的黑洞蒸发而消失。当然，这些初始条件不是非得被证明为接近幂律形式，但我们已很幸运：只需要对标度不变性有很小的倾斜就可以符合本书写作时的那些严格检验。

[2]　　《爱因斯坦文集》，第 14 卷，文档 40。

[3]　　非常感谢莉莉安·莫恩斯（Liliane Moens）从比利时的天主教鲁汶大学（Université catholique de Louvain）所存《乔治·勒梅特档案》（*Archives Georges Lemaître*）中为我提供这些相关信息。

[4]　　星系空间分布的统计分析结果进一步加强了我当时的这种想法。该结果表明，星系位置的两点关联函数在相对小的尺度上接近于一种简单的幂律，在稍微大一些的尺度上开始打破这种幂律，先是上升而后迅速下降；大致在这个位置空间，质量密度涨落从较

小尺度上对均匀性的显著偏离转变为较大尺度上的小部分偏离（Davis，Groth，and Peebles，1977，图 1；Soneira and Peebles，1978，图 6）。在我看来，这种对幂律的偏离揭示出星系成团从线性增长向非线性增长的转变。较小尺度上这种没什么特征的幂律意味着标度不变的演化，就像在爱因斯坦-德西特模型中那样。但是，这种论证受到了数值模拟结果的挑战。数值模拟揭示出，星系位置关联函数接近幂律而质量自相关函数却并非如此。这种情况令人费解。

[5]    说得稍微再详细一些，戴维斯和皮布尔斯（Davis and Peebles，1983）分析了戴维斯、赫克拉、莱瑟姆和托尼（Davis，Huchra，Latham，and Tonry，1982）得到的关于星系角位置与红移分布的第一个相当合理的样本。结果表明，星系间隔范围在 0.2-6Mpc 内的星系相对速度弥散相应于平均质量密度取值约为爱因斯坦-德西特值的 1/5。人们很自然地会反对说，这种度量会漏掉比星系分布得更加平滑的那些质量，是一种偏差效应。对此的反驳是，如果真是这种情况的话，那么在相当大的星系间隔范围内我们对密度的度量都近乎相等，这就很奇怪了。为什么我们没有在更大的间隔上更多地计入那些平滑分布的成分呢？我（1986）曾回顾了诸如此类的论证。它们让我觉得这种支持低质量密度的理由是相当合理的，虽然还不能让整个学界信服。

[6]    我们说过，给定哈勃常数和平均质量密度，相对论理论可以将代表宇宙学常数和空间截面曲率效应的那些项之和确定下来。第 212 页注释 14 中的弗里德曼-勒梅特方程描述了这一点。如果空间截面是平直的而且质量密度很低，那么该理论就需要 Λ 取正值。

[7]    主要的技巧是在初始条件中加入了充分的倾斜，使结果倾向于在相对小的尺度上对均匀性产生大的原初偏离，从而有利于星系形

成，而在大多数残余辐射的测量所探测到的更大尺度上产生小的偏离。我并不会因为走了这个弯路而感到后悔，它是科研活动中一个正常而有益的部分。

[8]　一些模型可以简单地实现第 6.4 节讨论的宇宙暴胀图像。根据这些模型的预言，可以对第 6.1 节讨论的那种标度不变的初始条件做出很好的近似。通过对这些模型进行适度的也可以说是很自然的调节，就可以使这种初始条件产生倾斜，从而倾向于在更大尺度上产生较大的时空曲率涨落。对观测结果的拟合刚好也需要这种轻微的倾斜。如果这种假设的倾斜推广到任意大的尺度上，就会带来麻烦。然而，有这种危险的尺度太大了，以至于人们常常可以忽略它。

[9]　顺便从技术上提一句，我们要注意到，曲率涨落被认为是一个由其平均值和标准偏差所定义的随机高斯过程。这对于宇宙暴胀的简单实现所预言出的行为是一种很好的近似，而且它也符合所测量到的残余辐射涨落的近高斯性。

[10]　从一些尚未得到完全证认的辐射源发出的电离辐射，将红移在 $z \sim 10$ 左右弥散在星系际的重子电离。它释放出可以散射残余辐射的电子。这使得它在全天的分布模式变得稍微平滑一些。大约 5% 的残余辐射被散射过（Planck Collaboration，2020）。

[11]　当前，辐射的质量密度小于物质的质量密度，但它在早期宇宙要大得多，因为膨胀使辐射的质量密度比物质的下降得更快。这意味着这种假设，即团块状原初重子分布的不均匀性刚好被辐射之海对均匀性的偏离所抵消，并不会马上导致什么明显的问题。

[12]　在红移—星等关系中，天文学家对视星等的定义在第 124 页注释 7 中给出。在足够大的距离上，红移也很大，通过利用多普勒频移从观测到的红移中得出的退行速度应该被视为一种形式上的结果，因为此时需要考虑相对论效应。一个天体的红移 $z$ 通过观测

到的谱中某个特征的波长 $\lambda_{\text{obs}}$ 与实验室中测得该特征的波长 $\lambda_{\text{lab}}$ 之比来定义。红移为 $z = \lambda_{\text{obs}} / \lambda_{\text{lab}} - 1$。这里减去 1 是历史的意外所致，但很方便。当红移 $z$ 很小时，它就是速度为 $v = cz$ 的多普勒频移导致的波长相对移动，其中 $c$ 是光速。

[13]    这些实验项目的具体描述最好参考《发现大爆炸》，以及《宇宙学的世纪》（第 8 章和第 9 章）。

[14]    在广义相对论中，均匀宇宙的膨胀率作为宇宙红移 $z$ 的函数，由弗里德曼-勒梅特方程给出。它可以很好地近似表示为：

$$\frac{1}{a}\frac{da}{dt} = -\frac{1}{1+z}\frac{dz}{dt} = H_0[\Omega_{\text{m}}(1+z)^3 + \Omega_{\text{r}}(1+z)^4 + \Omega_{\Lambda} + \Omega_{\text{k}}(1+z)^2]^{1/2}.$$

膨胀因子 $a(t) \propto (1+z)^{-1}$ 是守恒粒子平均间距随时间的标度变化。该表达式的左边给出了两种方式来描述宇宙在红移 $z$ 上的膨胀率。当前 $z = 0$ 的膨胀率就是哈勃常数 $H_0$。那些无量纲参数 $\Omega_i$ 代表不同成分对当前膨胀率平方的相对贡献：$\Omega_{\text{m}}$ 表示重子和暗物质的质量密度，$\Omega_{\text{r}}$ 是伴随有假设的无质量中微子的残余辐射的质量密度，$\Omega_{\Lambda}$ 是宇宙学常数的贡献，而 $\Omega_{\text{k}}$ 代表空间截面曲率的效应。这四个无量纲参数之和为 1：$\Omega_{\text{m}} + \Omega_{\text{r}} + \Omega_{\Lambda} + \Omega_{\text{k}} = 1$。

[15]    此处是表中用到的参考文献。对于 $\Omega_{\text{m}}$，低红移处：皮布尔斯（2020）的表 3.2，以及艾伯特、阿奎那、阿拉尔孔等人（Abbott, Aguena, Alarcon et al., 2020）；在 $z \sim 1$ 处：托尼、施米特、巴里斯等人（Tonry, Schmidt, Barris et al., 2003），以及诺普、艾尔德林、阿曼努拉等人（Knop, Aldering, Amanullah et al., 2003）；在 $z \sim 10^3$ 处：普朗克合作组（Planck Collaboration, 2020，以下称为 PC20）。对于 $\Omega_{\text{baryon}}$，在低红移处：舍伦贝格、赖普里希（Schellenberger and Reiprich, 2017），以及马卡尔、普罗查斯卡、麦昆等人（Macquart, Prochaska, McQuinn et al.,

2020）；在 $z \sim 10^3$ 处：PC20；在 $z \sim 10^9$ 处：库克、佩蒂尼、斯泰德尔（Cooke, Pettini, and Steidel, 2018）。对于氦质量分数 $Y$，低红移处：阿韦尔、伯格、奥利弗（Aver, Berg, Olive et al., 2020）；在 $z \sim 10^3$ 处：PC20；在 $z \sim 10^9$ 处：PC20。对于哈勃常数 $H_0$：迪·瓦伦迪诺、安丘多吉、阿卡尔苏等人（Di Valentino, Anchordoqui, Akarsu et al., 2020a）。对于宇宙年龄：迪·瓦伦迪诺、安丘多吉、阿卡尔苏等人（2020b），以及 PC20。

## 第 7 章　从科学进步中学到的经验

[1]　迪克和他的引力研究组由好奇心驱使而开展的研究，部分地受到了美国陆军通信兵部队、美国海军研究办公室以及美国原子能委员会的资助。1957 年影响深远的"关于引力在物理学中的地位"教堂山会议受到了美国空军的空军研究与发展指挥部赖特空军发展中心的资助。大概在 1956 年（第 151 页回忆的），当伽莫夫和霍伊尔会面讨论热辐射之海的想法时，伽莫夫是通用动力公司的访客。他没有什么职责，只需要待在加利福尼亚州的拉霍亚（La Jolla）附近即可。在那里，他可能透露出一些从纯学术研究得来的新想法。我（2017，第 7.5 节）曾详细讨论这方面的情况。

[2]　一个类似的例子是第 6.10.1 节讨论的红移—星等检验的完成。但那个例子要更复杂，因为那两个组一直保持密切交流。

[3]　退耦时的复合过程将会比在我们宇宙中完成得要少，从而会残留下更多电离的部分。根据暗物质晕的运动温度（kinetic temperature）不同，或者自由电子和质子的碰撞，或者得益于自由电子而形成的分子氢的碰撞，会发出辐射导致重子成分收缩，最终形成恒星。

# 参考文献

Abbott, T. M. C., Aguena, M., Alarcon, A., et al. 2020. Dark Energy Survey Year 1 Results: Cosmological constraints from cluster abundances and weak lensing. *Physical Review* D 102, 023509, 34 pp.

Abell, G. O. 1958. The Distribution of Rich Clusters of Galaxies. *Astrophysical Journal*, Supplement 3, 211–288.

Adams, W. S. 1925. The Relativity Displacement of the Spectral Lines in the Companion of Sirius. *Proceedings of the National Academy of Science* 11, 382–387.

Aller, L. H., and Menzel, D. H. 1945. Physical Processes in Gaseous Nebulae XVIII. The Chemical Composition of the Planetary Nebulae. *Astrophysical Journal* 102, 239–263.

Alpher, R. A., Bethe, H., and Gamow, G. 1948. The Origin of Chemical Elements. *Physical Review* 73, 803–804.

Alpher, R. A., Follin, J. W., and Herman, R. C.1953. Physical Conditions in the Initial Stages of the Expanding Universe. *Physical Review* 92, 1347–1361.

Alpher, R. A., and Herman, R. C. 1948. Evolution of the Universe. *Nature* 162, 774–775.

Alpher, R. A., and Herman, R. C. 1950. Theory of the Origin and Relative Abundance Distribution of the Elements. *Reviews of Modern Physics* 22, 153–212.

Aver, E., Berg, D. A., Olive, K. A., et al. 2020. Improving Helium Abundance Determinations with Leo P as a Case Study. arXiv:2010.04180.

Baade, W. 1939. Stellar Photography in the Red Region of the Spectrum. *Publications of the American Astronomical Society* 9, 31–32.

Babcock, H. W. 1939. The Rotation of the Andromeda Nebula. *Lick Observatory Bulletin* 498, 41–51.

Baghramian, M., and Carter, J. A. 2021. Relativism, in *The Stanford Encyclopedia of Philosophy* (Spring 2021 Edition), Edward N. Zalta (ed.) https://plato.stanford.edu/archives/spr2021/entries/relativism/.

Bahcall, N. A., and Cen, R. 1992. Galaxy Clusters and Cold Dark Matter: A Low-Density Unbiased Universe? *Astrophysical Journal Letters* 398, L81–L84.

Bahcall, N. A., Fan, X., and Cen, R. 1997. Constraining X with Cluster Evolution. *Astrophysical Journal Letters* 485, L53–L56.

Bennett, A. S. 1962. The Preparation of the Revised 3C Catalogue of Radio Sources. *Monthly Notices of the Royal Astronomical Society* 125, 75–86.

Bergmann, P. G. 1942. *Introduction to the Theory of Relativity*. New York: Prentice-Hall.

Bertotti, B., Brill, D., and Krotkov, R. 1962. Experiments on Gravitation. In *Gravitation: An Introduction to Current Research*. Ed. L. Witten. Wiley, New York, pp. 1–48.

Bertotti, B., Iess, L., and Tortora, P. 2003. A Test of General Relativity Using Radio Links with the Cassini Spacecraft. *Nature* 425, 374–376.

Beutler, F., Seo, H.-J., Ross, A. J., et al. 2017. The Clustering of Galaxies in the Completed SDSS-III Baryon Oscillation Spectroscopic Survey: Baryon Acoustic Oscillations in the Fourier Space. *Monthly Notices of the Royal Astronomical Society* 464, 3409–3430.

Bloor, D. 1976. *Knowledge and Social Imagery*. London: Routledge & Kegan Paul.

Bloor, D. 1991. *Knowledge and Social Imagery*. Second Edition, Chicago: The University of Chicago Press.

Bondi, H. 1952. *Cosmology*. Cambridge: Cambridge University Press.

Bondi, H. 1960. *Cosmology*, second edition. Cambridge: Cambridge University Press.

Bondi, H., and Gold, T. 1948. The Steady-State Theory of the Expanding Universe. *Monthly Notices of the Royal Astronomical Society* 108, 252–270.

Boughn, S. P., Cheng, E. S., and Wilkinson, D. T. 1981. Dipole and Quadrupole Anisotropy of the 2.7 K Radiation. *Astrophysical Journal Letters* 243, L113–L117.

Brans, C., and Dicke, R. H. 1961, *Physical Review*, 124, 925.

Brault, J. W. 1962. *The Gravitational Red Shift in the Solar Spectrum*. Ph.D. Thesis, Princeton University.

Brent, J. 1993. *Charles Sanders Peirce: A Life*. Bloomington: Indiana University Press.

Burbidge, E. M., Burbidge, G. R., Fowler, W. A., and Hoyle, F. 1957. Synthesis of the Elements in Stars. *Reviews of Modern Physics* 29, 547–650.

Burbidge, G. R. 1958. Nuclear Energy Generation and Dissipation in Galaxies. *Publications of the Astronomical Society of the Pacific* 70, 83–89.

Burbidge, G. R. 1962. Nuclear Astrophysics. *Annual Review of Nuclear and Particle Science* 12, 507–572.

Campbell, W. W. 1909. The Closing of a Famous Astronomical Problem. *Publications of the Astronomical Society of the Pacific* 21, 103–115.

Campbell, W. W., and Trumpler, R. J. 1928. Observations Made with a Pair of Five-foot Cameras on the Light-deflections in the Sun's Gravitational Field at the Total Solar Eclipse of September 21, 1922. *Lick Observatory Bulletin* 397, 130–160.

Carnap, R. 1963. In *The Philosophy of Rudolph Carnap*. Illinois: Open Court Publishing Company.

Chakravartty, A. 2017. Scientific Realism, in *The Stanford Encyclopedia of Philosophy* (Summer 2017 Edition), Edward N. Zalta (ed.) https://plato.stanford.edu/archives/sum2017/entries/scientific-realism/.

Chandrasekhar, S. 1935. Stellar Configurations with Degenerate Cores (Second paper). *Monthly Notices of the Royal Astronomical Society* 95, 676–693.

Chandrasekhar, S., and Henrich, L. R. 1942. An Attempt to Interpret the Relative Abundances of the Elements and Their Isotopes. *Astrophysical Journal* 95, 288–298.

Charlier, C. V. L. 1922. How an Infinite World May Be Built Up. *Meddelanden fran Lunds Astronomiska Observatorium*. Serie I 98, 1–37.

Collins, H. M., and Pinch, T. J. 1993. *The Golems: What Everyone Should Know about Science*. Cambridge: Cambridge University Press.

Comesaña, J., and Klein, P. 2019. Skepticism, in *The Stanford Encyclopedia of Philosophy* (Winter 2019 Edition), Edward N. Zalta (ed.) https://plato.stanford.edu/archives/win2019/entries/skepticism/.

Comte, A. 1896. *The Positive Philosophy of Auguste Comte*, Volume 1, freely translated from French and condensed by Harriet Martineau. London: George Bell & Sons.

Cooke, R. J., Pettini, M., and Steidel, C. C. 2018. One Percent Determination of the Primordial Deuterium Abundance. *Astrophysical Journal* 855:102, 16 pp.

Corry, L. 1999. From Mie's Electromagnetic Theory of Matter to Hilbert's Unified Foundations of Physics. *Studies in History and Philosophy of Modern Physics* 30B, 159–183.

Corry, L., Renn, J., and Stachel, J. 1997. Belated Decision in the Hilbert-Einstein Priority Dispute. *Science* 278, 1270–1273.

Cowsik, R., and McClelland, J. 1972. An Upper Limit on the Neutrino Rest Mass. *Physical Review Letters* 29, 669–670.

Cowsik, R., and McClelland, J. 1973. Gravity of Neutrinos of Nonzero Mass in Astrophysics. *Astrophysical Journal* 180, 7–10.

Davies, P. 2020. Does New Physics Lurk Inside Living Matter? *Physics Today* 73, 34–40.

Davis, M., Groth, E. J., and Peebles, P. J. E. 1977. Study of Galaxy Correlations: Evidence for the Gravitational Instability Picture in a Dense Universe. *Astrophysical Journal Letters* 212, L107–L111.

Davis, M., Huchra, J., Latham, D. W., and Tonry, J. 1982. A Survey of Galaxy Redshifts. II. The Large Scale Space Distribution. *Astrophysical Journal* 253, 423–445.

Davis, M., and Peebles, P. J. E. 1983. A Survey of Galaxy Redshifts. V. The Two-Point Position and Velocity Correlations. *Astrophysical Journal* 267, 465–482.

Dawid, R. 2013. *String Theory and the Scientific Method.* Cambridge: Cambridge University Press.

DeGrasse, R. W., Hogg, D. C., Ohm, E. A., and Scovil, H. E. D. 1959a. UltraLow-Noise Measurements Using a Horn Reflector Antenna and a Traveling-Wave Maser. *Journal of Applied Physics* 30, 2013.

DeGrasse, R. W., Hogg, D. C., Ohm, E. A., and Scovil, H. E. D. 1959b. Ultra-LowNoise Antenna and Receiver Combination for Satellite or Space Communication. *Proceedings of the National Electronics Conference* 15, 371–379.

de Sitter, W. 1913. The Secular Variation of the Elements of the Four Inner Planets. *The Observatory* 36, 296–303.

de Sitter, W. 1916. On Einstein's Theory of Gravitation and Its Astronomical Consequences. Second paper. *Monthly Notices of the Royal Astronomical Society* 77, 155–184.

de Sitter, W. 1917. On the Relativity of Inertia. Remarks Concerning Einstein's Latest Hypothesis. Koninklijke Nederlandse Akademie van Wetenschappen Proceedings Series B *Physical Sciences* 19, 1217–1225.

de Vaucouleurs, G. 1958. Photoelectric Photometry of the Andromeda Nebula in the UBV System. *Astrophysical Journal* 128, 465–488.

de Vaucouleurs, G. 1970. The Case for a Hierarchical Cosmology. *Science* 167, 1203–1313.

Dewey, J. 1903, *Studies in Logical Theory*, Chicago: The University of Chicago Press.

Dicke, R. H. 1957. The Experimental Basis of Einstein's Theory. In *Proceedings of the Conference on the Role of Gravitation in Physics at the University of North Carolina, Chapel Hill, January 18–23, 1957*, pp. 5–12. Eds. Cécile DeWitt and Bryce DeWitt.

Dicke, R. H. 1961. Dirac's Cosmology and Mach's Principle. *Nature* 192, 440–441.

Dicke, R. H. 1964. *The Theoretical Significance of Experimental Relativity*. New York: Gordon and Breach.

Dicke, R. H. 1970. *Gravitation and the Universe. Memoirs of the American Philosophical Society, Jayne Lectures for 1969*. Philadelphia: American Philosophical Society.

Dicke, R. H., Beringer, R., Kyhl, R. L., and Vane, A. B. 1946. Atmospheric Absorption Measurements with a Microwave Radiometer. *Physical Review* 70, 340–348.

Dicke, R. H., and Peebles, P. J. E. 1965. Gravitation and Space Science. *Space Science Reviews* 4, 419–460.

Dicke, R. H., and Peebles, P. J. E. 1979. The Big Bang Cosmology—Enigmas and Nostrums. In *General Relativity: An Einstein Centenary Survey*, pp. 504–517. Eds. S. W. Hawking and W. Israel. Cambridge: Cambridge University Press.

Dicke, R. H., Peebles, P. J. E., Roll, P. G., and Wilkinson, D. T. 1965. Cosmic Black-Body Radiation. *Astrophysical Journal* 142, 414–419.

Dicus, D. A., Kolb, E. W., and Teplitz, V. L. 1977. Cosmological Upper Bound on Heavy-Neutrino Lifetimes. *Physical Review Letters* 39, 168–171.

Dingle, H. 1931. The Nature and Scope of Physical Science. *Nature* 127, 526–527.

Di Valentino, E., Anchordoqui, L. A., Akarsu, O., et al. 2020. *Cosmology Intertwined II: The Hubble Constant Tension*. Snowmass 2021—Letter of Interest.

Di Valentino, E., Anchordoqui, L. A., Akarsu, O., et al. 2020. *Cosmology Intertwined IV: The Age of the Universe and Its Curvature*. Snowmass 2021—Letter of Interest.

Doroshkevich, A. G., and Novikov, I. D. 1964. Mean Density of Radiation in the Metagalaxy and Certain Problems in Relativistic Cosmology. *Doklady Akademii Nauk SSSR* 154, 809–811. English translation in *Soviet Physics Doklady* 9, 111–113.

Dyson, F.W., Eddington, A. S., and Davidson, C. 1920. A Determination of the Deflection of Light by the Sun's Gravitational Field, from Observations Made at the Total Eclipse of May 29, 1919. *Philosophical Transactions of the Royal Society of London* Series A 220, 291–333.

Earman, J., and Glymour, C. 1980a. The Gravitational Red Shift as a Test of General Relativity: History and Analysis. *Studies in the History and Philosophy of Science* 11, 175–214.

Earman, J. and Glymour, C. 1980b. Relativity and Eclipses: The British Eclipse Expeditions of 1919 and Their Predecessors. *Historical Studies in the Physical Sciences* 11, 49–85.

Eddington, A. S. 1914. *Stellar Movements and the Structure of the Universe*. London: Macmillan.

Eddington, A. S., Jeans, J. H., Lodge, O., et al. 1919. Discussion on the Theory of Relativity. *Monthly Notices of the Royal Astronomical Society* 80, 96–118.

Einstein, A. 1917. Kosmologische Betrachtungen zur allgemeinen Relativitätstheorie. *Sitzungsberichte der Königlich Preußischen Akademie der Wissenschaften*, Berlin, pp. 142–152.

Einstein, A. 1922a. *The Meaning of Relativity*. Princeton: Princeton University Press.

Einstein, A. 1922b. *Sidelights on Relativity*. London: Methuen.

Einstein, A. 1936. Physics and Reality. *Journal of The Franklin Institute* 221, 349–382.

Einstein, A., and de Sitter, W. 1932. On the Relation Between the Expansion and the Mean Density of the Universe. *Proceedings of the National Academy of Science* 18, 213–214.

Enz, C. P., and Thellung, A. 1960. Nullpunktsenergie und Anordnung nicht vertauschbarer Faktoren im Hamiltonoperator. *Helvetica Physica Acta* 33, 839–848.

Fabbri, R., Guidi, I., Melchiorri, F., and Natale, V. 1980. Measurement of the Cosmic-Background Large-Scale Anisotropy in the Millimetric Region. *Physical Review Letters* 44, 1563–1566.

Fermi, E. 1934. Versuch einer Theorie der *b*-Strahlen. *Zeitschrift für Physik* 88, 161–177.

Feynman, R. P., Morinigo, F. B., and Wagner, W. G. 1995. *Feynman Lectures on Gravitation*. Reading, MA: Addison-Wesley.

Finlay-Freundlich, E. 1954. Red Shifts in the Spectra of Celestial Bodies. *The London, Edinburgh, and Dublin Philosophical Magazine and Journal of Science* 45, 303–319.

Fixsen, D. J., Cheng, E. S., and Wilkinson, D. T. 1983. Large-Scale Anisotropy in the 2.7-K Radiation with a Balloon-Borne Maser Radiometer at 24.5 GHz. *Physical Review Letters* 50, 620–622.

Frank, P. 1949. *Modern Science and Its Philosophy*. Cambridge: Harvard University Press.

Franklin, A. 2005. *No Easy Answers: Science and the Pursuit of Knowledge*. Pittsburgh: University of Pittsburgh Press.

Freeman, K. C. 1970. On the Disks of Spiral and S0 Galaxies. *Astrophysical Journal* 160, 811–830.

Friedman, A. 1922. Über die Krümmung des Raumes. *Zeitschrift für Physik* 10, 377–386.

Friedman, A. 1924. Über die Möglichkeit einer Welt mit Konstanter Negativer Krümmung des Raumes. *Zeitschrift für Physik* 21, 326–332.

Frigg, R., and Hartmann, S. 2020. Models in Science, in *The Stanford Encyclopedia of Philosophy* (Spring 2020 Edition), Edward N. Zalta (ed.) https://plato.stanford.edu/archives/spr2020/entries/models-science/.

Galison, P. 2016. Practice All the Way Down. In Kuhn's *Structure of Scientific Revolutions* at Fifty: Reflections on a Science Classic, pp. 42–70. Eds. Robert J. Richards and Lorraine Daston. Chicago: University of Chicago Press.

Gamow, G. 1937. *Structure of Atomic Nuclei and Nuclear Transformations*. Oxford: The Clarendon Press.

Gamow, G. 1946. Expanding Universe and the Origin of Elements. *Physical Review* 70, 572–573.

Gamow, G. 1948a. The Origin of Elements and the Separation of Galaxies. *Physical Review* 74, 505–506.

Gamow, G. 1948b. The Evolution of the Universe. *Nature* 162, 680–682.

Gamow, G. 1949. On Relativistic Cosmogony. *Reviews of Modern Physics* 21, 367–373.

Gamow, G. 1953a. In *Proceedings of the Michigan Symposium on Astrophysics, June 29-July 24, 1953*, 29 pp.

Gamow, G. 1953b. Expanding Universe and the Origin of Galaxies. *Danske Matematisk-fysiske Meddelelser* 27, number 10, 15 pp.

Gamow, G., and Critchfield, C. L. 1949. *Theory of Atomic Nucleus and Nuclear Energy-Sources*. Oxford: Clarendon Press.

Gamow, G., and Teller, E. 1939. The Expanding Universe and the Origin of the Great Nebulæ. *Nature* 143, 116–117.

Gershtein, S. S., and Zel'dovich, Y. B. 1966. Rest Mass of Muonic Neutrino and Cosmology. *Zhurnal Eksperimental'noi i Teoreticheskoi Fiziki* Pis'ma 4, 174–177.

English translation in *Journal of Experimental and Theoretical Physics Letters* 4, 120–122.

Greenstein, J. L., Oke, J. B., and Shipman, H. L. 1971. Effective Temperature, Radius, and Gravitational Redshift of Sirius B. *Astrophysical Journal* 169, 563–566.

Greenstein, J. L., Oke, J. B., and Shipman, H. L. 1985. On the Redshift of Sirius B. *Quarterly Journal of the Royal Astronomical Society* 26, 279–288.

Greenstein, J. L., and Trimble, V. 1972. The Gravitational Redshift of 40 Eridani B. *Astrophysical Journal, Letters* 175, L1–L5.

Groth, E. J., and Peebles, P. J. E. 1977. Statistical Analysis of Catalogs of Extragalactic Objects. VII. Two- and Three-Point Correlation Functions for the HighResolution Shane-Wirtanen Catalog of Galaxies. *Astrophysical Journal* 217, 385–405.

Gunn, J. E., Lee, B. W., Lerche, I., Schramm, D. N., and Steigman, G. 1978. Some Astrophysical Consequences of the Existence of a Heavy Stable Neutral Lepton. *Astrophysical Journal* 223, 1015–1031.

Gunn, J. E., and Tinsley, B. M. 1975. An Accelerating Universe. *Nature* 257, 454–457.

Gush, H. P. 1974. An Attempt to Measure the Far Infrared Spectrum of the Cosmic Background Radiation. *Canadian Journal of Physics* 52, 554–561.

Gush, H. P., Halpern, M., and Wishnow, E. H. 1990. Rocket Measurement of the Cosmic-Background-Radiation mm-Wave Spectrum. *Physical Review Letters* 65, 537–540.

Gutfreund, H., and Renn, J. 2017. *The Formative Years of Relativity: The History and Meaning of Einstein's Princeton Lectures*. Princeton: Princeton University Press.

Guth, A. H. 1981. Inflationary Universe: A Possible Solution to the Horizon and Flatness Problems. *Physical Review* D 23, 347–356.

Haack, S. 2009. *Evidence and Inquiry: A Pragmatist Reconstruction of Epistemology*, second expanded edition. Amherst, New York: Prometheus Books.

Hacking, I. 1983. *Representing and Intervening: Introductory Topics in the Philosophy of Natural Science*. Cambridge: Cambridge University Press.

Hacking, I. 1999. *The Social Construction of What?* Cambridge: Harvard University Press.

Hahn, H, Neurath, O., and Carnap, R. 1929. *Wissenschaftliche Weltauffassung der Wiener Kreis*. Vienna: Artur Wolf Verlag.

Halsted, G. B. 1913. *The Foundations of Science: Science and Hypothesis, the Value of Science, Science and Method*. New York: The Science Press. http://www.gutenberg.org/ebooks/39713.

Hang, Q., Alam, S., Peacock, J. A., et al. 2021. Galaxy Clustering in the DESI Legacy Survey and Its Imprint on the CMB. *Monthly Notices of the Royal Astronomical Society*, 501, 1481–1498.

Harman, G. *Thought*. Princeton, NJ : Princeton University Press.

Harrison, E. R. 1970. Fluctuations at the Threshold of Classical Cosmology. *Physical Review* D 1, 2726–2730.

Hartshorne, C., and Weiss, P. 1934. *The Collected Papers of Charles Sanders Peirce*. Cambridge: Harvard University Press.

Harvey, G. M. 1979. Gravitational Deflection of Light. *The Observatory* 99, 195–198.

Herzberg, G. 1950. *Molecular Spectra and Molecular Structure*. I. *Spectra of Diatomic Molecules*, second edition. New York: Van Nostrand.

Hetherington, N. S. 1980. Sirius B and the Gravitational Redshift: An Historical Review. *Quarterly Journal of the Royal Astronomical Society* 21, 246–252.

Hilbert, D. 1900. Mathematische Probleme. Göttinger Nachrichten, 253–297. English translation in Mathematical Problems. *Bulletin of the American Mathematical Society*, 8, 437–479, 1902.

Hohl, F. 1970. Dynamical Evolution of Disk Galaxies. *NASA Technical Report*, NASA-TR R-343, 108 pp.

Holton, G. 1988. *Thematic Origins of Scientific Thought: Kepler to Einstein*. Revised second edition. Cambridge: Harvard University Press.

Hoyle, F. 1948. A New Model for the Expanding Universe. *Monthly Notices of the Royal Astronomical Society* 108, 372–382.

Hoyle, F. 1949. Stellar Evolution and the Expanding Universe. *Nature* 163, 196–198.

Hoyle, F. 1950. Nuclear Energy. The Observatory 70, 194–195.

Hoyle, F. 1958. The Astrophysical Implications of Element Synthesis. In *Proceedings of a Conference at the Vatican Observatory, Castel Gandolfo, May 20–28, 1957*, edited by D.J.K. O'Connell. Amsterdam: North-Holland, pp. 279–284.

Hoyle, F., 1981. The Big Bang in Astronomy. *New Scientist* 19 November, 521–527.

Hoyle, F., and Tayler, R. J. 1964. The Mystery of the Cosmic Helium Abundance. *Nature* 203, 1108–1110.

Hoyle, F., and Wickramasinghe, N. C. 1988. Metallic Particles in Astronomy. *Astrophysics and Space Science* 147, 245–256.

Hoyningen-Huene, P. 2013. The Ultimate Argument against Convergent Realism and Structural Realism: The Impasse Objection. In *Perspectives and Foundational Problems in Philosophy of Science*, Eds. V. Karakostas and D. Dieks, Springer

International Publishing Switzerland, 131–139.

Hubble, E. 1929. A Relation between Distance and Radial Velocity among Extra-Galactic Nebulae. *Proceedings of the National Academy of Science* 15, 168–173.

Hubble, E. 1934. The Distribution of Extra-Galactic Nebulae. *Astrophysical Journal* 79, 8–76.

Hubble, E, 1936. *The Realm of the Nebulae.* New Haven: Yale University Press.

Hubble, E., and Humason, M. L. 1931. The Velocity-Distance Relation among Extra-Galactic Nebulae. *Astrophysical Journal* 74, 43–80.

Hut, P. 1977. Limits on Masses and Number of Neutral Weakly Interacting Particles. *Physics Letters* B 69, 85–88.

Huterer, D., and Turner, M. S. 1999. Prospects for Probing the Dark Energy via Supernova Distance Measurements. *Physical Review* D 60, 081301, 5 pp.

James, W. 1890. *The Principles of Psychology.* New York: Henry Holt and Company.

James, W. 1907. *Pragmatism: A New Name for Some Old Ways of Thinking.* New York: Longmans, Green and Company.

Janssen, M. 2014. No Success Like Failure: Einstein's Quest for General Relativity, 1907-1920. In *The Cambridge Companion to Einstein*, Eds. Michel Janssen and Cristoph Lehner. Cambridge: Cambridge University Press.

Janssen, M., and Renn, J. 2015. Arch and Scaffold: How Einstein Found his Field Equations. *Physics Today* (November) 68, 30–36.

Jeans, J. H. 1902. The Stability of a Spherical Nebula. *Philosophical Transactions of the Royal Society of London* Series A 199, 1–53.

Jeans, J. H. 1928. *Astronomy and Cosmogony.* Cambridge: The University Press.

Jeffreys, H. 1916. The Secular Perturbations of the Four Inner Planets. *Monthly Notices of the Royal Astronomical Society* 77, 112–118.

Jeffreys, H. 1919. On the Crucial Tests of Einstein's Theory of Gravitation. *Monthly Notices of the Royal Astronomical Society* 80, 138–154.

Jordan, P., and Pauli, W. 1928. Zur Quantenelektrodynamik ladungsfreier Felder. *Zeitschrift fur Physik* 47, 151–173.

Kaluza, T. 1921. Zum Unitätsproblem der Physik. *Sitzungsberichte der Preußischen Akademie der Wissenschaften zu Berlin* 34, 966–972.

Kelvin, L. 1901. Nineteenth Century Clouds over the Dynamical Theory of Heat and Light. *Philosophical Magazine Series* 6, 2:7, pp. 1–40.

Kennefick, D. 2009. Testing Relativity from the 1919 Eclipse—A Question of Bias. *Physics Today* 62, 37–42.

Kipling, R. 1902. *Just So Stories for Little Children*. New York: Doubleday.

Klein, O. 1926. The Atomicity of Electricity as a Quantum Theory Law. *Nature* 118, 516.

Klein, O. 1956. On the Eddington Relations and Their Possible Bearing on an Early State of the System of Galaxies. *Helvetica Physica Acta Supplementum* IV, 147–149.

Knop, R. A., Aldering, G., Amanullah, R., et al. 2003. New Constraints on $Xm$, $XK$, and $w$ from an Independent Set of 11 High-Redshift Supernovae Observed with the Hubble Space Telescope. *Astrophysical Journal* 598, 102–137.

Knorr-Cetina, K. D. 1981. *The Manufacture of Knowledge: An Essay on the Constructivist and Contextual Nature of Science*. Elmsford, New York: Pergamon Press.

Kuhn, T. S. 1970. *The Structure of Scientific Revolutions*. Chicago: University of Chicago Press.

Kuhn, T. S., and van Vleck, J. H. 1950. A Simplified Method of Computing the Cohesive Energies of Monovalent Metals. *Physical Review* 79, 382–388.

Kuiper, G. P. 1941. White Dwarfs: Discovery, Observations, Surface Conditions. *Actualités Scientifiques et Industrielles*. Paris: Hermann, pp. III-3 – III-39.

Labinger, J. A., and Collins, H. 2001. *The One Culture? A Conversation about Science*. Chicago: University of Chicago Press.

Ladyman, James 2020. Structural Realism, in *The Stanford Encyclopedia of Philosophy* (Winter 2020 Edition), Edward N. Zalta (ed.) https://plato.stanford.edu/archives/win2020/entries/structural-realism/.

Landau, L., and Lifshitz, E. M. 1951. *The Classical Theory of Fields*. English translation of the 1948 second Russian edition. Cambridge USA: Addison-Wesley.

Latour, B., and Woolgar, S. 1979. *Laboratory Life: The Social Construction of Scientific Facts*. Beverly Hills: Sage Publications.

Latour, B., and Woolgar, S. 1986. *Laboratory Life: The Construction of Scientific Facts*. Princeton N.J.: Princeton University Press.

Lee, B. W., and Weinberg, S. 1977. Cosmological Lower Bound on Heavy-Neutrino Masses. *Physical Review Letters* 39, 165–168.

Lemaître, G. 1927. Un Univers homogène de masse constante et de rayon croissant rendant compte de la vitesse radiale des nébuleuses extra-galactiques. *Annales de la Soci´té Scientifique de Bruxelles* A47, 49–59.

Lemaître, G. 1931. The Expanding Universe. *Monthly Notices of the Royal Astronomical Society* 91, 490–501.

Lemaître, G. 1934. Evolution of the Expanding Universe. *Proceedings of the National Academy of Science* 20, 12–17.

Mach, E. 1883. *Die Mechanik in ihrer Entwicklung/historisch-kritisch dargestellt*. Leipzig: F. A. Brockhaus.

Mach, E. 1898. *Popular Science Lectures*. Translated by Thomas J. McCormack. Chicago: The Open Court Publishing Company.

Mach, E. 1902. *The Science of Mechanics: A Critical and Historical Account of Its Development*. Second revised and enlarged edition of the English translation. Chicago: The Open Court Publishing Company.

Mach, E. 1960. *The Science of Mechanics: A Critical and Historical Account of Its Development*. Sixth edition of the English translation with revisions through the ninth German edition. Chicago: The Open Court Publishing Company.

Macquart, J.-P., Prochaska, J. X., McQuinn, M., et al. 2020. A Census of Baryons in the Universe from Localized Fast Radio Bursts. *Nature* 581, 391–395.

Mandelbrot, B. 1975. *Les objets fractals: Forme, hasard, et dimension*. Paris: Flammarion.

Mandelbrot, B. 1989. *Les objets fractals: Survol du langage fractal*, third edition. Paris: Flammarion.

Marx, G., and Szalay, A. S. 1972. Cosmological Limit on Neutretto Mass. In *Neutrino '72, Balatonfüred Hungary*, June 1972. Eds. A. Frenkel and G. Marx. Budapest: OMKDT-Technoinform I, 191–195.

Mather, J. C., Cheng, E. S., Eplee, R. E., Jr., et al. 1990. A Preliminary Measurement of the Cosmic Microwave Background Spectrum by the Cosmic Background Explorer (COBE) Satellite. *Astrophysical Journal Letters* 354, L37–L40.

Mayall, N. U. 1951. Comparison of Rotational Motions Observed in the Spirals M31 and M33 and in The Galaxy. *Publications of the Observatory of the University of Michigan* 10, 19–24.

McCrea, W. H. 1971. The Cosmical Constant. *Quarterly Journal of the Royal Astronomical Society* 12, 140–153.

McKellar, A. 1941. Molecular Lines from the Lowest States of Diatomic Molecules Composed of Atoms Probably Present in Interstellar Space. *Publications of the Dominion Astrophysical Observatory* 7, 251–272.

McVittie, G. C. 1956. *General Relativity and Cosmology*. London: Chapman and Hall.

Melott, A. L., Einasto, J., Saar, E., et al. 1983. Cluster Analysis of the Nonlinear Evolution of Large-Scale Structure in an Axion/Gravitino/Photino-Dominated Universe. *Physical Review Letters* 51, 935–938.

Menand, L. 2001. *The Metaphysical Club: A Story of Ideas in America*. New York: Farrar, Straus and Giroux.

Merton, R. K. 1961. Singletons and Multiples in Scientific Discovery: A Chapter in the Sociology of Science. *Proceedings of the American Philosophy Society* 105, 470–486.

Merton, R. K. 1973. *The Sociology of Science: Theoretical and Empirical Investigations*. Chicago: The University of Chicago Press.

Milgrom, M. 1983. A Modification of the Newtonian Dynamics as a Possible Alternative to the Hidden Mass Hypothesis. *Astrophysical Journal* 270, 365–370.

Milne, E. A. 1932. World Structure and the Expansion of the Universe. *Nature* 130, 9–10.

Milne, E. A. 1933. World-Structure and the Expansion of the Universe. *Zeitschrift für Astrophysik* 6, 1–95.

Misak, C. 2013. *The American Pragmatists*. Oxford: Oxford University Press.

Misak, C. 2016. *Cambridge Pragmatism: From Peirce and James to Ramsey and Wittgenstein*. Oxford: Oxford University Press.

Mitton, S. 2005. *Fred Hoyle: A Life in Science*. London: Aurum Press.

Møller, C. 1952. *The Theory of Relativity*. Oxford: Clarendon Press.

Møller, C. 1957. On the Possibility of Terrestrial Tests of the General Theory of Relativity. *Il Nuovo Cimento* 6, 381–398.

Moore, J. H. 1928. Recent Spectrographic Observations of the Companion of Sirius. *Publications of the Astronomical Society of the Pacific* 40, 229–233.

Mössbauer, R. L. 1958. Kernresonanzfluoreszenz von Gammastrahlung in Ir191. *Zeitschrift für Physik* 151, 124–143.

Muhleman, D. O., Ekers, R. D., and Fomalont, E. B. 1970. Radio Interferometric Test of the General Relativistic Light Bending Near the Sun. *Physical Review Letters* 24, 1377–1380.

O'Dell, C. R., Peimbert, M., and Kinman, T. D. 1964. The Planetary Nebula in the Globular Cluster M15. *Astrophysical Journal* 140, 119–129.

Ogburn, W. F., and Thomas, D. S. 1922. Are Inventions Inevitable? A Note on Social Evolution. *Political Science Quarterly* 37, 83–98.

Oort, J. H. 1958. *Distribution of Galaxies and the Density of the Universe. Eleventh Solvay Conference*. Brussels: Editions Stoops, pp. 163–181.

Osterbrock, D. E. 2009. The Helium Content of the Universe. In *Finding the Big Bang*,

Peebles, Page, and Partridge, pp. 86–92. Cambridge: Cambridge University Press.

Osterbrock, D. E., and Rogerson, J. B., Jr. 1961. The Helium and Heavy-Element Content of Gaseous-Nebulae and the Sun. *Publications of the Astronomical Society of the Pacific* 73, 129–134.

Ostriker, J. P., and Cowie, L. L. 1981. Galaxy Formation in an Intergalactic Medium Dominated by Explosions. *Astrophysical Journal Letters* 243, L127–L131.

Ostriker, J. P., and Peebles, P. J. E. 1973. A Numerical Study of the Stability of Flattened Galaxies: or, Can Cold Galaxies Survive? *Astrophysical Journal* 186, 467–480.

Pauli, W. 1933. Die allgemeinen Prinzipien der Wellenmechanik. *Handbuch der Physik, Quantentheorie* XXIV, part one (second edition), 83–272. Berlin: Springer.

Pauli, W. 1958. *Theory of Relativity*. London: Pergamon Press.

Peebles, P. J. E. 1964. The Structure and Composition of Jupiter and Saturn. *Astrophysical Journal* 140, 328–347.

Peebles, P. J. E. 1971. *Physical Cosmology*. Princeton: Princeton University Press.

Peebles, P. J. E. 1975. Statistical Analysis of Catalogs of Extragalactic Objects. VI. The Galaxy Distribution in the Jagellonian Field. *Astrophysical Journal* 196, 647–651.

Peebles, P. J. E. 1980. *Large-Scale Structure of the Universe*. Princeton: Princeton University Press.

Peebles, P. J. E. 1981. Large-Scale Fluctuations in the Microwave Background and the Small-Scale Clustering of Galaxies. *Astrophysical Journal Letters* 243, L119–L122.

Peebles, P. J. E. 1982. Large-scale Background Temperature and Mass Fluctuations due to Scale-Invariant Primeval Perturbations. *Astrophysical Journal Letters* 263, L1–L5.

Peebles, P. J. E. 1983. The Sequence of Cosmogony and the Nature of Primeval Departures from Homogeneity. *Astrophysical Journal* 274, 1–6.

Peebles, P. J. E. 1984a. Dark Matter and the Origin of Galaxies and Globular Star Clusters. *Astrophysical Journal* 277, 470–477.

Peebles, P. J. E. 1984b. Tests of Cosmological Models Constrained by Inflation. *Astrophysical Journal* 284, 439–444.

Peebles, P. J. E. 1986. The Mean Mass Density of the Universe. *Nature* 321, 27–32.

Peebles, P. J. E. 1987a. Origin of the Large-Scale Galaxy Peculiar Velocity Field: a

Minimal Isocurvature Model. *Nature* 327, 210–211.

Peebles, P. J. E. 1987b. Cosmic Background Temperature Anisotropy in a Minimal Isocurvature Model for Galaxy Formation. *Astrophysical Journal Letters* 315, L73–L76.

Peebles, P. J. E. 2014. Discovery of the Hot Big Bang: What Happened in 1948. *European Physical Journal* H 39, 205–223.

Peebles, P. J. E. 2017. Robert Dicke and the Naissance of Experimental Gravity Physics, 1957–1967. *European Physical Journal* H 42, 177–259.

Peebles, P. J. E. 2020. *Cosmology's Century: An Inside History of Our Modern Understanding of the Universe*. Princeton: Princeton University Press.

Peebles, P. J. E., Page, L. A., Jr., and Partridge, R. B. 2009. *Finding the Big Bang*. Cambridge: Cambridge University Press.

Peebles, P. J. E., and Yu, J. T. 1970. Primeval Adiabatic Perturbation in an Expanding Universe. *Astrophysical Journal* 162, 815–836.

Peirce, C. S. 1869. Grounds of Validity of the Laws of Logic: Further Consequences of Four Incapacities. *Journal of Speculative Philosophy* 2, 193–208.

Peirce, C. S. 1877. The Fixation of Belief. *The Popular Science Monthly* 12, 1–15.

Peirce, C. S. 1878a. How to Make our Ideas Clear. *The Popular Science Monthly* 12, 286–302.

Peirce, C. S. 1878b. The Order of Nature. *The Popular Science Monthly* 13, 203–217.

Peirce, C. S. 1892. The Doctrine of Necessity Examined. *The Monist* 2, 321–337.

Peirce, C. S. 1903. In *Contributions to The Nation*, compiled and annotated by Kenneth Laine Ketner and James Edward Cook, Part 3, p. 127. Lubbock: Texas Tech Press, 1975.

Peirce, C. S. 1907. In *The Essential Peirce: Selected Philosophical Writings*, Volume 2, page 399. The date, 1907, seems to be nominal; the essay went through many drafts.

Penrose, R. 1989. *The Emperor's New Mind: Concerning Computers, Minds, and the Laws of Physics*. Oxford: Oxford University Press.

Penzias, A. A., and Wilson, R. W. 1965. A Measurement of Excess Antenna Temperature at 4800 Mc/s. *Astrophysical Journal* 142, 419–421.

Perl, M. L., Feldman, G. L., Abrams, G. S., et al. 1977. Properties of the Proposed $r$ Charged Lepton. *Physics Letters* B 70, 487–490.

Perlmutter, S., and Schmidt, B. P. 2003. Measuring Cosmology with Supernovae. *Lecture Notes in Physics* 598, 195–217.

Petrosian, V., Salpeter, E., and Szekeres, P. 1967. Quasi-Stellar Objects in Universes with Non-Zero Cosmological Constant. *Astrophysical Journal* 147, 1222–1226.

Pickering, A. 1984. *Constructing Quarks: A Sociological History of Particle Physics*. Chicago: The University of Chicago Press.

Planck, M. 1900. Entropie und Temperatur strahlender Wärme. *Annalen der Physik* 306, 719–737.

Planck Collaboration 2020. Planck 2018 results. VI. Cosmological Parameters. *Astronomy and Astrophysics* 641, A6, 67 pp.

Poincaré, H. 1902. *La Science et l'Hypothèse*. Paris: Flammarion.

Poincaré, H. 1905. *La Valeur de la Science*, Paris: Flammarion.

Popper, D. M. 1954. Red Shift in the Spectrum of 40 Eridani B. *Astrophysical Journal* 120, 316–321.

Popper, K. M. 1935. *Logik der Forschung*. Vienna: Springer-Verlag.

Popper, K. M. 1945. *The Open Society and Its Enemies*, Volume 2. London: Routledge & Sons.

Popper, K. M. 1965. *Conjectures and Refutations: The Growth of Scientific Knowledge*. New York: Basic Books.

Popper, K. M. 1974. In *The Philosophy of Karl Popper*, Ed. Paul Arthur Schilpp. La Salle, Illinois: Open Court Publishing Company.

Pound, R. V., and Rebka, G. A. 1960. Apparent Weight of Photons. *Physical Review Letters* 4, 337–341.

Pound, R. V., and Snider, J. L. 1964. Effect of Gravity on Nuclear Resonance. *Physical Review Letters* 13, 539–540.

Putnam, H. 1982. Three Kinds of Scientific Realism. *The Philosophical Quarterly* 32, 195–200.

Reasenberg, R. D., Shapiro, I. I., MacNeil, P. E., et al. 1979. Viking Relativity Experiment: Verification of Signal Retardation by Solar Gravity. *Astrophysical Journal*, Letters 234, L219–L221.

Renn, J. 2007. *The Genesis of General Relativity: Sources and Interpretations*. Jürgen Renn, general editor. Vols. 1 and 2, Einstein's Zurich Notebook, Eds. M. Janssen, J. D. Norton, J. Renn, T. Sauer, and J. Stachel. Vols. 3 and 4, Gravitation in the Twilight of Classical Physics. Eds. J. Renn and M. Schemmel. New York, Berlin: Springer.

Rey, Abel 1907. *La théorie de la physique chez les physiciens contemporains*. Paris: F. Alcan.

Roberts, M. S., and Whitehurst, R. N. 1975. The Rotation Curve and Geometry of M31 at Large Galactocentric Distances. *Astrophysical Journal* 201, 327–346.

Robertson, H. P. 1955. The Theoretical Aspects of the Nebular Redshift. *Publications of the Astronomical Society of the Pacific* 67, 82–98.

Rubin, V. C. 2011. An Interesting Voyage. *Annual Review of Astronomy and Astrophysics* 49, 1–28.

Rubin, V. C., and Ford, W. K., Jr. 1970a. Rotation of the Andromeda Nebula from a Spectroscopic Survey of Emission Regions. *Astrophysical Journal* 159, 379–403.

Rubin, V. C., and Ford, W. K. 1970b. A Comparison of Dynamical Models of the Andromeda Nebula and the Galaxy. In IAU Symposium 38, *The Spiral Structure of our Galaxy*. Eds. W. Becker and G. I. Kontopoulos, pp. 61–68.

Rudnicki, K., Dworak, T. Z., Flin, P., et al. 1973. A Catalogue of 15650 Galaxies in the Jagellonian Field. *Acta Cosmologica* 1, 7–164, with 36 maps.

Rugh, S. E., and Zinkernagel, H. 2002. The Quantum Vacuum and the Cosmological Constant Problem. *Studies in the History and Philosophy of Modern Physics* 33, 663–705.

Sachs, R. K., and Wolfe, A. M. 1967. Perturbations of a Cosmological Model and Angular Variations of the Microwave Background. *Astrophysical Journal* 147, 73–90.

Sandage, A. 1961. The Ability of the 200-INCH Telescope to Discriminate between Selected World Models. *Astrophysical Journal* 133, 355–392.

Sato, K., and Kobayashi, M. 1977. Cosmological Constraints on the Mass and the Number of Heavy Lepton Neutrinos. *Progress of Theoretical Physics* 58, 1775–1789.

Schellenberger, G., and Reiprich, T. H. 2017. HICOSMO: Cosmology with a Complete Sample of Galaxy Clusters—II. Cosmological Results. *Monthly Notices of the Royal Astronomical Society* 471, 1370–1389.

Schiller, F. C. S. 1910. *Riddles of the Sphinx: A Study in the Philosophy of Humanism.* New and revised edition. London: Swan Sonnenschein.

Schilpp, P. A. 1949. *Albert Einstein, Philosopher-Scientist*. Evanston, Illinois: Library of Living Philosophers.

Schmidt, M. 1957. The Distribution of Mass in M 31. *Bulletin of the Astronomical Institutes of the Netherlands* 14, 17–19.

Schröter, E. H. 1956. Rotverschiebung. Der heutige Stand des Nachweises der relativistischen. *Die Sterne* 32, 140–150.

Schwarzschild, M. 1946. On the Helium Content of the Sun. *Astrophysical Journal* 104, 203–207.

Schwarzschild, M. 1958a. The Astrophysical Implications of Element Synthesis. In *Proceedings of a Conference at the Vatican Observatory, Castel Gandolfo, May 20–28, 1957*, edited by D .J. K. O'Connell. Amsterdam: North-Holland, pp 279–284.

Schwarzschild, M. 1958b. *Structure and Evolution of the Stars*. Princeton: Princeton University Press.

Seielstad, G. A., Sramek, R. A., and Weiler, K. W. 1970. Measurement of the Deflection of 9.602-GHz Radiation from 3C279 in the Solar Gravitational Field. *Physical Review Letters* 24, 1373–1376.

Seldner, M., Siebers, B., Groth, E. J., and Peebles, P. J. E. 1977. New Reduction of the Lick Catalog of Galaxies. *Astronomical Journal* 82, 249–256.

Shakeshaft, J. R., Ryle, M., Baldwin, J. E., et al. 1955. A Survey of Radio Sources Between Declinations −38° and +83°. *Memoirs of the Royal Astronomical Society* 67, 106–154.

Shane, C. D., and Wirtanen, C. A. 1967. The Distribution of Galaxies. *Publications of the Lick Observatory* XXII, Part 1.

Shapiro, I. I. 1964. Fourth Test of General Relativity. *Physical Review Letters* 13, 789–791.

Shapiro, I. I., Pettengill, G. H., Ash, M. E., et al. 1968. Fourth Test of General Relativity: Preliminary Results. *Physical Review Letters* 20, 1265–1269.

Shapley, H., and Ames, A. 1932. A Survey of the External Galaxies Brighter than the Thirteenth Magnitude. *Annals of Harvard College Observatory* 88, 43–75.

Shostak, G. S. 1972. Aperture Synthesis Observations of Neutral Hydrogen in Three Galaxies. PhD Thesis, California Institute of Technology.

Sigmund, K. 2017. *Exact Thinking in Demented Times: The Vienna Circle and the Epic Quest for the Foundations of Science*. New York: Basic Books.

Smirnov, Yu. N. 1964. Hydrogen and He4 Formation in the Prestellar Gamow Universe. *Astronomicheskii Zhurnal* 41, 1084–1089. English translation in *Soviet Astronomy AJ* 8, 864–867, 1965.

Smith, H. E., Spinrad, H., and Smith, E. O. 1976. The Revised 3C Catalog of Radio Sources: A Review of Optical Identifications and Spectroscopy. *Publications of the Astronomical Society of the Pacific* 88, 621–646.

Smith, S. 1936. The Mass of the Virgo Cluster. *Astrophysical Journal* 83, 23–30.

Smoot, G. F., Bennett, C. L., Kogut, A., et al. 1992. Structure in the COBE Differential Microwave Radiometer First-Year Maps. *Astrophysical Journal Letters* 396, L1–L5.

Soneira, R. M. and Peebles, P. J. E. 1978. A Computer Model Universe: Simulation of the Nature of the Galaxy Distribution in the Lick Catalog. *Astronomical Journal* 83, 845–861.

Stachel, J., Klein, M. J., Schulman, R., et al. Eds. 1987. *The Collected Papers of Albert Einstein*; English companion volumes translated by A. Beck, A. Engel, A Hentschel. Princeton: Princeton University Press.

Steigman, G., Sarazin, C. L., Quintana, H., and Faulkner, J. 1978. Dynamical Interactions and Astrophysical Effects of Stable Heavy Neutrinos. *Astronomical Journal* 83, 1050–1061.

St. John, C. E. 1928. Evidence for the Gravitational Displacement of Lines in the Solar Spectrum Predicted by Einstein's Theory. *Astrophysical Journal* 67, 195–239.

St. John, C. E. 1932. Observational Basis of General Relativity. *Publications of the Astronomical Society of the Pacific* 44, 277–295.

Sunyaev, R. A. 2009. When We Were Young ... In *Finding the Big Bang*. Eds. P. J. E. Peebles, L. A. Page, Jr., and R. B. Partridge. Cambridge: Cambridge University Press, pp. 86–92.

Tolman, R. C. 1934. *Relativity, Thermodynamics, and Cosmology*. Oxford: Clarendon Press.

Tonry, J. L., Schmidt, B. P., Barris, B., et al. 2003. Cosmological Results from High-z Supernovae. *Astrophysical Journal* 594, 1–24.

Trimble, V., and Greenstein, J. L. 1972. The Einstein Redshift in White Dwarfs. III. *Astrophysical Journal* 177, 441–452.

Trumpler, R. J. 1956. Observational Results on the Light Deflection and on Red-shift in Star Spectra. In Jubilee of Relativity Theory. Eds. André Mercier and Michel Kervaire. *Helvetica Physica Acta, Suppl*. IV, pp. 106–113.

Turner, M. S., Wilczek, F., and Zee, A. 1983. Formation of Structure in an Axion-Dominated Universe. *Physics Letters* B 125, 35–40.

van de Hulst, H. C., Raimond, E., and van Woerden, H. 1957. Rotation and Density Distribution of the Andromeda Nebula Derived from Observations of the 21-cm Line. *Bulletin of the Astronomical Institutes of the Netherlands* 14, 1–16.

Vessot, R. F. C., and Levine, M. W. 1979. A Test of the Equivalence Principle Using a Space-Borne Clock. *General Relativity and Gravitation* 10, 181–204.

Vessot, R. F. C., Levine, M. W., Mattison, E. M., et al. 1980. Test of Relativistic Gravitation with a Space-Borne Hydrogen Maser. *Physical Review Letters* 45, 2081–2084.

von Weizsäcker, C. F. 1938. Über Elementumwandlungen im Innern der Sterne. II. *Physikalische Zeitschrift* 39, 633–646.

Vysotski˘ı, M. I., Dolgov, A. D., and Zel'dovich, Y. B. 1977. Cosmological Limits on the Masses of Neutral Leptons. *Zhurnal Eksperimental'noi i Teoreticheskoi Fiziki Pis'ma* 26, 200-202. English translation in *Journal of Experimental and Theoretical Physics Letters* 26, 188–190.

Weinberg, S. 1989. The Cosmological Constant Problem. *Reviews of Modern Physics* 61, 1–23.

Weinberg, S. 1992. *Dreams of a Final Theory.* New York: Pantheon.

Weinberg, S. 1996. Sokal's Hoax. *New York Review of Books* 43, no. 13, 11–15.

Wheeler, J. A. 1957. The Present Position of Classical Relativity Theory, and Some of Its Problems. In *Proceedings of the Conference on the Role of Gravitation in Physics: At the University of North Carolina*, Chapel Hill, January 18–23, 1957, pp. 1–5. Eds. Cécile DeWitt and Bryce DeWitt.

White, S. D. M., and Rees, M. J. 1978. Core Condensation in Heavy Halos: A Two-Stage Theory for Galaxy Formation and Clustering. *Monthly Notices of the Royal Astronomical Society* 183, 341–358.

Wigner, E. P. 1960. The Unreasonable Effectiveness of Mathematics in the Natural Sciences. *Communications in Pure and Applied Mathematics* 13, 1–14.

Wilczek, F. A. 2015. *A Beautiful Question: Finding Nature's Deep Design.* New York: Penguin Press.

Wildhack, W. A. 1940. The Proton-Deuteron Transformation as a Source of Energy in Dense Stars. *Physical Review* 57, 81–86.

Will, C. M. 2014. The Confrontation between General Relativity and Experiment. *Living Reviews in Relativity* 17, 117 pp.

Zel'dovich, Ya. B. 1962. Prestellar State of Matter. *Zhurnal Eksperimental'noi i Teoreticheskoi Fiziki* 43, 1561–1562. English translation in *Soviet Journal of Experimental and Theoretical Physics* 16, 1102–1103, 1963.

Zel'dovich Y. B., 1968. The Cosmological Constant and the Theory of Elementary Particles. *Uspekhi Fizicheskikh Nauk* 95, 209–230. English translation in *Soviet Physics Uspekhi* 11, 381–393.

Zel'dovich, Y. B. 1972. A Hypothesis, Unifying the Structure and the Entropy of the

Universe. *Monthly Notices of the Royal Astronomical Society* 160, 1P–3P.

Zuckerman, H. A. 2018. The Sociology of Science and the Garfield Effect: Happy Accidents, Unanticipated Developments and Unexploited Potentials. *Frontiers in Research Metrics and Analytics* 3, Article 20, 19 pp.

Zwicky, F. 1929. On the Red Shift of Spectral Lines through Interstellar Space. *Proceedings of the National Academy of Science* 15, 773–779.

Zwicky, F. 1933. Die Rotverschiebung von Extragalaktschen Nebeln. *Helvetica Physica Acta* 6, 110–127.

Zwicky, F. 1937. On the Masses of Nebulae and of Clusters of Nebulae. *Astrophysical Journal* 86, 217–246.

Zwicky, F., Herzog, E., Wild, P., Karpowicz, M., and Kowal, C. T. 1961—1968. *Catalogue of Galaxies and Clusters of Galaxies*, in 6 volumes. Pasadena: California Institute of Technology.

# 译后记

　　本书作者 P.J.E. 皮布尔斯为现代宇宙学的发展做出了卓越贡献，并因此而分享了 2019 年诺贝尔物理学奖。基于在这个引人入胜的发展历程中多年的亲身经历和所见所闻，作者回顾了 20 世纪 60 年代以来宇宙学发展过程中的一系列重要发现，从较早的宇宙膨胀一直到较近的暗物质。更为详细的理论描述由作者的另一部作品《宇宙学的世纪》（*Cosmology's Century*）给出。本书在内容上与之有所重叠，但主旨不同。可以认为，本书是作者结合《宇宙学的世纪》一书内容，从科学哲学和社会学的角度对自然科学进行的反思。作者试图回答这样一个问题，即自然科学研究本质上是在做什么？

　　当然，要回答这个问题并不容易。因为自然科学，或如作者所谓"物理科学"，包括了物理学、化学、生物学等众多学科。在物理学中，人们可以通过可控的实验或观测条件来发现新现象或检验理论预言以推进其发展。但在自然科学的其他学科中，特别是涉及生命系统的生物学、生态学等，由于研究对象涉及众多复杂的因素，故而难以像物理学那样清晰明确地揭示出其中的规律。

至于像医学这样的学科，具有柯林斯和平奇《勾勒姆医生：如何理解医学》（*Dr. Golem: How to Think about Medicine*）一书所谓科学探索和提供救助手段的双重角色，不仅涉及科学，还涉及社会、历史、道德、伦理等方面的因素，要从中厘清自然科学研究的本质，就更加困难了。因此，作者选择了相比而言最简单的物理学，并聚焦于现代宇宙学这一分支学科的发展历程，试图论证自然科学研究就是在揭示客观实在，或者说，接近这样一个遵循客观规律运行的实在。这应该就是作者所谓"全部的真相"。

这一回答看似简单，但事实未必如此。正如作者在书中所展示出的：一方面，在科学哲学和社会学界，人们历来对此问题看法不一，有着不同的学派和思想阵营；另一方面，自然科学界的工作者忙于专业问题的探究，无暇思考这类问题。但是，作者认为自然科学研究是基于与此问题相关的一些默认前提，即本书第55页讲到的"工作假设"。可以想象，大多数自然科学特别是物理学工作者，如果看到作者的基本观点应该是不难认同的。在我看来，本书最重要的现实意义就在于，将贯串科学研究过程的科学精神和科学思维方法，通过对现代宇宙学中一系列重大发现过程的讲述真实地呈现在读者面前，从而让读者深深体会到，科学并不仅仅是一些专业知识和技术，而且包括获得这些知识和技术的方法，以及看待和探索这个世界的思想方法。科学结论的正确性只是在符合现有一切可靠经验证据的意义上成立的，因而是一个动态的、发展的概念。新的经验检验导致科学结论的改进甚或被推翻，这正是包含在科学自身的内在要求，绝非普通人所谓"被打脸"或"科学的失败"。对于普通大众来说，某一领域的科学专业知识或许不是必需的，但科学精神或科学思维方法是更具普遍意义的，也是更重要的。

　　对于大多数中国人来说，"唯物主义""客观规律"等频繁出现在课本和报刊中的词语是司空见惯的，而作者这一论断似乎就应该是天经地义的。但事实也未必如此。随着互联网和手机自媒体的迅猛发展，各种伪科学、反智主义的观点和各种"智商税"产品的宣传对我们来说似乎也是司空见惯了。毕竟，通信手段的进步对传播各种良莠不齐的信息都是更有利的。因此，注重批判质疑、强调经验检验的科学精神就显得尤为重要。在我看来，本书中文版的现实意义就在于能够帮助科学精神和科学思维方法在中文世界的传播，尽管其作用可能是杯水车薪，但我们还是应该抱有水滴石穿的希望。

　　本书首先在前两章里介绍了科学哲学和社会学中相关的概念和想法，通过引述珀斯、詹姆斯、席勒、库恩、默顿、祖克曼等众多哲学家和社会学家的相关论断，回顾了实用主义、建构主义、怀疑论、实在论等理论和观点，为后面章节提供了必要的铺垫和准备。第3章介绍了现代宇宙学的理论基础——广义相对论。作者强调了广义相对论诞生之初是作为一种社会建构而被学界接受。之后，经过一系列经验证据的预言检验，该理论才从社会建构升级为经验确立的科学理论，成为客观实在的一种良好近似。第4章介绍了爱因斯坦的宇宙学原理。这也是一个颇为有趣的例子。在广义相对论提出后不久，为了将它用来描述宇宙，爱因斯坦假设宇宙是处处均匀的。这显然是与当时的天文观测相悖的，但它还是作为一种社会建构而得到了学界认可，其后逐渐得到更多观测的支持。作为对比，作者还介绍了另一种观点，即分形宇宙。基于当时的天文观测结果，即恒星位于星系中，而星系又位于更大的星系团中，这种观点认为宇宙就是一种团中有团的分形结构。尽管提出之初有经验证据的支持，同时在图像上比一个处处均匀的宇宙更为有趣，但更多后续的观测证据排除了分形宇宙，而支持爱因斯坦的均匀宇宙。这再一次强调了物理学中经验检验的关键地位：纯粹的思辨有时可能带来有趣的想法，但其合理性最终要由经验检验来判断。第5、6章回顾了现代宇宙学中热大爆炸宇宙学和ΛCDM理论的建立过程。伽莫夫提出热大爆炸宇宙模型，解释了较轻元素的形成，给出了两项重要预言：残余氦丰度和残余微波背景辐射。霍伊尔因反对大爆炸而提出了稳恒态宇宙模型，但他对大爆炸模型的确立做出了重大贡献。氦丰度和微波背景辐射的检验也充满了曲折而有趣的情节。在描述宇宙大尺度结构形成演化的ΛCDM理论中，Λ代表的宇宙学常数最初由爱因斯坦引入，但随后又被他厌恶，同时也没有得到当时人们的普遍认可。再后来，基于观测证据的积累，它成为目前标准宇宙学模型的一部分。这一过程可谓一波三折。然而另一方面，由CDM代表的冷暗物质这一成分，其发现和确立的过程也如同侦探故事情节一般曲折而精彩。这两章中提及的大量科学发现，从社会学的角度来看正是所谓默顿多重发现。以图6.1和表6.1为代表的大量观测结果作为一系列独立的经验证据，在支持ΛCDM理论方面表现出惊人的一致性。在第7章的讨论中，这种一致性揭示出建立ΛCDM理论的必然性。作者再次重申了自己的观点，即现代宇宙学揭示了世界的客观实在性。当然，作者也承认以ΛCDM模型为代表的现代宇宙学绝非完备的。例如，表6.1中提到了从发生在不同红移的物理过程中得出的哈勃常数$H0$观测值之间的不一致性。实际上，随着近年来观测结果的改进，这种不一致性目前已经变得更加紧迫，并被称为"哈勃争议"（Hubble tension）。学术界对此已有大量讨论。这正是科学研究的健康而必要的过程，或许孕育着现代宇宙学通向实在途中的又一次飞跃。

　　在本书翻译过程中，为确保译文准确，我曾多次就自己理解不确切之处发邮件向作者请教。在此衷心感谢皮布尔斯教授细致而耐心的解答。对于书中出现的大量源自其他著作的引文，尽管有些已有现成的中译本，但为了保持文风的一致，也因为我对某些现成译法有不同的理解，所以在参考现有译本的基础上均进行了重新翻译（有些书名可能也与现有中译本不同）。为向这些译者致谢，也为方便读者参考，我用译者注的形式给出了相关著作已出版中译本的信息。书中天文学专业词汇的翻译参照了天文学名词审定委员会网站（https://nadc.china-vo.org/astrodict/）公布的名词。感谢好友胡明峰编辑的信任和鼓励，以及在提升译文可读性和准确性方面所给予的帮助。

　　如果将作者的原文类比为某种绝对的实在，那么翻译过程便是尽可能接近这个实在。虽然个人学识有限，但我已尽最大努力，期待译文也能作为原文的良好近似而得到读者认可。

武星

2023 年 12 月 24 日